HISTOIRES DE COSMONAUTES

Paru dans Le Livre de Poche :

Histoires de Robots.
Histoires de Mutants.
Histoires d'Extraterrestres.

LA GRANDE ANTHOLOGIE DE LA SCIENCE-FICTION

Histoires de Cosmonautes

Présentées par

DEMETRE IOAKIMIDIS,
Jacques Goimard et Gérard Klein.

LE LIVRE DE POCHE

INTRODUCTION A L'ANTHOLOGIE

La science-fiction ! Selon certains, ce n'est qu'une sous-littérature, tout juste bonne à rassasier l'imagination des naïfs et des jobards, et qu'il conviendra de verser un jour au rayon des vaticinations et des chimères visant à soulever le voile de l'avenir. Pour d'autres, c'est la seule expression littéraire de notre modernité, de l'âge de la science, la dernière chance du romanesque et peut-être enfin la voie royale, conciliant l'imaginaire et la raison, vers une appréhension critique d'un futur impossible à prévoir en toute rigueur.

La science-fiction mérite-t-elle cet excès d'honneur ou cette indignité ? Après tout, il ne s'agit que *d'une* littérature, *on aurait tort de l'oublier. Or, les reproches qu'on lui fait comme les espoirs qu'on place en elle tiennent peut-être à la relation ambiguë de cette littérature à la science et à la technique. Trop de science pour un genre littéraire digne de ce nom, disent bien des littéraires pour qui la culture s'arrête au seuil de la connaissance positive et qui ne comprennent l'intrusion de la science dans le roman que si elle est présentée comme un avatar du mal, dans la lignée du* Meilleur des mondes *ou d'*Orange mécanique. *La science-fiction traite la science comme une magie, persiflent d'autres, généralement des scientifiques bon teint. Tandis que certains thuriféraires la prônent comme propre à faire naître la curiosité scientifique, à discuter les conséquences du développement scientifique pour l'avenir de l'humanité. On* *voit que de tous côtés le débat est déplacé : il ne s'agit plus d'une littérature et du plaisir qu'on y prend, mais d'une querelle sur la place philosophique, idéologique, voire politique de la science dans le monde moderne. Le reproche du manque de sérieux ou de l'excès de sérieux fait à la science-fiction, tout comme l'idée qu'elle est le chaînon manquant entre les deux cultures, la scientifique et la littéraire, renvoient tout uniment à la fonction de la science dans cette littérature. Et le risque de malentendu est alors si grand que l'on conçoit que des écrivains, agacés par cette prétention qui leur est attribuée, aient eu l'ambition de se débarrasser du terme de science-fiction et de le remplacer par celui de fiction spéculative.*

Aussi bien la science-fiction ne s'est pas contentée d'utiliser la science comme thème, comme décor ou comme fétiche doté de pouvoirs quasi magiques ; elle a aussi puisé son inspiration dans le bouleversement introduit dans notre société par la science et l'intuition que sans doute ce bouleversement est loin d'être fini ; enfin et surtout, elle a été profondément influencée par la pensée scientifique. Ce que la science-fiction a réellement reçu de la science, ce n'est pas l'occasion d'une exaltation de la technique, mais l'idée qu'un récit, et plus encore une chaîne de récits, peuvent être le lieu d'une démarche logique rigoureuse, tirant toutes les conclusions possibles d'une hypothèse plus ou moins arbitraire ou surprenante. En cela la science-fiction est, modestement ou parfois fort ambitieusement, une littérature expérimentale, c'est-à-dire une littérature qui traite d'expériences dans le temps même où elle est un terrain d'expériences. En d'autres termes, elle ne véhicule pas une connaissance et n'a donc pas de prétention au réalisme, mais elle est, consciemment ou non, le produit d'une démarche créatrice qui tend à faire sortir la littérature de ses champs traditionnels (le réel et l'imaginaire) pour lui en ouvrir un troisième (le possible).

On notera d'ailleurs qu'il a existé et qu'il existe toujours des œuvres littéraires qui affectent de se fonder sur une connaissance scientifique (par exemple l'œuvre de Zola) ou qui prétendent décider si une telle connaissance est bonne ou mauvaise, qui lui font donc une place très grande mais qui ne relèvent pas, à l'évidence, de la science-fiction ; ces œuvres traitent des connaissances scientifiques transitoires comme s'il s'agissait de vérités éternelles et ne font guère que les substituer aux dogmes métaphysiques qu'une certaine littérature s'est longtemps vouée à commenter ou à paraphraser. Au lieu de quoi l'écrivain de science-fiction part d'un postulat et se soucie surtout d'en explorer les conséquences. Il se peut bien que, parasitairement, il expose sa propre vision des choses comme s'il s'agissait d'une vérité révélée. Mais sur le fond, il écrit avec des si et des peut-être. Et parce que sa démarche est celle d'un explorateur de possibles, l'auteur de science-fiction écrit une œuvre beaucoup plus ouverte et beaucoup plus moderne que la plupart des écrivains-maîtres-à-penser dont les efforts tendent toujours à perpétuer les catégories de la vérité et de l'erreur, quels que soient les contenus qu'ils leur donnent. Cela est si patent qu'une histoire qui, comme beaucoup de celles de Jules Verne, a perdu sa base scientifique — ou qui n'en a jamais eu — n'est pas nécessairement sans charme. La crédibilité d'une histoire de science-fiction ne tient pas à la force de ses références externes mais seulement à sa cohérence interne. A la limite le texte tient tout seul. Et c'est précisément à partir de cette autonomie que, par un paradoxe qui n'est que superficiel, il devient possible de dire quelque chose d'original, de dérangeant, d'éventuellement pertinent, sur l'avenir, sur le présent, sur tout, absolument tout ce que l'on voudra. Au lieu de quoi la littérature qui s'affirme solidement enracinée dans le réel, c'est-à-dire dans une illusion de réalité, ne fait que projeter sur le présent et sur l'avenir l'ombre des préjugés du passé ; elle ne donne que des réponses attendues et esquive tous les problèmes un tant soit peu difficiles à poser.

Si l'on retient de la science-fiction une telle définition, il en résulte qu'elle est aussi ancienne que toute littérature orale ou écrite, qu'elle a toujours entretenu d'étroits rapports avec la naissance des idées et des mythes qu'aujourd'hui elle renouvelle et multiplie. Lucien de Samosate, Cyrano de Bergerac, Swift, Voltaire (dans Micromégas) combinent déjà l'invention extraordinaire, le déplacement dans l'espace et dans le temps, la remise en question du présent.

Mais c'est au XIXe siècle que la science-fiction prend son visage actuel. Esquissée dans le Frankenstein de Mary Shelley (1817), précisée dans l'œuvre de Poe, ce poète épris de raison, traversant celle de Hugo avec le météore de Plein ciel, elle se constitue vraiment sous les plumes de Jules Verne et de Herbert George Wells. Pour Verne, il s'agit d'abord de faire œuvre d'anticipation technicienne, de prolonger par l'imagination et le calcul le pouvoir de l'homme sur la nature, exercé par l'intermédiaire des machines. Pour Wells, il s'agit surtout de décrire les effets sur l'homme et sur la société elle-même de savoirs hypothétiques. De nos jours, on pourrait être tenté de voir en Verne l'ancêtre des « futurologues », ces techniciens de l'extrapolation raisonnée et de la prévision d'avenirs quasi certains, et en Wells le premier des « prospectivistes », ces explorateurs volontiers téméraires des futurs possibles. Mais l'opposition ne doit pas être exagérée : les deux tendances se nourrissent l'une de l'autre jusque dans les œuvres de ces pères fondateurs.

Après un début prometteur en Europe, vite remis en question par la grande crise économique puis par la crise des valeurs qui l'accompagne, et peut-être en France par une incoercible résistance des milieux littéraires à la pensée scientifique, c'est aux Etats-Unis que la science-fiction trouvera son terrain d'élection, sur un fond d'utopies (Edward Bellamy), d'anticipations sociales (Jack London) et de voyages imaginaires (Edgar Rice Burroughs). Hugo Gernsback, ingénieur électricien d'origine luxembourgeoise et grand admirateur de Verne et de Wells, crée en 1926 la première revue consacrée entièrement à la science-fiction, Amazing stories ; très vite les magazines se multiplient. Ils visent d'abord un public populaire et sacrifient la qualité littéraire ou même la vraisemblance à la recherche du sensationnel ; puis le genre se bonifie progressivement. La seconde guerre mondiale, révélant aux plus sceptiques l'impact de la technologie, incite à plus de rigueur scientifique, et le désenchantement qui accompagne les mutations accélérées du monde actuel conduit beaucoup d'écrivains à un certain pessimisme tout en les amenant à suppléer la carence des valeurs par une recherche esthétique croissante. Le résultat est là : la science-fiction contemporaine, vivante dans tous les pays industrialisés, est un extraordinaire laboratoire d'idées et elle n'a plus grand-chose à envier sur le plan de la forme à la littérature d'avant-garde quand elle ne se confond pas avec elle chez un William Burroughs, un Claude Ollier, un Jean Ricardou, un Alain Robbe-Grillet.

Le plus surprenant peut-être, c'est que, malgré la variété de son assise géographique, le domaine conserve une indéniable unité. Peut-être le doit-il — entre autres facteurs — à la présence insistante d'un certain nombre de grands thèmes qui se sont dégagés au fil de son histoire et qui le charpentent en se combinant, se ramifiant sans cesse. C'est un choix de ces thèmes, pris parmi les plus représentatifs, que la présente série entend illustrer.

Ce serait pourtant une erreur que de réduire la science-fiction à un faisceau de thèmes en nombre fini dont chacun pourrait à la limite se constituer en genre. A l'expérience, on s'apercevra souvent que telle histoire se trouve assez arbitrairement logée dans un volume plutôt que dans un autre (où classer *une histoire de robot extraterrestre ? dans les* Histoires d'Extraterrestres *ou dans les* Histoires de Robots *?), que telle autre histoire échappe au fond à toute thématique fortement structurée et définit à elle seule toute la catégorie à laquelle elle appartient. Chemin faisant, on découvrira sans doute que, malgré les apparences, la science-fiction n'est pas une littérature à thèmes parce qu'elle ne raconte pas toujours la même histoire (le thème) sur des registres différents, mais que, au contraire, chacun de ses développements échappe aux développements précédents tout en s'appuyant sur eux selon le principe, bien connu en musique, de la variation. Quand on a dit de telle nouvelle que c'est une histoire de vampire, on sait d'avance à peu près tout ce qui s'y passera ; au contraire, quand on a dit que c'est une histoire de robots, on n'en a, contrairement au point de vue commun, presque rien dit encore. Car toute la question est de savoir de* quelle *histoire de robots il s'agit. Et c'est de la confrontation entre quelques-unes des variations possibles (lesquelles sont peut-être, à vrai dire, en nombre infini) que surgit comme le halo foisonnant du mythe.*

Il serait pour le moins aventuré de prétendre avoir enfermé en douze volumes (onze catégories plus une qui les recouvre toutes, celle de l'humour) le vaste univers de la science-fiction — ne serait-ce que parce qu'on estime à plus de 30 000 le nombre de textes parus dans ce domaine aux Etats-Unis seulement et qu'à l'échelle mondiale, il faudrait doubler peut-être ce nombre. Du moins cette anthologie a-t-elle été établie méthodiquement dans l'intention de donner un aperçu aussi varié que possible de la science-fiction anglo-saxonne de la fin des années 30 au début des années 60. Plus de 3 000 nouvelles ont été lues pour la composer, dont beaucoup figuraient déjà dans des anthologies américaines. L'aire culturelle et la période retenues l'ont été tout naturellement : c'est aux Etats-Unis, accessoirement en Angleterre (dans la mesure surtout où les auteurs anglais sont publiés dans les revues américaines), que se joue le deuxième acte de la constitution de la science-fiction après l'ère, surtout européenne, des fondateurs ; c'est là qu'avec une minutie presque maniaque les variations possibles sur les thèmes sont explorées l'une après l'autre ; c'est là encore que se constitue cette culture presque autonome avec ses fanatiques, ses clubs, ses revues ronéotypées, ses conventions annuelles ; c'est aussi l'époque dont les œuvres se prêtent le mieux à la découverte du genre par le profane. Depuis le milieu des années 60, la science-fiction a considérablement évolué, au moins autant à partir de sa propre tradition que d'emprunts à la littérature générale. Aussi son accès s'est-il fait plus difficile et demande-t-il une certaine initiation.

Les anthologistes, qui sont collectivement responsables de l'ensemble des textes choisis, ont visé trois objectifs dans le cadre de chaque volume :

— Donner du thème une illustration aussi complète que possible en présentant ses principales facettes, ce qui a pu les conduire à écarter telle histoire célèbre qui en redoublait (ou presque) une autre tout aussi remarquable, ou encore à admettre une nouvelle de facture imparfaite mais d'une originalité de conception certaine ;

— Construire une histoire dialectique du thème en ordonnant ses variations selon une ligne directrice qui se rapproche parfois d'une histoire imaginaire ;

— Proposer un éventail aussi complet que possible des auteurs et fournir par là une information sur les styles et les écoles de la science-fiction « classique ».

Pour ce faire, une introduction vient préciser l'histoire, la portée, les significations secondaires, voire les connotations scientifiques du thème traité dans le recueil. Chaque nouvelle est présentée en quelques lignes qui aideront — nous l'espérons — le lecteur profane à se mettre en situation, et qui lèveront les obstacles éventuels du vocabulaire spécialisé. Enfin un dictionnaire des auteurs vient fournir des éléments biobibliographiques sur les écrivains représentés.

Ainsi cet ensemble ouvert qu'est la Grande Anthologie de la science-fiction, *ordonnée thématiquement sur le modèle de la* Grande Encyclopédie, *s'efforce-t-il d'être un guide autant qu'une introduction à la plus riche avancée de notre siècle dans les territoires de l'imaginaire.*

PRÉFACE

VOYAGEURS DU COSMOS.

Le Voyageur est une figure prestigieuse depuis l'Antiquité. L'admiration qui l'entoure dépend cependant moins des distances qu'il a franchies que du nombre, de la diversité et surtout de la nouveauté des contrées qu'il a visitées. Le Voyageur fascine parce qu'il est en même temps Explorateur. Dans *L'Odyssée* déjà, c'est surtout ce qui se passe aux escales qui est important.

Pendant longtemps, il en a été ainsi dans le domaine de la science-fiction. Pendant longtemps, ce terme même de science-fiction a évoqué presque exclusivement des récits de voyages interplanétaires, dans l'imagination du lecteur. Dans un grand nombre de ces récits, le vol dans le cosmos ne représente qu'un simple moyen : le moyen d'amener les personnages à pied d'œuvre, c'est-à-dire sur l'astre où vont se dérouler leurs exploits.

Le voyage lui-même, comment va-t-il s'effectuer ? Si une telle question est suggérée, c'est souvent parce que la réponse en sera surprenante. Au IIe siècle de notre ère, Lucien de Samosate imagine dans son *Icaroménippe* un cosmonaute qui vole en utilisant une aile de vautour et une aile d'aigle : l'asymétrie de cet équipage ne l'empêche pas d'atteindre la Lune et le Soleil. L'astronautique surnaturelle, d'autre part, fleurit dans la littérature jusqu'au XXe siècle. Dans *Star Maker*, en 1937, c'est par une sorte de transe spatio-temporelle qu'Olaf Stapledon fait découvrir le cosmos à son narrateur, et ce sont des esprits — chrétiens sans doute, mais esprits tout de même — qui assurent le voyage à Vénus du philologue Ransom sous la plume de Clive Staples Lewis dans *Perelandra* en 1943. Le non-conformisme de certains voyages cosmiques n'a pas été entièrement balayé par la suprématie de la fusée.

Par comparaison, l'importance prise par le voyage proprement dit est un phénomène relativement tardif dans l'histoire de la science-fiction. Une petite scène des *Premiers Hommes dans la Lune* de Wells reflète indirectement le peu d'intérêt que les auteurs — donc les personnages — accordaient à la phase du voyage dans l'espace : au moment de prendre place dans la sphère de cavorite qui l'amènera jusqu'à notre satellite, le narrateur emporte vite deux vieux magazines qui traînaient dans un coin, afin d'avoir quelque chose pour s'occuper durant la « traversée ». Pour les cosmonautes de Wells et pour la plupart de leurs contemporains, le dépaysement ne commence qu'à l'arrivée : leur astronef, c'est un petit fragment de leur home confortable et bourgeois; on le décrit peut-être, mais il ne s'y passe rien qui diffère fondamentalement de ce dont était le théâtre le logement principal, laissé sur Terre.

Pour aller jusqu'à la Lune, les astronautes des missions *Apollo* emportent eux aussi une parcelle de milieu terrestre. En fin de compte, leur combinaison spatiale sert à préserver cette parcelle à l'abri de l'hostile environnement non terrestre, celui des cabines spatiales et de la surface lunaire : c'est là une précaution imposée par la découverte des véritables conditions régnant sur notre satellite. Au fur et à mesure que l'astronomie progressait, il a de même fallu modifier le décor plus ou moins victorien dans lequel vivaient les cosmonautes, et aussi tenir compte de l'immensité des distances sur lesquelles s'effectuaient les voyages. Entre la Terre-départ et la Planète-destination, la durée du vol devint une réalité.

Dans les *Histoires extraordinaires* de Poe, l'*Aventure sans pareille d'un certain Hans Pfaall* consiste essentiellement en un voyage à la Lune — accompli en ballon... — alors même que Poe jette à la fin quelques doutes sur l'authenticité de la narration. Sous la plume de Jules Verne, Barbicane, Nicholl et Ardan doivent se contenter de voyager *Autour de la Lune*, alors qu'ils étaient partis avec l'intention d'atteindre le sol de notre satellite : le roman raconte leur long séjour dans l'obus qui leur sert d'astronef.

Pendant plusieurs années, des récits comme ceux de Poe et de Verne restèrent des cas isolés. Cela ne surprend guère, si l'on songe à ce que l'on savait à l'époque au sujet des planètes voisines. D'une manière générale, Mars et Vénus étaient considérées comme des sœurs de la Terre — la première plus âgée, sans doute, et la seconde plus jeune, mais l'une et l'autre suffisamment accueillantes pour qu'un être humain puisse y vivre à l'air libre et exercer une activité normale sans scaphandre ni même masque respiratoire. Les « canaux » martiens étaient, pour plusieurs observateurs, la preuve que les habitants de la planète rouge livraient un courageux combat contre le dessèchement de leur monde, tandis que l'épaisse couche nuageuse de Vénus pouvait dissimuler à peu près tout ce que demandait l'affabulation du romancier. Pour les aventuriers de l'espace, les possibilités étaient pratiquement inépuisables (ce ne fut qu'au cours du XXe siècle que les astronomes réalisèrent que les conditions terrestres représentent une exception dans le système solaire). Le romancier n'avait guère de temps à perdre dans le cosmos, lorsque mondes et merveilles nouveaux attendaient ses héros.

De plus, l'astronautique n'intéressait à l'époque que

quelques théoriciens isolés, comme Hermann Ganswindt et Constantin Tsiolkovsky. Lorsque des romanciers imaginaient que l'espace était vaincu grâce à un explosif nouveau ou une substance imperméable à la pesanteur — comme la cavorite de Wells — ils exprimaient en fait ce que pensaient confusément beaucoup de leurs contemporains. Jusqu'à la première guerre mondiale, rien ne permettait de deviner l'existence future d'un chemin expérimental menant sans discontinuité de la science connue à l'époque jusqu'à la mise au point d'un astronef. N'était-ce pas une raison supplémentaire de brûler les étapes, dans le cadre d'une affabulation ? (Ce genre d'artifice littéraire pseudo-scientifique continue à être sollicité, lorsque le récit postule le franchissement de distances se chiffrant en années-lumière : les « torsions de l'espace », grâce auxquelles deux points normalement éloignés deviennent voisins, ou les raccourcis à travers la quatrième dimension, ne se rattachent à aucune connaissance mathématique ou physique contemporaine.)

Pour que le thème du voyage cosmique proprement dit passe du stade d'élément accessoire à celui du motif majeur, il a fallu que la science accomplisse des progrès, réels mais lents, dans des domaines tels que les ordinateurs électroniques, la propulsion des fusées, la physiologie de l'apesanteur et bien d'autres. Il a fallu, en d'autres termes, que l'on réalise les difficultés présentées par le chemin menant expérimentalement vers le voyage réel dans l'espace.

Sur le plan littéraire, il a fallu d'autre part la conception d'une catégorie importante de cosmonautes professionnels, pour lesquels le voyage représente une fin au moins autant qu'un moyen, un mode de vie plus qu'une expérience mémorable : navigateurs du cosmos, pilotes, contrôleurs des lignes spatiales, voyageurs du commerce interplanétaire, psychologues de l'espace. Pour eux, l'installation ou même le séjour prolongé sur une planète déterminée représenterait finalement une aliénation, ou au moins un renoncement. L'esprit pionnier des astronautes explorateurs de l'âge héroïque leur est totalement étranger : une sorte de pragmatisme de l'espace l'a remplacé. De tels hommes n'auront nul besoin d'emporter avec eux une parcelle de leur planète natale : leur « monde » natal sera l'espace, concrétisé par l'astronef à bord duquel ils passent leur existence.

A ce thème s'apparente celui des astronefs qui sont, au sens propre, des mondes autonomes : immenses vaisseaux qui voyagent d'un système solaire à un autre, en des trajets longs de plusieurs années-lumière, mais qui n'utilisent ni les torsions de l'espace ni les raccourcis de la quatrième dimension. Les voyageurs qui prennent place à bord de ces vaisseaux, lors du départ de la Terre, ne connaîtront jamais la planète de destination : ils mourront à bord de l'astronef, pendant le voyage, et celui-ci sera poursuivi par leurs enfants, puis par les enfants de leurs enfants. Ceux qui arriveront à destination seront les descendants lointains de ceux qui étaient partis. Dans ce motif, la parcelle du monde natal peut donc s'identifier à ce monde natal lui-même : l'astronef.

Et, dans ce motif, on voit aussi le voyage vers l'aventure devenir une aventure lui-même. La traversée n'est plus une simple formalité. Ou, si elle en devient une pour les pilotes de demain, pour ceux dont l'espace sera la vraie patrie, elle amène la découverte de nouveaux univers, intérieurs à l'homme. La psychologie de ce dernier se modifie. Les tensions entre compagnons de voyage peuvent faire naître des abîmes nouveaux, que les cartes célestes ne consignent pas, mais qui transforment les conditions du voyage. La frustration due à l'isolement — individuel ou collectif — devient un risque qui modifie les cosmonautes et, subjectivement, le cosmos lui-même. C'est dans leur monde intérieur que les voyageurs devront chercher la parcelle-talisman rassurante qui rappellera l'astre d'origine, et ils risquent ainsi de déboucher sur un nouvel infini.

Le thème du Voyageur, en science-fiction, est celui

des deux vieux infinis, le macrocosme et le microcosme, entre lesquels l'homme cherche un équilibre précaire et incessamment modifié.

DEMÈTRE IOAKIMIDIS.

LES VERTES COLLINES DE LA TERRE

par Robert A. Heinlein

Le besoin de franchir chaque « nouvelle frontière » qu'il rencontre devant lui est un trait que l'homme a conservé tout au long de son histoire. Les premiers navigateurs, les pionniers de l'aviation, les vainqueurs de l'Everest, en ont tous été animés. On le retrouve chez les passagers des premières cabines spatiales, et les cosmonautes des lignes interplanétaires de demain le révèleront à leur tour. Et ces infinis toujours renouvelés inspireront des poètes qui auront été, dans l'existence de tous les jours, de simples mécaniciens de fusées, à la fois vagabonds et héros.

I

VOICI l'histoire de Rhysling, le chanteur aveugle des lignes spatiales... mais pas dans sa version officielle. Vous avez chanté ses vers sur les bancs de l'école :

Je prie pour un dernier atterrissage
Sur le globe qui m'a donné le jour.
Puissent mes yeux voir le ciel, les nuages
Et les vertes collines de la Terre.

Ou peut-être les avez-vous chantés en espagnol, ou en allemand. A moins que ce ne soit en espéranto, tandis que la bannière mondiale, couleur arc-en-ciel, flottait au-dessus de vos têtes.

La langue importe peu — c'était certainement un idiome terrestre. Nul n'a jamais traduit *Vertes Collines* dans le zézayant langage vénusien ; nul Martien ne les croassa jamais dans les canaux desséchés. C'est notre bien à nous. Nous autres, Terriens, avons tout exporté, depuis les films d'épouvante hollywoodiens jusqu'aux radioactifs synthétiques, mais ces collines appartiennent à la Terre seule, à ses fils et filles, quels qu'ils puissent être.

Nous avons tous entendu maintes histoires de Rhysling. Vous êtes peut-être même de ceux qui ont recherché diplômes ou faveur publique par de savantes gloses de ses œuvres publiées : *Les Chants des lignes de l'espace, Le Grand Canal et autres poèmes, Haut et Loin* et *Ohé du vaisseau !*

Néanmoins, bien que vous ayez chanté ses chansons et lu ses vers sur les bancs de l'école et tout au long de votre vie, il y a gros à parier — à moins que vous ne soyez vous-même un homme de l'espace — que vous n'avez même pas entendu parler de ses chants non publiés, tels que *Le jour où le contremaître a rencontré ma cousine, La Rouquine de Vénusburg, Perdez pas votre pantalon, patron* ou *Un scaphandre spatial fait pour deux.*

Nous ne pouvons d'ailleurs pas les citer dans un magazine familial.

La réputation de Rhysling fut protégée par un exécuteur testamentaire plein de prudence et par le fait que, par un concours de circonstances favorables, il n'eut jamais l'occasion de s'exprimer devant un représentant de la presse. *Les Chants des lignes de l'espace* parurent en librairie la semaine même de sa mort ; lorsqu'on connut les records de vente, des histoires publicitaires sur son compte furent rassemblées à partir des souvenirs que les gens conservaient de lui, auxquels vinrent s'ajouter les prières d'insérer hautes en couleur rédigées par ses éditeurs.

Il en résulte que l'image traditionnelle de Rhysling est à peu près aussi véridique que la hachette de George Washington ou les gâteaux du roi Alfred.

A dire le vrai, vous n'auriez pas voulu le recevoir dans votre salon ; il n'était pas supportable en société. Il souffrait d'un prurit solaire chronique qui le portait à se gratter sans arrêt, ce qui n'ajoutait rien à une beauté par ailleurs discutable.

Le portrait qu'a peint de lui Van der Voort pour l'édition Harriman de ses œuvres, à l'occasion de son centenaire, nous montre un visage de haute tragédie, une bouche solennelle, des yeux sans regard dissimulés derrière un bandeau de soie noire. Or, de sa vie, il ne fut solennel ! Sa bouche était toujours ouverte pour chanter, sourire, boire ou manger. Le bandeau était le premier chiffon venu, crasseux le plus souvent. Lorsqu'il eut perdu la vue, il se négligea de plus en plus.

Le « Bruyant » Rhysling, lorsqu'il signa son contrat pour un voyage circulaire dans les astéroïdes joviens à bord du *Goshawk*, était mécanicien de seconde classe aux fusées, avec des yeux aussi bons que les miens ou les vôtres. A cette époque, l'équipage signait des décharges pour tout ; un représentant de la Lloyd's vous aurait ri au nez à la seule idée d'assurer un homme de l'espace. Le Décret sur la Sécurité Spatiale était encore dans les limbes, et la compagnie était seulement responsable des salaires, le cas échéant. La moitié des vaisseaux qui dépassaient Luna City ne revenaient jamais. Les hommes de l'espace n'en avaient cure ; ils préféraient signer en échange de parts dans les bénéfices, et le premier venu d'entre eux était prêt à sauter du deux centième étage de la tour Harriman pour se poser indemne, si seulement vous misiez sur ses chances à trois contre deux, en lui permettant toutefois d'utiliser des talons de caoutchouc pour amortir l'atterrissage.

Les mécaniciens étaient les plus insouciants du lot

et les durs de durs. Auprès d'eux, les maîtres, les préposés au radar et les astrogateurs (il n'y avait ni supérieurs ni stewards à cette époque) n'étaient que de doux végétariens. Les mécaniciens en savaient trop. Les autres faisaient confiance à l'habileté du capitaine pour les amener sains et saufs à bon port ; les mécaniciens savaient que l'habileté était inutile contre les démons aveugles et capricieux enchaînés à l'intérieur de leurs moteurs-fusées.

Le *Goshawk* fut le premier des vaisseaux de la Harriman à subir la conversion des combustibles chimiques aux piles atomiques, ou plutôt le premier à ne pas exploser. Rhysling le connaissait bien ; c'était un vieux rafiot qui avait servi sur la ligne de Luna City : station spatiale Supra-New York-Leyport et retour, avant d'être converti pour l'espace profond. Il avait fait la ligne de Luna à son bord et avait participé à son premier voyage en espace profond, Drywater, sur Mars — et retour, à la surprise générale.

Il aurait dû passer chef mécanicien avant de signer pour le voyage circulaire de Jupiter, mais après la randonnée inaugurale de Drywater, il avait été mis à la porte, inscrit sur la liste noire et débarqué à Luna City pour avoir passé son temps à écrire un refrain et plusieurs vers dans le moment où il aurait dû surveiller ses instruments. Le chant en question était l'infamant *Le patron est un père pour son équipage,* dont le dernier couplet est d'une verdeur qui ne supporte pas l'impression.

D'être inscrit sur la liste noire ne lui faisait ni froid ni chaud. Il gagna, en trichant au jeu, un accordéon appartenant à un barman chinois de Luna City, après quoi il pourvut à sa subsistance en chantant pour les mineurs, en échange de verres et pourboires, jusqu'au moment où la raréfaction des hommes de l'espace induisit l'agent de la compagnie à lui offrir une nouvelle chance. Il se tint tranquille sur la ligne de Luna pendant un an ou deux, réintégra l'espace profond, contribua à donner à Vénusburg cette réputation gaillarde qui fait son originalité, traîna ses grègues sur les bords du Grand Canal lorsque fut établie une seconde colonie dans l'ancienne capitale martienne, et s'en fut se geler les doigts de pieds et les oreilles dans la seconde randonnée vers Titan.

Les choses allaient vite à cette époque. Une fois la propulsion à l'énergie atomique admise, le nombre des astronefs qui partaient du système Lune-Terre n'était plus limité que par le recrutement des équipages. Les mécaniciens étaient rares ; les écrans protecteurs étaient réduits au strict minimum pour économiser sur le poids, et fort peu d'hommes mariés se souciaient d'affronter une exposition toujours possible à la radioactivité. Rhysling ne se préoccupait pas de laisser une descendance, et l'ouvrage ne lui manquait jamais aux jours dorés de la ruée vers les nouvelles richesses. Il traversait et retraversait le système, chantant les vers de mirliton qui lui bouillonnaient dans la tête, et s'accompagnant sur l'accordéon.

Le patron du *Goshawk* le connaissait ; le capitaine Kicks était astrogateur lors du premier voyage de Rhysling à bord. « Soyez le bienvenu chez vous, Le Bruyant, avait dit Kicks en l'accueillant. Etes-vous à jeun ou dois-je signer le registre à votre place ?

— Il serait difficile de se soûler avec le jus de chaussettes que l'on vend dans ce sabot, patron. » Il signa et descendit aux machines, son accordéon sous le bras.

Dix minutes plus tard, il était de retour. « Capitaine, déclara-t-il sombrement, le réacteur numéro deux est en mauvais état. Les ralentisseurs de cadmium sont endommagés.

— Pourquoi me dites-vous cela ? Adressez-vous au chef.

— C'est ce que j'ai fait. Mais il prétend qu'ils tiendront. Il se trompe. »

Le capitaine désigna le livre du geste. « Rayez votre nom et décampez. Nous décollons dans trente minutes. »

Rhysling le regarda, haussa les épaules et redescendit aux machines.

La route est longue qui mène aux astéroïdes ; un appareil comme le *Goshawk* devait diverger pendant trois veilles complètes avant d'entrer en chute libre. Rhysling était du second quart. L'évacuation des déchets se faisait à l'époque avec une multiplicatrice Vernier et une jauge de danger. Lorsque s'allumèrent les voyants rouges, il s'efforça d'effectuer les corrections nécessaires — peine perdue.

Les mécaniciens de réacteurs n'attendent pas ; c'est pour cela qu'ils sont mécaniciens de réacteurs. Il ouvrit le panneau d'urgence et fouilla la substance radioactive avec des pinces. Les voyants s'éteignirent et il marcha droit devant lui. Un mécanicien doit connaître sa chambre des machines comme sa poche.

Il jeta un rapide regard sur le sommet de l'écran de plomb lorsque les lumières s'éteignirent. La lueur bleue radioactive ne lui fut d'aucun secours ; il recula brusquement la tête et continua à tâtons.

Lorsqu'il eut terminé, il appela dans le tube acoustique : « Réacteur numéro deux en panne. Et pour l'amour du ciel, donnez-moi un peu de lumière làdedans ! »

Il y eut bien de la lumière — le circuit de secours — mais pas pour lui. La lueur bleue radioactive fut la dernière excitation à laquelle répondirent ses rétines.

II

Lorsque Espace et Temps reviennent se pencher sur cette scène constellée,
Les larmes tranquilles d'une joie tragique étendent toujours leur manteau argenté.
Le long du Grand Canal s'élèvent toujours les fragiles Tours de la Vérité ;

Leur grâce féerique défend ce lieu de beauté, de calme et de paix.
Morte est la race qui fit surgir les Tours, oubliées sont leurs sciences ;
Lentement bat le cœur de Mars, recru d'avoir trop longtemps battu sous un ciel de glace ;
L'air ténu murmure sans voix que tout ce qui vit doit mourir...
Pourtant les clochers de dentelle de la Vérité carillonnent encore leur madrigal à la Beauté,
Beauté qui trouvera toujours asile le long du Grand Canal !

Extrait de *Le Grand Canal,* avec l'autorisation de Lux Transcriptions, Ltd, Londres et Luna City.

Au retour, on débarqua Rhysling sur Mars, à Drywater ; les hommes de l'équipage firent circuler un chapeau et le patron abandonna un demi-mois de salaire. C'était tout — *terminé* — un bougre de l'espace de plus, qui n'avait pas eu la bonne fortune de s'arrêter au moment où la chance le quittait. Il se joignit aux prospecteurs et aux archéologues à How-Far, durant un mois environ, et sans doute aurait-il pu y demeurer pour toujours en échange de ses chansons et de ses séances d'accordéon. Mais les hommes de l'espace ne tardent pas à mourir s'ils doivent rester en place ; il trouva à s'embarquer à bord d'un caboteur qui le ramena à Drywater et de là il gagna Marsopolis.

La capitale était en pleine expansion ; les usines de traitement s'étendaient de part et d'autre du Grand Canal et polluaient ses eaux antiques de leurs rebuts. Cela se passait avant que le traité des Trois Planètes eût interdit la dégradation des reliques culturelles à des fins commerciales ; la moitié des tours féeriques avaient été abattues et d'autres défigurées pour en faire des bâtiments pressurisés adaptés à l'usage des Terrestres.

Cependant Rhysling n'avait assisté à aucune de ces transformations et nul n'avait pensé à les lui décrire ;

lorsqu'il « revit » Marsopolis, il l'imagina telle qu'elle était avant d'avoir été rationnellement revue et corrigée pour les besoins du commerce. Sa mémoire n'était pas des meilleures. Il vint sur l'esplanade bouleversée où les anciens grands de Mars venaient autrefois prendre leurs aises et devant ses yeux aveugles resurgit son ancienne magnificence... la plaine d'eau d'un bleu de glace, insensible aux marées, qu'aucune brise ne venait rider et reflétant en toute sérénité les étoiles brillantes et acérées du ciel martien, et au-delà de l'eau, la dentelle des remparts et des tours aériennes, d'une architecture trop délicate pour notre lourde et grondante planète.

Il en résulta *Le Grand Canal.*

Le subtil changement intervenu dans l'orientation de son esprit, qui lui permettait de voir en Marsopolis de la beauté là où il n'y en avait point, commença dès lors d'influencer sa vie entière. Toutes les femmes devinrent belles pour lui. Il les reconnaissait à leur voix, et se faisait d'elles une image correspondante. Il faut un esprit bien pervers pour s'adresser à un aveugle sans douceur ni gentillesse ; des grincheuses qui n'avaient jamais laissé à leur époux un moment de paix prenaient une voix douce pour parler à Rhysling.

Son monde en devenait peuplé de femmes ravissantes et d'hommes bien éduqués. *La Sombre Etoile qui passe, La Chevelure de Bérénice, Le Chant funèbre d'un poulain sylvestre* et autres chants des errants, des hommes sans femme de l'espace, ne naquirent dans son esprit que parce que sa conception du monde n'était pas souillée par des contingences terre à terre. Son inspiration s'en trouva adoucie, ses vers de mirliton transformés en poésie.

Il disposait à présent de tout son temps pour penser, pour trouver les mots évocateurs, pour travailler ses vers jusqu'au moment où ils sonnaient juste dans sa tête. La monotone pulsation du *Chant des réacteurs :*

Lorsque la voie est libre, les rapports tous rendus,
Lorsque le sas se ferme avec un soupir et que les lampes vertes clignotent,
Lorsque le compte à rebours est fait, qu'il est temps de prier,
Lorsque le capitaine fait le signe, que les réacteurs rugissent...

Ecoutez les tuyères,
Ecoutez-les rugir dans votre dos,
Lorsque vous êtes étendu sur la couche,
Que vous sentez vos côtes s'enfoncer dans votre poitrine,
Votre cou creuser son empreinte,
Votre vaisseau peiner de toute sa membrure,
Se tendre sous son étreinte,
Lorsque vous le sentez s'élever, prendre son essor,
Et l'acier torturé prendre vie
Sous ses tuyères !

surgit en lui non pas au temps où il était encore mécanicien, mais plus tard, alors qu'il allait et venait entre Vénus et Mars et qu'il était venu s'asseoir près d'un vieux camarade de bord, pour lui tenir compagnie pendant son quart.

A Vénusburg il allait dans les bars chanter ses chansons nouvelles et quelques-unes des anciennes. L'un ou l'autre faisait circuler un chapeau à la ronde pour le payer de ses peines ; il revenait souvent avec une collecte double ou triple de celle que recueillaient généralement les ménestrels, en hommage à l'esprit indomptable qui se dissimulait derrière ses yeux bandés.

C'était une vie facile. Tous les ports de l'espace étaient pour lui un foyer et tous les vaisseaux, un engin de transport particulier. Aucun patron n'aurait refusé la masse supplémentaire que représentaient l'aveugle Rhysling et sa boîte à soufflet ; il allait de Vénusburg à Leyport, à Drywater, à New Shangaï ou refaisait le chemin en sens inverse lorsqu'il lui en prenait fantaisie.

Jamais il ne se rapprochait de la Terre plus près que Supra-New York, la station spatiale. Même au moment où il signait le contrat de publication pour *Les Chants des lignes spatiales,* c'est dans un vaisseau de la ligne à cabines qu'il apposa son paraphe quelque part entre Luna City et Ganymède. Horowitz, le premier éditeur, se trouvait à bord à l'occasion d'une seconde lune de miel et c'est ainsi qu'il entendit Rhysling chanter au cours d'une fête organisée à bord du vaisseau. Dès la première audition, Horowitz savait reconnaître ce qui était valable pour l'édition ; la série complète des *Chants* fut enregistrée directement sur magnétophone dans la cabine des transmissions de ce vaisseau, avant qu'il ne consentît à perdre Rhysling de vue. Les trois volumes suivants, il les soutira de Rhysling à Vénusburg, où Horowitz avait expédié un agent avec pour consigne de l'abreuver en permanence jusqu'au moment où il lui aurait extorqué jusqu'à sa dernière chanson.

Ohé du vaisseau n'est certainement pas du Rhysling authentique d'un bout à l'autre. Une grande partie est sans doute de lui, et *Les Chants des réacteurs* sont indubitablement de son cru, mais une grande partie des vers furent recueillis après sa mort sur les lèvres de gens qui l'avaient connu durant sa période d'errance.

Les Vertes Collines de la Terre mirent vingt ans pour atteindre leur forme définitive. La version la plus ancienne qui nous soit connue fut composée avant que Rhysling fût frappé de cécité, au cours d'une beuverie avec les contractuels de Mars. Les vers évoquaient dans leur majeure partie les projets que les intéressés se proposaient de réaliser sur Terre, quand ils auraient payé leurs dédits et qu'ils auraient ainsi le loisir de rentrer dans leurs foyers. Certains des couplets étaient nettement vulgaires, d'autres ne l'étaient pas, mais dans le refrain il était possible de reconnaître celui des *Vertes Collines.*

Nous connaissons exactement le lieu et le moment

où *Les Vertes Collines* prirent leur forme définitive.

Il y avait à Vénus Ellis Isle un vaisseau qui devait faire directement le parcours jusqu'à Great Lakes en Illinois. C'était le vieux *Falcon*, le plus jeune de la classe des Hawk et le premier à bord duquel se trouvait appliquée la nouvelle politique du trust Harriman concernant les services express, avec supplément de tarif, entre les villes de la Terre et les colonies comportant des arrêts réguliers.

Rhysling décida de rentrer sur la Terre. Peut-être son propre chant lui était-il entré dans la peau... ou peut-être désirait-il simplement revoir une fois encore les monts Ozarks de son enfance.

La compagnie n'accordait plus de passages gratuits ; Rhysling ne l'ignorait pas mais il ne lui serait jamais venu à l'esprit que ce règlement pourrait s'appliquer à lui. Il se faisait vieux pour un homme de l'espace et se montrait un peu à cheval sur ses privilèges. Ce n'était pas de la sénilité... il avait simplement conscience de constituer l'un des points de repère de l'espace, comme la comète de Halley ou les anneaux de Saturne. Il franchit le sabord de l'équipage, descendit aux machines, et s'installa comme chez lui dans la première couchette d'accélération disponible.

Le capitaine le découvrit au cours d'une dernière ronde d'inspection : « Que faites-vous là ? interrogea-t-il.

— Je rentre sur la Terre, capitaine. » Rhysling n'avait pas besoin d'yeux pour distinguer les galons d'un commandant de bord.

« Vous ne pouvez prendre place à bord de ce vaisseau ; vous connaissez le règlement ; tâchez de vous remuer et d'évacuer au plus vite ! Nous décollons à l'instant. » Le capitaine était jeune ; il était sorti du rang après que Rhysling eut terminé son service actif, mais notre homme connaissait le genre... cinq ans à Harriman Hall avec pour tout bagage des voyages d'entraînement en qualité de stagiaire, au lieu d'une solide expérience de l'espace profond. Les deux hommes n'avaient en commun ni les antécédents ni l'esprit ; l'espace était en train de changer.

« Voyons, capitaine, vous ne pouvez tout de même pas refuser à un vieil homme de rentrer chez lui. »

L'officier hésita. Plusieurs membres de l'équipage s'étaient arrêtés pour écouter. « Je n'ai pas le droit de vous prendre à bord : décret sur la Sécurité Spatiale, clause six *: Nul ne pénétrera en espace s'il n'est membre agréé d'un équipage appartenant à un vaisseau inscrit sur les rôles, ou passager payant d'un tel vaisseau, conformément aux stipulations promulgées par application du présent décret.* Maintenant levez-vous et sortez. »

Rhysling se renversa sur sa couchette les mains sous la nuque. « Si je dois évacuer, je veux bien être pendu si je marche ! Portez-moi. »

Le capitaine se mordit les lèvres : « Maître d'équipage ! Expulsez-moi cet homme ! »

Le sous-officier fixa les poutrelles du plafond. « Cela m'est impossible, capitaine, je me suis démis l'épaule. » Les autres membres de l'équipage qui étaient présents la minute précédente s'étaient évanouis dans la peinture de la cloison.

« Eh bien, rassemblez une corvée !

— Oui, capitaine. » Et il s'en fut à son tour.

Rhysling reprit de nouveau la parole. « Voyons, patron... ne cherchons pas la petite bête. Vous avez une porte de sortie pour justifier ma présence si vous le voulez bien... la clause concernant l'homme de l'espace en détresse.

— L'homme de l'espace en détresse, mon œil ; vous n'avez rien d'un « homme de l'espace en détresse » ; vous êtes un juriste de l'espace. Je vous connais ; il y a des années que vous traînez dans le système. Mais vous ne jouerez pas les passagers clandestins dans mon vaisseau. Cette clause était prévue pour venir en aide aux hommes qui ont manqué leur vaisseau, et non pour permettre à des individus de votre espèce de vagabonder librement à travers l'espace.

— Voyons, capitaine, pourriez-vous prétendre véridiquement que je n'ai pas manqué mon vaisseau ? Je ne suis jamais retourné sur Terre depuis le dernier voyage que j'ai accompli en qualité de membre régulier de l'équipage. La loi me donne droit au voyage de retour.

— Il y a des années que vous avez quitté le service actif. Vous avez laissé passer le moment.

— Vraiment ? La clause ne fait pas la moindre mention du délai durant lequel l'intéressé aurait droit au retour gratuit. Il fait simplement état de ce droit. Relisez-la, patron. Si je me trompe, non seulement je sortirai sur mes deux jambes, mais encore je vous présenterai mes très humbles excuses devant votre équipage. Allez... vérifiez. Jouez franc jeu. »

Rhysling sentait peser sur lui le regard courroucé du capitaine, mais celui-ci se contenta de tourner les talons et sortit du compartiment. Rhysling était conscient d'avoir usé de sa cécité pour placer le capitaine dans une situation impossible, mais cela n'était pas fait pour l'embarrasser, il s'en réjouissait plutôt.

Dix minutes plus tard, la sirène retentit, il entendit le haut-parleur lancer les ordres d'appareillage. Lorsque les soupirs des sas et le léger changement de pression dans ses oreilles l'eurent averti que le décollage était imminent, il se leva et descendit à la salle des machines, car il voulait se trouver près des réacteurs lorsqu'ils cracheraient le feu par leurs tuyères. Il n'avait besoin de personne pour le guider dans aucun navire.

Les ennuis commencèrent durant le premier quart. Rhysling s'était installé dans le siège de l'inspecteur, laissant courir ses doigts sur les touches de son accordéon et essayant une nouvelle version des *Vertes Collines*.

Laissez-moi respirer encore un air qui n'est pas mesuré
Où il n'y a ni pénurie ni disette.

... La la la la la la la la la *de la Terre !* Décidément cela ne voulait pas venir. Il tenta un nouvel essai.

Laissez la douce brise mettre un baume sur mes plaies,
Echarpe vaporeuse, ceinture aérienne
De notre belle et douce planète maternelle,
Des fraîches et vertes collines de la Terre.

C'était déjà mieux. « Qu'en penses-tu, Archie ? » demanda-t-il en dominant le rugissement atténué des réacteurs.

« C'est drôlement bien. Chante-moi tout l'ensemble. » Archie MacDougal, le chef mécanicien, était un vieux compagnon de l'espace et des bars ; il avait fait son apprentissage sous les ordres de Rhysling, il y avait de cela bien des années et des millions de kilomètres.

Rhysling s'exécuta puis : « Vous autres, les jeunes, vous vous la coulez douce. Tout est automatique. De mon temps il fallait rester éveillé pendant qu'on triturait les commandes.

— Il faut toujours demeurer éveillé. » Ils se mirent à parler « boutique » et MacDougal lui montra le ralentisseur à réponse directe qui avait remplacé le contrôle manuel à vernier dont s'était servi Rhysling. Celui-ci tâta les commandes et posa des questions jusqu'au moment où il se fut familiarisé avec la nouvelle installation. Il se flattait toujours d'être mécanicien de réacteurs et affectait de croire que sa présente occupation de troubadour n'était qu'un expédient auquel il n'avait recours qu'à l'occasion de désaccords avec la compagnie, aventure dont nul n'était jamais exempt.

« Je vois que les anciennes platines manuelles de ralentisseur sont toujours en place », remarqua-t-il en parcourant l'appareillage de ses doigts agiles.

« Tout y est, sauf les connexions. Je les ai fait démonter car elles obscurcissaient les cadrans.

— Tu aurais dû les conserver. Tu pourrais en avoir besoin.

— Oh ! je ne sais pas trop. Je pense... » Rhysling ne sut jamais ce que pensait MacDougal, car à ce moment se produisit l'accident. MacDougal prit de plein fouet un jet radioactif qui le carbonisa sur place.

Rhysling sentit ce qui venait d'arriver. Des réflexes automatiques résultant d'une habitude ancienne intervinrent aussitôt. Simultanément, il abattit le découvreur et lança le signal d'alarme à la salle de contrôle. Puis il se souvint des connexions démontées. Il lui fallait les découvrir à tâtons, en s'efforçant de se tenir aussi bas que possible, pour profiter au maximum de la protection des écrans. Rien ne le préoccupait si ce n'est l'emplacement des connexions. Il s'orientait en cet endroit aussi bien que s'il eût toujours possédé la vue ; il connaissait chaque point, chaque commande, comme les touches de son accordéon.

« Salle des machines, salle des machines ! Quelle est la raison de cette alerte ?

— N'entrez pas ! » cria Rhysling. « Radioactivité partout. » Il la sentait sur son visage et sur ses os, comme le soleil du désert.

Il mit en place les connexions en maudissant l'imbécile qui n'avait pas remis en place la clef dont il avait besoin. Puis il entreprit de réduire la fuite à la main. C'était un travail long et délicat. Bientôt il décida qu'il faudrait se débarrasser du réacteur, pile comprise.

Il commença par rendre compte. « Contrôle !

— Ici contrôle !

— Je largue réacteur trois — urgence.

— Est-ce MacDougal qui parle ?

— MacDougal est mort. Ici Rhysling, de quart. Préparez-vous à enregistrer. »

Il n'y eut pas de réponse ; le patron était peut-être médusé, mais il ne pouvait intervenir lorsqu'une situation critique se présentait à la salle des machines. Il devait penser au vaisseau, aux passagers, à l'équipage. Les portes devaient rester fermées.

Le capitaine dut être encore plus surpris en écoutant ce que Rhysling lui faisait parvenir en guise de rapport :

Nous pourrissons dans les fanges de Vénus,
Nous vomissons sur son souffle empoisonné.
Pestilentielles sont ses jungles inondées,
Grouillantes d'organismes putréfiés.

Tout en travaillant Rhysling continuait à cataloguer le système solaire : « ... *le dur et brillant sol de la Lune...* » « ... *les anneaux arc-en-ciel de Saturne...* » «... *les nuits glaciales de Titan...* », ouvrant et rejetant le réacteur et procédant au nettoyage final. Il termina par le refrain :

Nous avons essayé tous les grains de poussière
tourbillonnant dans l'espace
Et en avons jaugé la valeur véritable :
Ramenez-nous encore à la terre des hommes
Sur les fraîches et vertes collines de la Terre.

Puis distraitement, pourrait-on dire, il reprit son premier couplet modifié :

La voûte du ciel rappelle
Les hommes de l'espace à leur poste.

« Tout le monde, parez à la manœuvre ! Chute libre ! »

Et au-dessous de nous les lumières s'évanouissent.
Dans l'infini s'élancent les fils de la Terre
Sous la poussée de leurs grondantes tuyères.
D'un seul bond ils s'élancent à la conquête du
[*Ciel,*
Plus loin, toujours plus loin, au bout de l'univers...

Le vaisseau était sauf à présent et prêt à regagner sa base avec un seul réacteur. Pour ce qui est de lui-même, Rhysling se sentait beaucoup moins rassuré. Le « coup de soleil » qu'il avait reçu semblait assez sévère. S'il ne pouvait voir le brillant nuage rosâtre dans lequel il travaillait, il connaissait sa présence. Il continua l'opération consistant à refouler l'air au-dehors par la soupape extérieure, la répétant plusieurs fois pour ramener la radioactivité à un niveau supportable pour l'homme revêtu de l'armure appropriée.

Ce faisant, il envoya un nouveau refrain, le dernier fragment d'authentique Rhysling qui serait jamais :

Nous prions pour un dernier atterrissage,
Sur le globe qui nous a donné le jour ;
Puissent nos yeux voir le ciel, les nuages
Et les vertes collines de la Terre.

Titre original : *The green hills of Earth.*

L'AXOLOTL

par Robert Abernathy

Lorsque Gagarine et Titov tournèrent dans l'espace autour de notre planète, lorsque Armstrong et Aldrin marchèrent sur la Lune, ils emportaient tous autour d'eux comme une petite parcelle de Terre, cabine ou combinaison spatiale, un milieu dans lequel on avait reconstitué aussi fidèlement que possible les conditions familières à leurs organismes d'hommes. Pour eux, l'astronautique représentait une voie d'accomplissement. Mais n'existerait-il pas également, parmi nous peut-être, des créatures chez lesquelles l'attrait de l'espace traduit une aspiration obscure vers l'épanouissement ? Des hommes qui seraient potentiellement plus qu'humains ?

L'AXOLOTL est une sorte de triton doté d'un nom aztèque ; c'est une créature assez laide, pourvue d'un corps flasque et blanchâtre qui semble comme inachevé. Il a des yeux minuscules, des membres débiles et une grande queue maladroite. C'est un amphibien — c'est-à-dire qu'il fait partie de cette classe de vertébrés contemporaine des poissons à plaques osseuses qui rampèrent hors de l'eau pour se lancer dans la grande aventure qu'était pour eux la respiration dans l'air. Mais les axolotls sont des amphibiens dégénérés dont le cycle vital a avorté ; ils atteignent leur maturité sexuelle, se reproduisent et meurent dans des fonds de vase noirâtre, et ils respirent par des branchies sous les eaux stagnantes, génération après génération, tout comme si la grande invasion paléozoïque sur la terre ferme s'était soldée par une défaite et une retraite.

Pourtant il arrive à certains moments, çà et là, lorsque la nourriture se fait rare et que leurs ennemis naturels deviennent trop nombreux sur les fonds de leurs lacs — ou peut-être aussi sous l'effet de mécanismes plus subtils, cachés dans leur crâne étroit et primitif ou dans le système glandulaire de leur corps disgracieux — il arrive, disons-nous, que leur conduite subisse un changement. Poussé par son instinct, l'axolotl s'avance alors avec une sûreté d'orientation que dans une forme plus élevée de vie on qualifierait de volonté délibérée, vers la terre, vers la lumière, vers l'air qu'il ne peut respirer. Il rampe péniblement sur le rivage. Dans cet élément nouveau pour lui, ses branchies festonnées se racornissent, et il se débat...

***

En franchissant la grille avec Marty, Linden rendit leur salut aux sentinelles, sans presque les voir ; cependant, lorsqu'il leur eut tourné le dos, il eut l'impression qu'elles se poussaient du coude... « C'est lui ! Regarde-le bien, tu n'en auras peut-être plus l'occasion de si tôt ! »

Et l'autre répliquait peut-être : « Sans blague ! Il n'a pourtant pas l'air d'un cinglé ! »

Linden se mordit la lèvre et maudit son imagination. Il courba délibérément la tête et garda les yeux fixés sur la réalité solide de la route goudronnée, à moitié recouverte du sable sans cesse accumulé par le vent du désert. Tout était paisible autour d'eux, tandis qu'ils marchaient.

Au bout d'une cinquantaine de pas, Linden s'arrêta et aspira une large bouffée d'air pur. La brise était encore fraîche, mais ne le resterait pas longtemps. Il leva les yeux : à moins de cent mètres de lui commençait la plate-forme de ciment ; au-delà s'élevait le squelette d'acier de la rampe de lancement, et par-dessus, dressée à la verticale, la flèche de magnésium brillant de la fusée.

Ses yeux irrésistiblement attirés vers le ciel suivirent l'axe vertical de l'engin jusqu'au point imaginaire mais exactement calculé, situé à l'infini quelque part du côté du zénith. Ce soir, il aurait les étoiles pour phares. Mais pour le moment il ne discernait qu'un abîme d'immatériel azur.

A un mille de là, un avion de transport bourdonnait, glissant le long d'une couche d'air vers le terrain d'atterrissage ; très haut au-dessus de sa tête planait un vautour noir. L'oiseau coupa la ligne imaginaire qui se prolongeait vers l'infini et, insouciant, continua sa route.

La fusée était d'une tout autre nature. Elle n'avait pas d'ailes, ni même d'ailerons extérieurs de direction ; pour elle, la couche d'air épaisse de plusieurs kilomètres n'était qu'un léger voile à écarter. Elle ne fonctionnait au maximum de ses possibilités que dans le vide quasi absolu, à une vitesse de plusieurs kilomètres à la seconde.

Les mâchoires de Linden se contractèrent ; il respira plus vite... « Regarde donc ! » souffla soudain Marty à côté de lui, « elle n'a pas la patience d'attendre jusqu'à ce soir. »

Son intonation frappa Linden qui coula vers lui un regard oblique. Marty se tenait légèrement penché en avant ; sous leurs sourcils broussailleux, ses yeux dévoraient l'astronef. Son attitude, plus encore que son expression, trahissait un désir sans espoir, une jalousie dévorante. Linden détourna les yeux avec embarras.

« On le dirait », répliqua-t-il machinalement.

Personne ne contredisait jamais Marty. Marty savait que les machines ont une âme — une âme dure, métallique, que les ingénieurs ne cherchent pas à inclure dans leurs épures, une âme capable, avec cette ingratitude qui est l'essence même de la vie, aussi bien d'affreuses traîtrises que d'incompréhensibles fidélités.

Marty avait fait cette découverte le jour où, immobilisé par ses vertèbres brisées, seul survivant d'un équipage anéanti par les rafales de la D.C.A. et des chasseurs, il avait assisté, en spectateur impuissant, aux efforts d'un grand avion, lui-même presque mortellement blessé, qui sans pilote avait lutté pendant un quart d'heure dans le ciel d'Allemagne et gagné la partie. Ni les moqueries, ni la logique ne pouvaient ébranler la conviction de Marty.

C'était peut-être ce qui expliquait son génie. Sous ses doigts, les moteurs ronronnaient d'une joie sauvage et les circuits les plus complexes s'empressaient de répondre à ses questions muettes. Certes, ce soir, quand la fusée s'envolerait en rugissant vers le ciel, ce serait parce que le doigt d'une « grosse huile » aurait pressé un bouton ; mais ce serait la main immatérielle de Marty — dont le corps resterait enchaîné à la Terre, par ses vertèbres disloquées — qui ouvrirait et fermerait les circuits électriques indispensables, mesurerait le carburant nécessaire aux turbines affamées, aiderait les instruments et les jauges à ne pas mentir...

De nouveau, le regard de Linden se posa sur la fusée. « Oui, pensa-t-il, elle a vraiment l'air de désirer partir... gagner les régions pour lesquelles elle a été conçue. Le premier imbécile venu, le dernier des ignorants, comprendrait qu'elle ne peut servir à rien sur la Terre... sans roues, sans chenilles, sans nageoires ni ailes, avec ce simple nez pointu dirigé vers le néant. »

Il s'arracha à l'impression à la fois terrifiante et fascinante qu'il se trouvait en présence d'un être venu d'un autre monde. Il avait peut-être commis une erreur en venant ici — du moins en y venant avec Marty. Il chercha à retomber sur le terrain solide des faits.

« Tout fonctionnera automatiquement. De l'orbite à l'oxygène, tout est calculé d'avance. Je n'aurai rien à faire, et pas grand-chose à voir — rien en tout cas que les caméras ne verront pas mieux que moi. » Il eut un rire bref. « Au fond ce ne sera guère plus passionnant qu'un trajet de huit heures dans le métro ! »

Marty ne le regardait pas. « Elle pourrait partir seule... Je me demande même si elle ne préférerait pas cela. »

Les nerfs trop tendus de Linden cédèrent tout à coup. « En voilà, une façon de présenter les choses ! A t'en croire, nous saurions que les machines sont capables de supporter les conditions rencontrées dans l'espace, parce que nous en avons déjà envoyé là-haut et qu'elles en sont revenues. Mais nous ne savons pas avec certitude quelle réaction l'espace peut amener chez un homme. C'est pour cela que je pars ; tant pis si ça déplaît à ta petite amie, la fusée.

— Tu sais très bien ce que je veux dire. Nous devrions d'abord essayer un ou deux voyages sans passager.

— Nous avons déjà appris tout ce que nous pouvions apprendre par cette méthode. Les instruments qui nous permettraient de prédire exactement l'effet de l'espace sur l'organisme humain n'ont pas encore été inventés. Nous pourrions y arriver si nous n'étions limités ni par le temps ni par l'argent — et si nous connaissions à fond l'organisme humain. Mais aucune de ces questions n'est encore résolue. »

Marty garda un silence glacial.

« Du reste, continua Linden, les animaux ont survécu. Et Davidson est déjà monté dans l'espace ; il en est revenu sain et sauf.

— Il n'y est resté que cinq minutes, dit Marty. Autant mettre un doigt de pied dans l'eau pour voir si elle est froide, en boire une goutte pour voir si elle est empoisonnée... et pour conclure y piquer une tête pour voir si l'on s'y noierait ! »

Ils se faisaient face, les yeux dans les yeux. Cette discussion n'était qu'un prétexte. La tension qui petit à petit avait envenimé leurs rapports possédait des racines plus profondes ; pendant un bref instant, elle flamboya comme de la haine.

Puis Marty détourna de nouveau les yeux vers la fusée. Un coin de sa bouche tremblait nerveusement.

Linden regarda la grille d'où les sentinelles curieuses les observaient.

« Je croyais que tu voulais faire toi-même les dernières vérifications ? dit-il.

— A quoi bon ? Tu as tout vérifié, non ?

— Oui... Oui, ça ira. »

Linden longea la rue sans ombre. La brise se réchauffait et les baraquements tout neufs sentaient le sapin frais venu des montagnes qui dressaient leurs cimes bleues, brunes et vertes le long de l'horizon, au-dessus des toits. La matinée était calme ; tout était terminé, prêt et en attente, comme l'était la fusée dressée à la verticale dans le désert sous sa carapace de magnésium étincelante au soleil. La rue était aussi vide que la matinée qui allait s'étaler devant Linden ; du moins, dans l'après-midi on procéderait à quelques ultimes essais, par acquit de conscience, mais les plus importants, effectués avec les caissons pneumatiques, les appareils à force centrifuge et les piqûres, avaient déjà eu lieu.

Il ouvrit la porte d'un baraquement et s'arrêta net. Pendant une seconde, son cœur battit la chamade. Puis le rythme des battements redevint normal, quand la réverbération qu'il venait de laisser derrière lui eut cessé de l'aveugler.

« Bonjour, Ruth », dit-il paisiblement.

Du premier coup d'œil il avait vu clairement qu'elle n'était pas venue pour demander une faveur, mais bien plutôt pour en accorder une. Cela signifiait qu'il n'y aurait pas de trêve entre eux. Elle aurait mieux fait de ne pas venir.

« Ecoute, Jim, hier, j'ai parlé au Général et...

— Je sais. Moi aussi. »

Elle ne parut pas faire attention à son interruption railleuse.

« ... Il a reconnu qu'il y a plusieurs autres pilotes

tout aussi qualifiés que toi. Plusieurs entends-tu ? Tu m'avais dit...

— Je sais, coupa-t-il de nouveau. Je t'ai à moitié menti — parce que cela me paraissait la solution de beaucoup la plus facile. Mais depuis que tu as vu le Général, j'ai dû mentir de nouveau, et cette fois tout à fait : j'ai dû lui dire que c'était fini entre nous, et que je me souciais de toi comme de ma première chemise ! »

Elle ouvrit de grands yeux. Sa bouche dessina une muette interrogation : « Pourquoi ?

— Parce qu'un crétin de psychotechnicien aurait pu estimer que le fait d'être amoureux m'empêchait de partir.

— Et tu n'es pas de cet avis ? »

Il ne pouvait pas garder jusqu'au bout la même brutalité. Il détourna les yeux et se tut.

« Nous devions avoir une maison et un jardin à la campagne, avec une jolie vue à flanc de coteau, un coin pour pique-niquer et toute la place voulue pour les enfants... »

Sa voix tremblait mais elle continua : « Tu te souviens, Jim ? Nous devions être comme les autres, comme tous les gens heureux. Nous n'aurions regardé la lune qu'entre les branches d'un arbre. Nous aurions laissé les autres chercher à aller plus haut et plus vite...

— Rien n'est perdu. »

Elle n'écoutait même pas. « Maintenant, poursuivit-elle d'un air songeur, j'ai découvert ce que j'aurais dû savoir depuis longtemps. Tu ne pars ni par devoir, ni par curiosité scientifique, ni pour aucune des belles raisons habituelles. Il y a des tas d'autres gens qui pourraient te remplacer. Mais non. Tu veux que ce soit toi. Tu veux t'envoler en pleine nuit, dans une auréole de gloire... Mais quand tu reviendras, si tu reviens jamais, je ne serai plus là pour t'attendre. Tu le sais bien. »

Il fit un pas vers elle et, pendant un bref instant, lui serra les deux bras comme dans un étau. Elle ne résista pas, ne réagit même pas ; les mains de Linden retombèrent comme si le contact de la jeune fille l'eût brûlé. « Tu te montes la tête, dit-il d'une voix rauque. Ton imagination t'entraîne... C'est insensé, c'est déraisonnable. »

Ruth secoua la tête. « Ce n'est pas mon imagination, affirma-t-elle...

— Les animaux sont bien revenus, non ?

— Oui... et à la génération suivante il y a eu des souris sans yeux et des lapins qui ne sautaient plus parce que leurs os n'étaient pas normaux, et...

— Très peu d'entre eux. Je te l'ai dit et redit. Le risque est infime.

— Ce sont les rayons cosmiques qui leur avaient fait cela, là où tu tiens à aller. Mais moi, je ne veux pas risquer d'avoir des enfants anormaux — même si ce sont les tiens. Tu ne comprends donc pas qu'il y a des questions pour lesquelles on ne peut pas prendre un risque, si minime soit-il ? »

Sa voix avait pris un timbre aigu ; un sanglot l'étouffa.

« Tu n'es pas logique, dit-il désespérément. Il y a toujours des risques... »

Il reprit sa respiration. « Ruth, écoute-moi... Je vais tâcher de t'expliquer pourquoi il faut que ce soit moi. Après, tu diras sans doute que c'est moi qui déraisonne... »

Elle s'assit docilement au bord d'une chaise, en le regardant arpenter la pièce.

« Je ne t'ai jamais raconté l'histoire de ma chute du haut du grenier à foin, n'est-ce pas ? »

Il se retourna brusquement pour lui faire face. « Eh bien, ce n'était pas une chute. J'avais sauté exprès... J'étais à la ferme de mon oncle, cet été-là ; je venais d'avoir onze ans. Il y avait une grange peinte en rouge comme on en voit partout dans le Middle West ; au moment des foins, ils y amenaient les chariots chargés et passaient les bottes de foin au bout d'une fourche par la lucarne. Ça nous amusait beaucoup, nous les gosses, de nous rouler dans ce beau foin élastique et de regarder par la lucarne, au loin dans la plaine...

« Ce soir-là, après le dîner, une fois le travail fini, quand les ouvriers ont été partis, j'ai grimpé tout seul dans le grenier à foin et du haut de la lucarne j'ai regardé la cour vide ; elle devait bien être à trois mètres au-dessous de moi. Pour un gosse de douze ans, tout seul là-haut, ça paraissait une profondeur vertigineuse... Et j'ai sauté...

— Qu'est-il arrivé ?

— Je me suis cassé une cheville, dit sèchement Linden. Mais je ne l'ai jamais regretté, ni sur le moment, ni depuis. Pendant un instant, pendant la seconde que l'on met à tomber de trois mètres, j'ai découvert là quelque chose que je cherchais sans le savoir et que je cherche et que je reperds tour à tour... J'appelle ça mon Tremplin », acheva-t-il.

Il eût voulu se mordre la langue car il n'avait pas eu l'intention d'employer ce mot. Il sonnait d'une façon ridicule et c'était là un secret qui n'appartenait qu'à lui seul.

« Jim, tu es fou ! »

Ruth le fixait avec de grands yeux troublés mais il eut cette fois le courage d'affronter son regard.

« Toute ma vie j'ai voulu retrouver mon Tremplin. C'est pour cela qu'à la déclaration de guerre, je me suis engagé dans les parachutistes ; c'est pour cela que depuis je n'ai jamais cessé de m'occuper d'aviation et de fusées.

« Pendant les huit heures que la fusée mettra à parcourir deux fois son orbite autour de la Terre, elle sera dans les mêmes conditions qu'un corps en chute libre. Elle sera affranchie de la pesanteur qui nous emprisonne depuis notre naissance jusqu'à notre mort. En chute libre les corps ne pèsent plus rien. C'est la seule façon dont ils peuvent ne rien peser. Même en théorie il n'existe aucun autre moyen de s'affranchir de la pesanteur. L'homme qui se trouvera dans la fusée sera donc pendant huit heures dans des conditions que personne n'a jamais expérimentées plus de quelques secondes, au cours d'un parachutage par exemple, ou parfois dans un avion en piqué. Et aussi dans les rêves ! Tu sais que presque tout le monde a de ces rêves, où l'on croit voler non pas comme un oiseau ou un avion, mais où l'on flotte, délivré de l'attraction terrestre. Je crois que c'est là un instinct normal chez l'homme ; seulement, moi, j'en ai plus fortement conscience que les autres.

« Il fallait que ce soit moi. Quand j'ai appris qu'on avait mis au point la fusée atomique et que nous allions vraiment l'expérimenter... Je t'ai laissé croire qu'on avait insisté pour que je vienne ici, mais c'est tout le contraire ; j'ai remué ciel et terre pour être accepté !

— Et tu ne t'es jamais dit, fit-elle d'une voix tremblante, que tu n'étais pas le seul enfant à avoir sauté d'une grange ? »

Il la regarda, sans la voir ; il ne voyait que la fusée qui étincelait dans le désert, attendant l'heure du départ. « Si, bien sûr, dit-il, mais moi j'ai retrouvé mon Tremplin, Ruth, et je veux m'en servir. »

Elle se leva, très droite.

« Moi, dit-elle, j'ai patienté. J'ai pleuré en lisant dans les journaux qu'on allait fabriquer un engin destiné à aller plus haut et plus vite que tout ce qu'on avait réalisé jusque-là. J'ai prié pour que tu aies un accident, même s'il devait te laisser infirme, pourvu qu'il t'empêche de partir... Mais maintenant que nous sommes arrivés au bord de ton « Tremplin », je n'attendrai pas plus longtemps. »

Linden détourna la tête. Il se traitait de lâche, de fou et de traître, mais il dit tout haut : « C'est bon. A ton aise. »

***

La voix de la fusée fut d'abord semblable au tonnerre de l'Apocalypse. Au fur et à mesure que l'astronef s'élevait, la tonalité du son s'élevait aussi, jusqu'au moment où on eût cru entendre hurler des millions de démons déchaînés contre la race humaine. Quand la vitesse de l'engin s'accrut encore, il émit une note presque ultra-sonique, qui vibrait à la limite de la capacité auditive des oreilles humaines et retentissait douloureusement dans les nerfs, les os et le sang.

Linden, immobilisé, impuissant, gisait dans un berceau fluide comme il flottait jadis dans le sein de sa mère. Ses bras, ses jambes, sa tête, sa colonne vertébrale gémissaient sous le fardeau de leur intolérable pesanteur. Chaque mouvement respiratoire lui coûtait un effort démesuré et le souffle qui s'échappait de ses poumons était pareil à celui d'un homme frappé au cœur.

La fusée continua à s'élever en hurlant jusqu'à la région où l'air était déjà trop raréfié pour que des ailes pussent y trouver appui. Puis il n'y eut plus la moindre parcelle d'air, plus rien que des ions tourbillonnants, des particules voyageant à des vitesses vertigineuses, chargées d'électricité sous d'énormes voltages ; il était arrivé dans la région des rayons cosmiques primaires, qu'il eût été grotesque d'appeler simplement des radiations « dures », car ils étaient au déchaînement de rayons gamma produit par une explosion atomique ce qu'est, au doux clapotis d'une pluie d'été, une rafale de mitrailleuse.

Les contrôles automatiques, les circuits de « feedback », les instruments de calcul faisaient leur tâche, déterminant dans l'espace, très loin en avant, la future orbite du projectile. Le tableau de bord, au-dessus de Linden, lui paraissait baigner dans une brume confuse ; les muscles de ses yeux n'étaient plus assez forts pour accommoder, soumis à cette énorme accélération. Son corps pesait au moins cinq cents kilos. Il payait en ce moment l'absence totale de poids qu'il devait connaître quand la fusée commencerait à suivre son orbite.

Sa conscience était presque totalement abolie quand la vibration du projectile changea de rythme.

L'horrible pression s'atténua. Trente secondes plus tard, le même phénomène se produisit de nouveau ; il respirait maintenant plus aisément et ses muscles contractés échappaient quelque peu à leur torture. La fusée avait consumé tout son combustible, elle s'engageait dans l'orbite qu'elle devait suivre pendant quatre heures ; les relais automatiques réduisaient son accélération d'un seul *g* à la fois, pour que le changement ne fût pas trop brusque.

L'étape suivante fut atteinte ; pendant trente secondes, son poids lui parut redevenu normal ; la machine automatique avait réduit son impulsion à un *g* seulement. Linden remua ses membres endoloris et se dégagea du cocon plastique qui l'avait protégé. Sa vision encore confuse se porta sur le tableau des instruments, chercha les miroirs teintés qui lui permettraient de voir au-dehors sans exposer ses yeux à l'éclat aveuglant des cieux dévoilés.

La machine stoppa complètement et un silence de mort régna dans la fusée qui commença à redescendre.

Chaque mouvement de Linden le faisait maintenant flotter librement d'un bout à l'autre de la cabine exiguë — il flottait lentement, paresseusement par rapport aux objets qui l'environnaient ; tous ses réflexes lui criaient qu'ils tombaient, lui et son astronef, tombaient d'une hauteur énorme dans le vide ; ses glandes surexcitées déversaient leurs sécrétions d'effroi dans son sang et ses nerfs réagissant instinctivement, contractaient ses muscles et inondaient tout son corps de sueur. Son insconscient, replié sur lui-même, attendait l'inévitable choc qui l'anéantirait — le choc qui pourtant n'aurait jamais lieu car la fusée tombait éternellement, plongeant sans fin le long d'un espace incurvé, suivant une trajectoire sans retour.

Sur les écrans, il voyait les étoiles nues briller impitoyablement de leur éclat fixe. L'astronef était une petite bulle de métal montée dans le vide du fond d'un océan d'air ; elle contenait un organisme vivant, emprisonné dans ses flancs, mais autour d'elle il n'y avait que l'espace sans limites, sans air, sans vie, mais non pas vide, pourtant.

L'astronef nageait dans un bain de radiations déchaînées. Pour les rayons cosmiques qui striaient l'espace autour de lui, le métal de ses parois et le corps humain qu'elles enfermaient étaient aussi transparents, aussi immatériels qu'une frêle méduse flottant dans un liquide doté du même indice de réfraction qu'elle.

Les mains de Linden cherchèrent un appui et n'en trouvèrent pas. Sur les écrans, les myriades d'étoiles semblaient se transformer en novae incandescentes et l'aspirer dans leur tourbillon. Des cris rauques emplissaient ses oreilles. Ce devaient être les siens puisqu'il était le seul être humain dans toute l'immensité de l'espace. Il tombait, tombait toujours dans des ténèbres étourdissantes et brûlantes...

Il ne garda que des souvenirs fragmentaires et discontinus de la période qui suivit. S'agissait-il d'heures, de jours ou de millénaires, il n'eût pu le dire. Il se revoyait nettement s'agitant en l'air, battant des bras comme un grotesque oiseau sans ailes, riant d'un rire de dément et, avec une tige de métal sans doute arrachée au système de fixation de son matelas antigravitation, frappant, cassant, écrasant tout autour de lui... Des éclats de verre jaillissaient au ralenti et ne tombaient pas ; les cadrans des instruments devenaient aveugles et vides, tandis qu'il brisait irrémédiablement les délicats appareils sans lesquels l'astronef ne pourrait jamais regagner la Terre. Un câble arraché de la boîte de contrôle automatique flotta comme un serpent enroulé sur lui-même et cracha des gerbes de flammes bleues... Et l'homme riait...

Un autre souvenir resta clairement gravé dans sa mémoire : il étouffait. Les réservoirs d'oxygène devaient avoir eu une défaillance à moins qu'il ne les eût également brisés. Cette sensation d'étouffement devenait de plus en plus désespérée. Il respirait convulsivement, insoucieux des éclats de verre brillant qui stagnaient autour de lui. Mais en même temps un feu étrange semblait courir dans ses veines et le doter d'une force démoniaque... « Finis-en ! » hurlait une voix, tout au fond de lui-même. Il s'approcha de la porte étanche et s'y attaqua avec rage. La porte n'avait pas été conçue pour s'ouvrir dans le vide, mais on n'avait pas non plus prévu qu'elle subirait un tel assaut de l'intérieur. Elle céda enfin et l'air contenu dans la fusée s'échappa en sifflant dans le vide.

En même temps, Linden vit l'énorme globe nuageux de la Terre flotter dans l'espace intangible et froid. Rassemblant toutes ses forces pour résister au rapide courant d'air qui s'échappait de l'astronef, il aspira une dernière gorgée. Il suffoquait. « Adieu, la Terre, pensa-t-il. Adieu, Ruth... »

***

Poussé par son instinct, l'axolotl s'avance avec une sûreté d'orientation que dans une forme plus élevée de vie on qualifierait de volonté délibérée, vers la terre, vers la lumière, vers l'air qu'il ne peut respirer. Il rampe péniblement sur le rivage. Dans cet élément nouveau pour lui, ses branchies festonnées se racornissent, et il se débat...

Et soudain, comme la carapace de la larve, la peau blafarde de cet habitant des profondeurs fangeuses éclate et tombe à terre. Il en émerge une nouvelle créature mince comme un lézard, aux petits yeux brillants, couverte de superbes rayures noires et or. Le véritable adulte de l'espèce est né : c'est la salamandre tigrée.

***

D'une poussée, Linden se projeta sans effort vers l'avant de l'astronef ; il se tordit dans le vide pour éviter de heurter les barbes de métal qui marquaient encore l'endroit où il avait percé la cloison entre la cabine pressurisée et le compartiment arrière contenant les instruments et les machines. La cloison ne servait plus à rien puisqu'il avait laissé l'air s'échapper de l'astronef, et il avait besoin des matériaux qu'elle abritait.

Il ralentit sa paresseuse trajectoire et s'attarda devant le poste émetteur-récepteur. Après en avoir mis à nu les organes en enlevant une partie du tableau de bord, il les avait modifiés et reconnectés d'une manière qui eût fait lever dédaigneusement les sourcils à un technicien terrestre. Et celui-ci n'aurait pas eu tort, car, ainsi modifié, l'appareil ne pouvait servir à rien... sur la Terre, tout au moins.

Méthodiquement Linden acheva de placer et de relier les morceaux de métal et de verre qu'il avait arrachés à un des instruments de mesure, à l'arrière de la fusée.

Il regarda pensivement ses mains. En quinze jours, elles avaient beaucoup bruni ; ses ongles, dérisoires vestiges des griffes des grands animaux ancestraux, étaient tombés. En même temps les extrémités dénudées de ses doigts étaient devenues mobiles, si bien qu'il pouvait effectuer les montages les plus délicats sans se servir des muscles grossiers qui mettent en mouvement les doigts tout entiers.

Transformer la radio en un appareil destiné à un tout autre usage s'était révélé une tâche infiniment plus aisée que les autres transformations qu'il avait apportées précédemment dans le mécanisme de direction de l'astronef — peut-être la tâche était-elle effectivement plus aisée, mais peut-être aussi, pensait-il, son corps et son esprit avaient-ils poursuivi leur transformation. Les changements invisibles qu'il sentait en lui étaient infiniment plus importants que les visibles, les superficiels. Ils affectaient son métabolisme, tous ses processus vitaux, les innombrables connexions nerveuses de son cerveau. Ses sens s'étaient aiguisés et multipliés. Des forces, des radiations, le spectre électromagnétique même, que sur Terre la science ne conçoit que comme la résultante de déductions fragmentaires, représentaient maintenant pour lui des réalités directement perçues.

Il n'avait commencé que depuis quelques jours à entendre les voix de la Terre.

Il se laissa dériver jusqu'à la porte béante et regarda le vide étoilé, qui maintenant ne le terrifiait plus, mais constituait pour lui un défi, comme une mer aux rivages inexplorés.

La planète qu'il avait abandonnée derrière lui se trouvait toujours là, immense demi-lune, verdâtre et tachetée, cachant tout un secteur du ciel couleur de diamant noir. A l'échelle de l'espace, elle était toute proche — si proche qu'il pouvait sans effort l'atteindre avec son cerveau. Et les voix étaient là, elles aussi, tout au fond de son crâne ; dès qu'il le voulait, il entendait leur énorme cacophonie s'élevant sans trêve des hémisphères tour à tour lumineux et obscurs, du fond ténébreux de l'océan de l'atmosphère. Voix de joie et de tristesse, de mal et de beauté ; chœurs abyssaux de haine et d'effroi, notes claires de courage et de pitié...

Bientôt il s'en irait ; il cesserait alors d'entendre les voix de la Terre. Où irait-il ? Il n'en savait encore rien ; peut-être vers le Soleil, pour contempler sans en être aveuglé le creuset où les secrets de la matière s'exposent à nu ; peut-être en dehors du système solaire, au-delà des orbites où Jupiter, dédaigneux des mondes minuscules de son système intérieur, regarde le Soleil comme un frère et où Saturne voyage accompagné de ses étranges anneaux et de ses multiples lunes, jusque dans la nuit glacée des dernières planètes au-delà desquelles il n'y a plus que les étoiles. Il avait d'innombrables questions à résoudre. La Terre était-elle unique dans l'univers ? Le reste, la vaste roue de la Voie Lactée, le foisonnement des constellations éclatantes, les innombrables galaxies en spirales avec leurs milliards de milliards d'étoiles, tout cela n'était-il que de la matière inutile, sans vie, tourbillonnant à la limite de l'espace ? Y avait-il d'autres lieux où la vie fût possible ? Y avait-il d'autres vies ? Peut-être, se disait-il — et cette pensée le troublait et le tentait à la fois — peut-être d'autres êtres y avaient-ils voyagé avant lui ?...

Mais il fallait d'abord penser à ceux qui viendraient à sa suite.

Son nouveau sens n'était pas encore assez précis, assez sélectif pour repérer et établir un contact avec des individus déterminés sur la Terre, mais l'appareil qu'il avait construit était justement destiné à remédier à cette imperfection de ses organes. Il le brancha sans hésiter ; il n'avait aucune certitude qu'il fonctionnerait, rien que cette confiance instinctive qui avait guidé ses actions depuis sa métamorphose.

A l'aide de ses instruments, il explora une zone située à la lisière de l'hémisphère obscur ; il cherchait des schémas psychiques familiers...

Sur l'établi où il travaillait très tard à un nouvel instrument de contrôle automatique, Marty lâcha son tournevis et laissa échapper un juron. Ses yeux jetèrent un coup d'œil inquiet autour de lui derrière leurs sourcils froncés : « Est-ce que je deviens fou ? murmura-t-il. Ou est-ce que j'entends des voix ? »

« Ecoute-moi bien, Marty. J'ai deux messages à te transmettre ; tous les deux sont importants.

— Mais tu es mort ! Les servo-mécanismes n'ont pas fonctionné et pourtant il n'y avait pas de raison qu'ils claquent. Tu es prisonnier dans un cercueil de magnésium qui tournera autour de la Terre jusqu'à la fin des temps. Tu es mort... à ma place.

— Tes servo-mécanismes ont bien fonctionné. Je les ai moi-même arrêtés tout au début quand je croyais mourir ou devenir fou, quand seul mon instinct comprenait ce qui m'arrivait. Mais je ne reviendrai pas ; je continue le voyage. Ecoute bien, Marty : on peut améliorer le principe des moteurs atomiques. Je peux t'expliquer la méthode à suivre ; tu pourras la transmettre à d'autres parce que, toi, tu comprends la matière inanimée, parce que tu as la faculté de t'y substituer ; moi, je ne pourrais pas m'exprimer dans le langage des physiciens parce que je ne connais pas leurs symboles, leurs mathématiques. Mais quand j'ai regardé les plans des physiciens, ici, depuis l'espace, j'y ai discerné la volonté d'échec qu'ils y avaient introduite, la crainte qu'ils devaient inconsciemment avoir de pénétrer trop avant dans l'atome. En éliminant cette volonté d'échec, la puissance des moteurs sera multipliée près de deux mille fois. On pourra alors construire des astronefs qui s'élèveront avec une accélération d'un ou deux *g* seulement, tout en gardant la puissance nécessaire ; ainsi chacun, et non seulement les hommes exceptionnellement forts et sains, pourra voyager dans l'espace. Voilà ce qu'il faut faire... »

Ce furent des images, des impressions sensorielles, des séries d'opérations plutôt que des pensées verbales qui suivirent. Le tout ne prit que quelques secondes.

Marty se gratta la nuque. « Ça pourrait marcher, dit-il tout haut dans son laboratoire vide. Pour les ralentisseurs, il serait peut-être plus commode de...

— Cela c'est mon premier message, celui que tu leur transmettras si tu parviens à te faire écouter. L'autre... tu feras peut-être aussi bien de le garder pour toi pour le moment. Le voici : le but ultime n'est pas ce que nous pensions, ce n'est pas de conquérir l'espace pour atteindre les planètes. Le vrai but, c'est la conquête de l'espace pour lui-même. L'espace n'est ni vide ni désolé ; il est inondé d'énergie, imprégné de la poussière des soleils morts et des éléments constitutifs de la matière nouvelle. Les planètes sont froides, sombres ; ce sont des îlots qui meurent dans un océan bouillonnant de vie. L'espace nous attend... »

Marty regardait devant lui, sans faire attention à l'odeur d'isolant brûlé qui se dégageait de son appareil sur l'établi.

« Attends, cria-t-il. Ne t'en vas pas... »

A des milliers de kilomètres au-dessus de lui, l'être qui avait été Linden flottait dans le vide, à côté de son étrange appareil ; il le régla du bout préhensile de ses doigts...

Ruth se réveilla en sursaut. « *Jim !* » s'écria-t-elle.

Elle s'assit dans son lit, enfonçant convulsivement ses mains dans l'oreiller froissé. « Encore un rêve..., sanglota-t-elle.

— Tu ne rêves pas. Si tu as des doutes, parles-en à Marty ; il est au courant... Je t'aime, Ruth.

— Mais où... où es-tu ? »

Ses yeux exploraient anxieusement les ténèbres de la chambre.

« Je suis de l'autre côté de mon Tremplin... et j'ai découvert que c'est encore un nouveau Tremplin.

— Reviens, Jim. Tant pis si... Oh ! que dis-je ? Il est trop tard, maintenant que tu es mort. »

Il lui sembla que la voix qu'elle entendait dans son cerveau se mettait à rire. « Je suis on ne peut plus vivant, Ruth... Mais je crains de ne plus pouvoir revenir sur la Terre. L'espace m'a transformé. »

Elle frissonna.

« Transformé ?

— J'ai *grandi*, ma chérie. La même chose t'arrivera si tu me suis là-haut. Pendant longtemps les biologistes nous ont raconté que l'homme n'était qu'un fœtus attardé, une sorte d'embryon qui vieillit sans jamais vraiment parvenir à l'état adulte. Maintenant je sais pourquoi : les conditions de maturité, la destinée pour laquelle nous avons été créés, n'existent pas sur la Terre... Tel que je suis maintenant, je risquerais d'être étouffé par l'atmosphère trop épaisse de la Terre, peut-être aussi en me voyant les hommes me massacreraient-ils, ne me trouvant plus rien d'humain. Aussi, peut-être te ferais-je horreur. »

Dans l'esprit de Ruth, une image se forma avec la précision d'une photo.

Pendant un moment, elle resta parfaitement immobile, le souffle bref et saccadé ; elle sourit enfin d'un air craintif et tendit les bras dans un geste qui n'avait besoin ni de mots ni de pensées pour s'interpréter.

« Ma bien-aimée ! » La voix surgie de l'espace était un cri silencieux d'exultation. « Alors, viens me rejoindre ! Dans un an, dans deux ans, il y aura de nouveaux astronefs, bien supérieurs à tous ceux qu'on a fabriqués jusqu'à présent. J'ai fait le nécessaire. Alors tu me rejoindras. Ne t'inquiète pas de la façon dont nous nous retrouverons... Quand tu seras là-haut, quand tu auras grandi, toi aussi, tu comprendras. Nous nous retrouverons au-delà de la Lune ; toutes les étoiles de l'Univers nous entoureront, nos enfants auront des soleils pour jouets... »

La voix s'affaiblit, se précipita. « La courbure de la Terre commence à nous gêner, mais je n'en ai plus pour longtemps. Si tu ne peux pas, si tu ne veux pas me rejoindre, cela ne fait rien. Je trouverai un moyen de rentrer dans l'atmosphère et de t'emporter avec moi.

— J'arrive ! » cria-t-elle.

Un baiser fantomatique effleura ses lèvres. Puis ce fut le silence. La jeune fille, immobile, contempla les ténèbres. Elle commençait à croire...

Titre original : *Axolotl.*

SURVIE

par John Wyndham

Pendant leur voyage d'une planète à une autre, les cosmonautes vivront en vase clos. Leur air respirable, leur nourriture, seront uniquement ceux qu'emportera leur astronef. A bord d'un vaisseau volant de la Terre vers Mars, un accident prendrait un caractère beaucoup plus grave qu'à bord d'un avion, puisqu'il ne pourrait être question ni d'atterrissage de fortune, ni de retour précipité au point de départ. L'existence en vase clos à laquelle ces naufragés de l'espace seraient soumis risquerait d'engendrer des tensions psychologiques et des réflexes de survie où réapparaîtraient les impulsions les plus primitives de l'homme.

L'AUTOCAR de l'aérodrome spatial parcourait sans se presser les deux kilomètres de terrain découvert qui séparaient les derniers bâtiments de la passerelle d'embarquement. Mrs. Feltham fixait intensément un point à l'horizon, au-delà de la rangée d'épaules secouées devant elle. La flèche d'argent de l'astronef s'élevait, solitaire dans la plaine. On distinguait, à l'avant, la vive lumière bleue qui signifiait que tout était prêt pour le décollage. Mrs. Feltham embrassait ce spectacle d'un œil furieux. Elle haïssait l'astronef, et toutes les inventions des hommes, d'une haine froide et désespérée.

Enfin son regard, abandonnant l'horizon, se concentra sur la nuque de son gendre, assis à un mètre d'elle. Elle le haïssait, lui aussi.

Elle se détourna, jeta un regard rapide sur le visage de sa fille, assise à côté d'elle. Alice était pâle, ses lèvres pincées, ses yeux fixés droit devant elle.

Mrs. Feltham hésita. Elle reporta son regard vers l'astronef et décida de fournir un dernier effort. Comptant sur le bruit de l'autocar pour couvrir à demi sa voix, elle dit :

« Alice, ma chérie, il n'est pas trop tard, même maintenant, tu sais. »

La jeune femme ne la regarda pas. On eût dit qu'elle n'avait pas entendu ; mais ses lèvres se pincèrent plus fortement encore ; puis elles s'écartèrent.

« Mère, je t'en prie ! »

Mais Mrs. Feltham était lancée, elle devait continuer.

« C'est pour ton propre bien, ma chérie. Il te suffit de dire que tu as changé d'avis. »

Le silence de la jeune femme, à lui seul, constituait une protestation.

« Personne ne te blâmerait, insista Mrs. Feltham. Personne ne t'en tiendrait rigueur. Après tout, chacun sait que Mars n'est pas l'endroit rêvé...

— Mère, je t'en prie, tais-toi », dit Alice avec brusquerie. La dureté du ton déconcerta un instant Mrs. Feltham. Elle hésita. Mais le temps lui manquait pour se payer le luxe de la dignité offensée. Elle poursuivit :

« Tu n'es pas habituée au genre de vie qui t'attend là-bas, ma chérie. Absolument primitif. Ce n'est pas une existence pour une femme. Après tout, David n'est affecté sur Mars que pour cinq ans. Je suis sûre que, s'il t'aimait vraiment, il préférerait te savoir ici, en sécurité, en train de l'attendre... »

La jeune femme l'interrompit, sèchement.

« Nous avons déjà parlé de tout cela, mère. Je te

dis que cela ne sert à rien. Je ne suis plus une enfant. J'ai pesé le pour et le contre, j'ai pris ma décision. »

***

Mrs. Feltham resta quelques instants silencieuse. L'autocar continuait son chemin cahotant à travers le champ. La fusée semblait s'élever plus haut encore dans le ciel.

« Si tu avais un enfant à toi..., dit-elle, presque pour elle-même. Un jour tu en auras un, je suppose. Alors, tu commenceras à comprendre...

— Je crois que c'est toi qui ne comprends pas, répliqua Alice. Tout cela est déjà assez dur. Tu ne fais que le rendre plus difficile encore.

— Ma chérie, je t'aime. Je t'ai donné la vie. Je t'ai toujours préservée de tout danger, et je te connais bien. Je sais que cette existence ne te conviendra pas. Si tu étais un fille dure, garçonnière, alors, peut-être... mais ce n'est pas le cas, ma chérie, tu sais très bien que ce n'est pas le cas.

— Peut-être ne me connais-tu pas aussi bien que tu l'imagines, mère. »

Mrs. Feltham secoua la tête. Elle détourna les yeux, fixant jalousement la nuque de son gendre.

« Il t'a enlevée à moi, dit-elle sourdement.

— Ce n'est pas vrai, mère. D'ailleurs... eh bien, je ne suis plus une enfant. Je suis une femme et j'ai ma vie à moi.

— Où tu iras, j'irai », dit pensivement Mrs. Feltham. « Cela ne s'applique plus à notre époque, tu sais. C'était très bien pour des tribus nomades, mais, de nos jours, les femmes des soldats, des marins, des pilotes...

— C'est plus que cela, mère. Tu ne comprends pas. Je dois devenir adulte et fidèle à moi-même. »

L'autocar s'arrêta, menu, semblable à un jouet devant l'astronef dont la masse énorme paraissait incapable de se soulever. Les passagers descendirent et restèrent un instant immobiles, parcourant des yeux l'immense flanc argenté. Mr. Feltham entoura sa fille de ses bras. Alice se cramponna à lui, les larmes aux yeux. D'une voix mal assurée, il murmura :

« Au revoir, ma chérie. Je te souhaite le plus de chance possible. »

Il la lâcha et serra la main de son gendre.

« Veillez sur elle, David. Elle est tout...

— Je sais. Ne vous inquiétez pas. »

Mrs. Feltham embrassa sa fille, se força à serrer la main de David.

De la passerelle, une voix cria :

« Les passagers à bord, s'il vous plaît ! »

Les portes se refermèrent. Mr. Feltham évita les yeux de sa femme. Il lui prit la taille et la guida en silence vers l'autocar.

Ils refirent le chemin en sens inverse, en compagnie d'une douzaine d'autres véhicules, pour s'abriter dans les bâtiments de l'aérodrome. Tour à tour, Mrs. Feltham s'essuyait les yeux avec un bout de mouchoir blanc et jetait de furtifs coups d'œil en arrière, dans la direction de l'astronef immobile, inerte, apparemment désert. Sa main se glissa dans celle de son mari.

« Je n'arrive pas encore à le croire, dit-elle. Cela lui ressemble si peu. Aurais-tu jamais pu penser que notre petite Alice... Oh ! pourquoi a-t-il fallu qu'elle l'épouse ? » La phrase finit dans un gémissement.

Son mari lui serrait les doigts, sans parler.

« De la part d'une autre, ça serait moins surprenant, poursuivit-elle. Mais Alice a toujours été si tranquille ! Quand elle était petite, je m'inquiétais de cette apathie... Je craignais qu'elle ne devînt timide et ennuyeuse. Tu te rappelles, les autres l'appelaient Souris ?

« Et maintenant ! Cinq ans dans cet épouvantable endroit ! Oh ! elle ne le supportera pas, Henry. Je sais qu'elle n'y arrivera pas. Pourquoi ne t'y es-tu pas opposé ? Ils t'auraient écouté. Tu aurais pu empêcher cela. »

Son mari soupira.

« Il y a des moments où l'on peut donner son avis, Miriam, quoique les conseils soient rarement bien accueillis. Mais ce qu'il faut éviter par-dessus tout, c'est de vouloir vivre la vie des autres, à leur place. Alice est une femme, à présent : elle a ses droits. Qui suis-je pour décider de ce qui est le meilleur pour elle ?

— Tu aurais pu l'empêcher de partir.

— Peut-être... mais je n'avais pas envie d'en payer le prix. »

Elle resta silencieuse quelques secondes, puis ses doigts se crispèrent sur ceux de son mari.

« Henry, Henry, je crois que nous ne les reverrons jamais ; je le sens.

— Allons, allons, ma chérie. Ils reviendront sains et saufs, tu verras.

— Tu ne le crois pas réellement, Henry. Tu dis ça pour me rassurer. Oh ! pourquoi, pourquoi est-elle partie pour cet horrible endroit ? Elle est si jeune ! Elle aurait pu l'attendre cinq ans. Pourquoi est-elle si têtue, si dure... si différente de ma petite Souris, si différente ? »

Son mari lui tapota la main pour la consoler.

« Tu dois essayer de ne plus la considérer comme une enfant, Miriam. Ce n'en est plus une ; c'est une femme maintenant, et si toutes nos femmes étaient des souris, notre race aurait peu de chances de survivre... »

***

L'officier de navigation du *Falcon* s'approcha de son capitaine.

« La déviation, monsieur. »

Le capitaine Winters prit le morceau de papier qu'on lui tendait.

« Un degré trois cent soixante-cinq, lut-il tout haut. Hum. Pas mal. Pas mal du tout, somme toute. Encore le secteur sud-est. Pourquoi presque toutes les déviations ont-elles lieu dans le secteur sud-est, je me le demande, monsieur Carter ?

— Peut-être le découvriront-ils quand nous aurons encore quelques années de métier. Pour l'instant, ça reste encore un mystère.

— Curieux tout de même. Eh bien, nous ferions mieux de la corriger avant qu'elle devienne plus importante. »

Le capitaine ouvrit le classeur à soufflets, en face de lui, et en tira une série de tableaux. Il les consulta et griffonna le résultat.

« Vérifiez, monsieur Carter. »

Le navigateur compara les chiffres et les tableaux, puis approuva.

« Bien. Quelle est sa position ?

— Presque par le travers, avec un roulis très lent, monsieur.

— Vous pouvez vous en occuper. Je ferai les observations visuelles. Alignez et stabilisez. Dix secondes sur les latéraux tribord à puissance deux. Il devrait virer en trente minutes vingt secondes environ, mais nous surveillerons l'opération. Puis neutralisez avec les latéraux bâbord à puissance deux. D'accord ?

— Très bien, monsieur. »

L'officier de navigation s'assit sur le siège de commande et attacha sa ceinture. Il examina soigneusement les manettes et les boutons.

« Je ferais mieux de les avertir. Il peut y avoir une jolie secousse », remarqua le capitaine. Il brancha le microphone et l'attira vers lui.

« Attention ! Attention ! Nous allons procéder à une correction de cap. Il y aura une série de chocs. Aucun ne sera très violent, mais il vaut mieux mettre à l'abri tous les objets fragiles, et nous vous conseillons de vous asseoir et d'attacher vos ceintures. L'opération prendra une demi-heure environ et débutera dans cinq minutes. Je vous informerai quand tout sera fini. Terminé. » Il débrancha l'appareil.

« Si on ne les avertit pas avant, ajouta-t-il, il y a

toujours un idiot pour croire que l'appareil vient d'être transpercé par un météore. La femme aurait piqué une crise, c'est sûr. Et ça fait mauvais effet. » Il médita. « Je me demande ce qu'elle peut bien fabriquer ici, d'ailleurs. Une petite bonne femme tranquille comme ça : elle devrait être en train de tricoter dans son village.

— Elle tricote ici, observa l'officier de navigation.

— Je sais... et pensez à ce que cela implique ! Qu'est-ce qu'une bonne femme de ce genre vient faire sur Mars ? Elle aura le mal du pays, elle détestera tout à première vue. Son mari devrait avoir un peu plus de bon sens. C'est presque de la cruauté à l'égard des enfants.

— Ce n'est peut-être pas sa faute, monsieur. Il y a des femmes très douces qui peuvent se montrer étonnamment têtues. »

Le capitaine considéra son second d'un air méditatif.

« Je ne bénéficie pas d'une large expérience, mais je sais bien ce que je répondrais à ma femme s'il lui prenait envie de m'accompagner.

— Mais vous ne pouvez pas discuter avec celles-là, monsieur. Elles font semblant d'obéir, mais elles finissent toujours par n'en faire qu'à leur tête.

— Je passerai sous silence ce que sous-entendait la première partie de votre remarque, monsieur Carter, mais, en vous aidant de vos vastes connaissances sur les femmes, pourriez-vous m'indiquer pourquoi diable elle est ici, s'il ne l'y a pas traînée ? Ce n'est pas comme si Mars présentait des dangers d'ordre domestique.

— Eh bien, monsieur, elle m'a l'air du genre dévoué. Ces femmes qui ont peur de leur ombre dans les circonstances ordinaires, mais qui deviennent effroyablement résolues quand on tire la bonne ficelle. C'est comme... tenez, vous avez entendu parler des brebis qui tiennent tête aux lions pour défendre leurs agneaux, n'est-ce pas ?

— Si l'on présume que vous vouliez dire

« agneaux », rétorqua le capitaine, je vous répondrais : *a)* que j'en ai toujours douté et *b)* qu'elle n'a pas d'agneaux.

— J'essayais seulement de vous indiquer le genre, monsieur. »

Le capitaine se gratta la joue, de l'index.

« Vous avez peut-être raison, mais je sais que si je devais un jour emmener une femme sur Mars, ce qu'à Dieu ne plaise, je préférerais, il me semble, une sorte d'Annie du Far West. De quoi doit-il s'occuper là-bas ?

— Des bureaux d'une compagnie minière, je crois.

— Heures de bureau, eh ? Oh ! eh bien, ça s'arrangera peut-être, mais je persiste à penser que la pauvre gosse serait mieux dans sa cuisine. Elle va passer la moitié du temps à trembler de peur et l'autre à regretter le confort de sa maison. » Il jeta un coup d'œil à la pendule. « Ils ont eu assez de temps pour planquer les porcelaines, à présent. Allons-y. »

Il attacha sa propre ceinture, fit tourner l'écran, en face de lui, sur son pivot, en le branchant du même geste, et s'appuya au dossier de son siège, contemplant le panorama des étoiles qui défilaient lentement.

« Prêt, monsieur Carter ? »

L'officier de navigation brancha une arrivée de carburant, et garda la main en équilibre au-dessus d'une manette.

« Prêt, monsieur.

— Bien. Redressez. »

L'officier consacra toute son attention aux aiguilles, devant lui. Il tapota légèrement la manette pour l'essayer. Sans résultat. Deux légers sillons apparurent entre ses sourcils. De nouveau, il tapota. Toujours rien.

« Allez-y, mon vieux », fit le capitaine, agacé.

L'officier décida d'essayer l'autre côté. Il tapota l'une des manettes placées sous sa main gauche. Cette fois, la réponse ne se fit pas attendre : l'appareil tout entier bondit violemment de côté et trembla. Un fracas retentit et résonna dans les éléments métalliques, comme un écho qui s'évanouit.

Seule, sa ceinture de sécurité maintint l'officier à son siège. Il contempla les aiguilles d'un air hébété. Sur l'écran, les étoiles bariolaient le ciel comme les fusées d'un feu d'artifice. Le capitaine avait observé la manœuvre dans un silence menaçant. Il finit par dire avec froideur :

« Quand vous vous serez bien amusé, monsieur Carter, peut-être aurez-vous la gentillesse de redresser l'appareil ? »

Le navigateur retrouva ses esprits, se concentra. Il choisit une manette et la pressa. Toujours sans résultat. Il en essaya une autre. Les aiguilles continuaient à tourner paisiblement. Des gouttes de sueur perlèrent sur son front. Il brancha une autre canalisation, fit un nouvel essai.

Le capitaine se renversa sur son dossier, regardant le ciel défiler sur l'écran.

« Eh bien ? demanda-t-il d'un ton sec.

— Il n'y a... il n'y a pas de réponse, monsieur. »

Le capitaine Winters détacha sa ceinture, se dirigea vers le poste de commande, accompagné par le cliquetis de ses semelles magnétiques. De la tête, il fit signe à l'autre de quitter son siège, puis il prit sa place. Il vérifia l'arrivée de carburant. Il pressa une manette. Pas d'impulsion : les aiguilles continuaient à tourner sans heurt. Il essaya d'autres manettes, inutilement. Alors il leva la tête, ses yeux rencontrèrent ceux du navigateur. Après un long moment, il revint à son bureau, appuya sur un bouton. Une voix fit irruption dans la pièce :

« ... le savoir ? Tout ce que je sais, c'est que le vieux zinc se balade la tête en bas et les pieds en l'air, et c'est pas comme ça qu'on dirige un sacré astronef. A mon avis...

— Jevons », dit le capitaine, sèchement.

Du coup, la voix s'interrompit.

« Oui, monsieur, dit-elle, d'un ton tout différent.

— Les latéraux ne se déclenchent pas.

— Non, monsieur, reconnut la voix.

— Réveillez-vous, mon vieux. Je veux dire qu'ils ne *veulent* pas se déclencher. Ils ne fonctionnent pas.

— Quoi, monsieur... aucun ?

— Les seuls qui aient répondu sont les latéraux bâbord. Et ils n'auraient pas dû ruer comme ils l'ont fait. Vous feriez mieux d'envoyer quelqu'un dehors pour jeter un coup d'œil. Je n'ai pas aimé cette secousse.

— Entendu, monsieur. »

Le capitaine débrancha l'appareil, attira vers lui le microphone.

« Attention, s'il vous plaît. Vous pouvez détacher vos ceintures et reprendre vos occupations. La correction de cap est remise à plus tard. Nous vous avertirons avant de la reprendre. Terminé. »

De nouveau, le capitaine et le navigateur se regardèrent. Leurs visages étaient graves, leurs yeux inquiets...

***

Le capitaine Winters étudia son auditoire : c'est-à-dire l'ensemble des personnes présentes à bord du *Falcon*. Quatorze hommes et une femme. Des hommes, six faisaient partie de l'équipage ; les autres étaient des passagers. Il les regarda prendre place dans le petit salon de l'astronef. Il eût de beaucoup préféré que son chargement comportât plus de fret et moins de passagers. Ceux-ci, n'ayant rien pour les occuper, méditaient toujours quelque mauvais coup. De plus, ce n'étaient pas des types particulièrement calmes et disciplinés qui se portaient volontaires pour partir vers Mars en qualité de mineurs, de prospecteurs ou d'aventuriers.

La femme aurait pu causer pas mal d'ennuis à bord si telle avait été son intention. Heureusement, elle était timide et effacée. Mais, bien qu'elle l'agaçât parfois par son manque d'entrain, il remerciait son étoile de ne pas avoir eu affaire à quelque blonde incendiaire qui n'eût fait qu'ajouter à ses embarras.

« Tout de même, se rappela-t-il, en la regardant s'asseoir à côté de son mari, elle ne peut pas être aussi douce qu'elle en a l'air. Carter avait sans doute raison quand il parlait de la présence, quelque part en elle, d'un motif de tension ; sans cela, elle ne se serait jamais lancée dans ce voyage ; en tout cas, elle n'aurait pas tenu si longtemps sans se plaindre. » Il jeta un coup d'œil au mari. Curieux animaux que les femmes. Morgan était un type bien, mais il n'y avait rien en lui, du moins apparemment, qui pût engager une femme dans une aventure comme celle-ci...

Il attendit que chacun eût cessé de s'agiter, que tout le monde fût bien installé. Le silence se fit. Winters promena son regard, tour à tour, sur chaque visage. Le sien avait un air de gravité.

« Mrs. Morgan, messieurs, commença-t-il. Je vous ai réunis ici parce qu'il me semblait préférable que chacun de vous fût parfaitement au courant de notre situation actuelle.

« La voici. Nos latéraux sont en panne. Pour des raisons qu'il nous a encore été impossible d'établir, ils ont perdu toute efficacité. En ce qui concerne les latéraux bâbord, ils sont grillés. Et irremplaçables.

« Pour le cas où certains d'entre vous ne sauraient pas ce que cela implique, je dois vous expliquer que c'est sur les latéraux que repose la conduite d'un astronef. Les tuyères principales nous donnent l'impulsion initiale nécessaire au décollage. Ensuite, elles sont coupées et l'appareil continue en chute libre. Les déviations éventuelles sont corrigées par des explosions soigneusement calculées des latéraux.

« Mais ce n'est pas seulement à nous diriger que nous les employons. Pour l'atterrissage, qui est une opération infiniment plus complexe que le décollage, ils sont essentiels. Nous freinons en retournant l'appareil, et nous nous servons des tuyères pour contrôler notre vitesse. Mais il vous serait difficile, je pense, de ne pas réaliser qu'il s'agit là d'une opération extrêmement délicate, puisqu'il faut maintenir l'énorme masse de l'astronef en équilibre parfait sur la poussée de ses tuyères au cours de la descente. Ce sont les latéraux qui rendent cet équilibre possible. Sans eux, l'opération n'est pas faisable. »

Un silence de mort s'appesantit sur la pièce. Au bout de quelques secondes, une voix traînante demanda :

« Ce que vous voulez dire, capitaine, c'est que, dans les circonstances actuelles, il nous est impossible, et de nous diriger, et d'atterrir. C'est bien cela ? »

Le capitaine considéra son interlocuteur. C'était un homme fortement bâti. Sans effort de sa part et, semblait-il, sans même le désirer, il paraissait dominer naturellement les autres.

« C'est exactement ce que je veux dire », répondit Winters.

Une tension envahit la pièce. Çà et là, on entendit des exclamations étouffées.

L'homme à la voix lente hocha la tête avec fatalisme. Un autre demanda :

« Cela signifie-t-il que nous risquons de nous écraser sur Mars ?

— Non. Si nous continuons ainsi, car nous suivons une route légèrement déviée, nous ne toucherons pas Mars ; nous passerons à côté.

— Et nous irons jouer aux quilles avec les astéroïdes, suggéra une autre voix.

— C'est ce qui arriverait si nous ne faisions rien pour l'éviter. Mais il existe un moyen d'empêcher cela... si nous réussissons à l'appliquer. » Le capitaine s'interrompit, conscient d'avoir capté leur attention. Il poursuivit :

« Vous devez tous vous rendre compte, d'après la façon toute particulière dont se présente l'espace tel que vous le voyez dans vos hublots, que nous sommes en train de... heu... culbuter la tête en bas et les pieds en l'air. Le fait est dû à l'explosion des latéraux bâbord. C'est une méthode de propulsion aussi peu orthodoxe que possible, mais cela signifie que, par une impulsion de nos tuyères donnée exactement au moment critique, nous devrions pouvoir modifier notre route approximativement comme nous le désirons.

— Et quel est l'avantage, si nous ne pouvons pas atterrir ? » demanda quelqu'un. Le capitaine ignora l'interruption. Il continua :

« Je me suis mis en rapport, par radio, à la fois avec la Terre et avec Mars et je leur ai fait part de notre situation. Je les ai informés également de mon intention de tenter la seule méthode possible. Il s'agit d'utiliser les tuyères pour essayer de lancer l'astronef sur une orbite autour de Mars.

« Si nous y réussissons, nous éviterons deux dangers : celui de nous projeter vers l'extérieur du système, et celui de nous écraser sur Mars. Je crois que nous avons des chances d'y réussir. »

Quand il s'interrompit, il vit plusieurs visages angoissés, d'autres pensivement concentrés. Il remarqua Mrs. Morgan, la mine un peu plus pâle que d'habitude, cramponnée à la main de son mari. Ce fut l'homme à la voix traînante qui rompit le silence.

« Vous pensez vraiment que nous avons des chances d'y réussir ? répéta-t-il, d'un ton interrogateur.

— Oui. Je pense aussi que c'est notre seule chance. Mais je ne vais pas tenter de vous duper en simulant une confiance totale. La situation est trop grave pour cela.

— Et, une fois placés sur cette orbite ?

— Ils essaieront de maintenir le contact par radar et de nous envoyer du secours, dès que possible.

— Hum ! fit son interlocuteur. Et quelle est votre opinion personnelle là-dessus, capitaine ?

— Je... eh bien, ça ne va pas être facile. Mais, comme nous sommes tous dans le bain, je vais vous répéter exactement ce qu'ils m'ont dit. En mettant les choses au mieux, nous ne devons pas compter sur leur arrivée avant quelques mois. L'astronef viendra de la Terre. Depuis longtemps, les deux planètes ont dépassé leur point de conjonction. Je crains que cela ne signifie un délai assez long.

— Pourrons-nous... tenir assez longtemps, capitaine ?

— D'après mes calculs, nous devrions pouvoir tenir environ dix-sept ou dix-huit semaines.

— Cela suffira-t-il ?

— Il le faudra bien. »

Il rompit le silence méditatif qui suivit ces paroles en usant d'un ton plus léger :

« Cet état de choses ne sera ni confortable ni plaisant. Mais si chacun remplit son devoir et si nous nous en tenons strictement aux rations nécessaires, nous pourrons nous en tirer. Il y a trois problèmes essentiels. L'air à respirer : cela, nous n'avons heureusement pas besoin de nous en inquiéter ; le régénérateur, le stock de rechange et les cylindres que nous avons pris en fret s'en chargeront pour beaucoup de temps. L'eau devra être rationnée ; un litre par personne toutes les vingt-quatre heures, et cela pour *tout ;* par bonheur, nous allons pouvoir puiser de l'eau dans les réservoirs de carburant, sinon les réserves seraient plus réduites encore. Notre souci le plus grave sera la nourriture. »

Il continua d'exposer ses projets, avec une clarté patiente. Quand il eut terminé, il ajouta :

« Et maintenant, je suppose que vous avez des questions à poser. »

Un petit homme sec, au visage basané, demanda :

« N'existe-t-il absolument aucun espoir de remettre les latéraux en état de marche ?

— Les chances sont négligeables. La section motrice d'un astronef n'est pas conçue de manière à être accessible dans l'espace. Bien sûr, nous continuerons à essayer, mais, même au cas où nous réussirions à faire fonctionner les autres, nous serions encore incapables de réparer les latéraux bâbord. »

Winters fit de son mieux pour répondre aux quelques questions qui suivirent, d'un ton qui observait un équilibre égal entre l'assurance désinvolte et le découragement. Les perspectives n'étaient pas brillantes. Avant l'arrivée de l'expédition de secours, ils allaient avoir besoin de tout leur sang-froid, de toute leur volonté... et, parmi ces seize personnes, certaines étaient forcément plus vulnérables que les autres.

De nouveau, son regard s'appesantit sur Alice Morgan et sur son mari, assis à côté d'elle. Leur présence signifiait certainement une source possible d'ennuis. Quand viendrait le moment décisif, l'homme serait soumis à une tension plus forte, à cause d'elle... et il aurait probablement moins de scrupules.

Puisque la femme était là, elle devrait en subir les conséquences au même titre que les autres. Il n'était pas question de privilèges. En cas de crise, on pouvait se permettre un geste héroïque, mais accorder à quelqu'un un traitement de faveur au cours de la longue épreuve qui les attendait, ce serait créer une situation impossible. Il suffirait de la favoriser, elle, pour aussitôt se voir mis en demeure de favoriser tous les autres, sous prétexte de maladie, etc., et Dieu seul savait les complications qui en résulteraient.

Lui donner sa chance en même temps qu'aux autres, voilà tout ce qu'il pouvait faire pour elle... et, pensait-il en la voyant s'accrocher à la main de son mari et le regarder de ses yeux agrandis dans son visage pâle, ce n'était pas grand-chose.

Il espérait qu'elle ne serait pas la première à succomber. Mieux vaudrait, pour le moral des autres, qu'elle ne fût pas la toute première...

***

Elle ne fut pas la première à disparaître. Pendant près de trois mois, personne ne disparut.

Le *Falcon*, au moyen d'explosions habilement calculées de ses tuyères, avait réussi à se placer sur une orbite autour de Mars. Ceci fait, l'équipage ne pouvait plus grand-chose pour lui. Arrivé à la limite d'équilibre, il était devenu un très petit satellite, roulant et culbutant sur son parcours circulaire, et destiné, suivant toute apparence, à poursuivre cette marche désordonnée, jusqu'à l'arrivée de l'expédition de secours, ou peut-être indéfiniment...

A bord, la complexité de ses soubresauts et de ses méandres ne devenait perceptible que si quelqu'un, délibérément, découvrait les hublots. Alors, les cabrioles insensées de l'univers extérieur produisaient une telle impression de confusion que l'on s'empressait de recouvrir le hublot pour préserver, à l'intérieur de l'appareil, l'illusion d'une stabilité. Même le capitaine Winters et l'officier de navigation ne consacraient aux observations visuelles que le moins de temps possible, et poussaient un soupir de soulagement lorsque, ayant exilé de l'écran l'essaim tournoyant des constellations, ils pouvaient à nouveau se réfugier dans la relativité.

Pour tous ses occupants, le *Falcon* était devenu un petit monde indépendant, clairement délimité dans l'espace et à peine moins dans le temps.

C'était, d'autre part, un monde à niveau de vie très bas ; une communauté à l'humeur violente, affaiblie par la maladie, aux ventres douloureux et aux nerfs en morceaux. Un groupe où chaque individu surveillait son voisin d'un œil soupçonneux, de peur d'une différence d'un iota dans la ration, le peu que chacun dévorait avidement ne suffisant pas à apaiser les grondements de son estomac. On était affamé quand on s'endormait ; plus affamé encore quand on s'éveillait, émergeant de rêves de victuailles.

Des hommes bien en chair à leur départ de la Terre étaient devenus maigres et décharnés ; sur leur visage durci, les contours arrondis avaient fait place à des plans aigus, et leurs couleurs saines s'étaient transformées en une pâleur grise dans laquelle leurs yeux brillaient d'un éclat anormal. Tous étaient affaiblis. Les plus touchés gisaient, inertes, sur leurs couchettes. Quand les autres les regardaient, c'était avec une question au fond des yeux. Il n'était pas difficile d'en deviner le sens : « Pourquoi continuer à gâcher de la nourriture pour ce type-là ? Il a déjà pris son billet. » Pourtant, jusque-là, personne n'était encore parti pour le grand voyage.

La situation dépassait en gravité les pires prévisions du capitaine Winters. L'arrimage des vivres avait été mal fait. Plusieurs caisses contenant des boîtes de viande s'étaient écrasées sous l'énorme pression des autres caisses au cours du décollage. La marmelade qui en était résultée décrivait son orbite propre autour de l'astronef. Winters avait dû s'en débarrasser en secret. S'ils avaient su, les hommes auraient mangé cela avec joie, les asticots avec le reste. Une autre caisse indiquée sur son inventaire avait disparu. Il ignorait encore comment. On avait fouillé tout l'appareil, sans en trouver trace. La majeure partie des réserves consistait en nourriture déshydratée pour laquelle il n'osait pas sacrifier la quantité d'eau nécessaire, si bien que, quoique mangeable, elle n'avait pas un goût particulièrement plaisant. On n'avait prévu ces réserves qu'en tant que complément pour le cas où le voyage excéderait les délais normaux ; aussi n'étaient-elles pas abondantes. Dans le fret, très peu de choses étaient destinées à la consommation, et il s'agissait surtout de petites conserves de luxe. En conséquence, il avait dû réduire les rations prévues pour les étendre maigrement sur dix-sept semaines. Même ainsi, elle ne dureraient pas si longtemps.

La première disparition ne fut pas imputable à la maladie, ni à la sous-alimentation. Elle fut accidentelle.

⁂

Jevons, le chef mécanicien, soutenait que la seule manière de localiser et de corriger le défaut des latéraux était de réussir à pénétrer dans la partie motrice de l'astronef. A cause des réservoirs, qui s'appuyaient contre la cloison séparant les sections, cette manœuvre ne pouvait se faire de l'intérieur de l'appareil.

Il s'était révélé impossible de creuser un trou dans la coque avec l'outillage dont on disposait : en effet, en raison de la température de l'espace et de la conductibilité de la coque, la flamme des chalumeaux s'échappait et se dissipait sans entamer le moins du monde la solidité du métal. La seule façon de pénétrer, estimait Jevons, c'était de creuser autour des tuyères consumées des latéraux bâbord. Il n'était pas certain que cela en valût la peine, puisque les autres latéraux resteraient toujours déséquilibrés sur le flanc bâbord, mais, là où Jevons rencontra une forte opposition, ce fut quand il réclama un peu du précieux oxygène pour pratiquer ses percées. Bien qu'il dût s'incliner devant cet interdit, il refusa d'abandonner complètement son plan.

« Très bien, dit-il farouchement. Nous sommes comme des rats pris au piège. Mais, Bowman et moi, nous avons l'intention de faire mieux que maintenir ce piège en état de marche, et nous allons essayer, quand nous devrions nous frayer un chemin avec nos mains nues dans ce sacré astronef. »

Le capitaine Winters avait donné son accord. Non pas qu'il crût qu'il en sortirait quelque chose d'utile, mais Jevons se tiendrait tranquille, et cela ne ferait de mal à personne. Ainsi, pendant des semaines, Jevons et Bowman avaient enfilé leurs scaphandres, manié leurs foreuses. Oubliant, au bout de quelque temps, les constellations tournoyantes qui les entouraient, ils s'étaient attelés opiniâtrement à leur tâche, ils sciaient et limaient sans trêve. Leur progression, piteuse dès le début, s'était encore ralentie à mesure que leurs forces diminuaient.

Ce que Bowman était exactement en train de tenter au moment de l'accident qui allait lui coûter la vie, devait rester un mystère. Il ne s'était pas confié à Jevons. Tout ce qu'on en sut, ce fut une embardée soudaine de l'appareil et un fracas dont l'écho retentit d'un bout à l'autre de la coque. Peut-être n'était-ce qu'un accident. Mais plus probablement, Bowman, dans son impatience, avait dû faire exploser un peu de poudre pour pratiquer une ouverture.

Pour la première fois depuis des semaines, les hublots furent découverts, des visages contemplèrent le tourbillonnement vertigineux des étoiles. Bientôt on put voir Bowman. Il flottait, inerte, à une douzaine de mètres au moins de l'appareil. Son scaphandre était dégonflé et l'on distinguait une large déchirure dans le tissu de la manche gauche.

Savoir qu'un cadavre flotte interminablement autour de vous comme un satellite mineur, il n'y a pas là de quoi remonter un moral déjà assez bas. Poussez-le plus loin, il n'en continue pas moins à tourner, quoique à plus grande distance. Un jour, on inventerait une cérémonie convenable pour une situation de ce genre... Peut-être une petite fusée embarquerait-elle les misérables restes qu'ils laisseraient de leur dernier voyage, leur voyage sans fin. En attendant, comme il ne connaissait pas de précédent, le capitaine décida de rendre au cadavre un dernier hommage en le transportant à bord. Le réfrigérateur, bien entendu, devrait continuer à assurer la préservation des maigres provisions, mais plusieurs compartiments étaient vides...

L'horloge marquait un jour et une nuit de plus depuis l'encellulement provisoire de Bowman, quand un doigt discret frappa à la porte de la salle de contrôle. Le capitaine disposa avec soin un buvard sur la page fraîchement écrite du livre de bord, et le referma.

« Entrez », dit-il.

La porte s'ouvrit, juste assez pour laisser passer Alice Morgan. Elle se glissa dans la pièce et ferma la porte derrière elle. Winters fut un peu surpris de la voir. Elle s'était tenue constamment à l'arrière-plan, laissant à son mari le soin de formuler ses peu nombreuses requêtes. Il remarqua les changements qui s'étaient opérés en elle : son visage maintenant hagard, comme celui des autres, ses yeux anxieux. Les nerfs aussi étaient atteints. Ses doigts ne cessaient de se chercher l'un l'autre, de s'entremêler pour se donner confiance. Manifestement, il lui fallait se forcer pour exprimer ce qu'elle avait à dire. Il sourit pour l'encourager.

« Venez vous asseoir, Mrs. Morgan », proposa-t-il aimablement.

Elle traversa la pièce, faisant cliqueter ses semelles magnétiques, et prit la chaise qu'il lui désignait. Elle s'assit sur l'extrême bord, d'un air gêné.

Pure cruauté que de l'avoir entraînée dans ce voyage, pensa-t-il de nouveau. Au moins, c'était une jolie petite gosse, avant. Maintenant, même plus. Pourquoi son imbécile de mari ne l'avait-il pas laissée dans le cadre qui lui convenait : une petite banlieue tranquille, une agréable routine, une vie protégée à la fois des fatigues et de l'angoisse ? De nouveau, il fut surpris qu'elle eût trouvé assez de volonté, de force d'âme, pour résister si longtemps aux conditions de vie imposées à bord du *Falcon*. Sans doute le destin se fût-il montré plus clément pour elle en lui évitant cette endurance. Il lui parla avec douceur, car elle était perchée plus qu'assise sur sa chaise et Winters pensait à un oiseau prêt à s'envoler au premier mouvement un peu brusque.

« Et que puis-je faire pour vous, Mrs. Morgan ? »

Les doigts d'Alice se tordirent et s'entrelacèrent. Elle les regarda. Puis elle leva la tête, ouvrit la bouche pour parler, la referma.

« Ce n'est pas très facile », murmura-t-elle sur un ton d'excuse.

Essayant de l'aider, il lui dit :

« Vous n'avez pas besoin d'être nerveuse, Mrs. Morgan. Dites-moi seulement ce que vous avez à l'esprit. Quelqu'un vous a-t-il... importunée ? »

Elle secoua la tête.

« Oh non ! capitaine Winters. Ce n'est absolument rien de ce genre.

— Qu'est-ce que c'est, alors ?

— Ce sont... ce sont les rations, capitaine. Je ne reçois pas assez de nourriture. »

Winters se figea, l'expression de sollicitude s'effaça de son visage.

« Aucun de nous n'en reçoit assez, dit-il d'un ton sec.

— Je sais, répliqua-t-elle précipitamment. Je sais, mais...

— Mais quoi ? » demanda-t-il d'un ton glacé.

Elle prit une profonde inspiration.

« Il y a cet homme qui est mort hier, Bowman. Je pensais que si je pouvais avoir ses rations... »

Le reste de la phrase mourut sur ses lèvres quand elle vit l'expression que prenait le visage du capitaine. Il ne jouait pas la comédie. Il était réellement aussi choqué qu'il le paraissait. De toutes les suggestions impudentes qu'il eût jamais rencontrées sur sa route, aucune ne l'avait stupéfié à ce point. Il fixa, abasourdi, la source d'où venait cette proposition révoltante. Le regard de la jeune femme rencontra le sien, mais, chose curieuse, avec moins de timidité qu'avant. Elle ne montrait aucune trace de honte.

« *Il me faut* plus de nourriture », dit-elle avec une expression intense.

Le capitaine Winters sentit sa colère monter.

« Alors, vous avez pensé tout simplement que vous pourriez rafler la ration d'un mort et l'ajouter à la vôtre ! Je préfère ne pas vous dire en paroles comment je qualifierais votre suggestion, ma jeune dame. Mais comprenez bien ceci : nous partageons, et nous partageons à égalité. Ce que signifie la mort de Bowman, c'est que nous pourrons tenir un peu plus longtemps avec les mêmes rations. C'est tout. Et maintenant, je crois que vous feriez mieux de partir. »

Mais Alice Morgan ne fit pas le moindre mouvement. Elle resta là, les lèvres pressées l'une contre l'autre, les yeux un peu rétrécis, complètement immobile ; seules ses mains tremblaient. Malgré son indignation, le capitaine ressentait aussi une certaine surprise, comme s'il avait vu un chat d'appartement se transformer soudain en chat de gouttières. Elle dit avec entêtement :

« Jusqu'ici, je ne vous ai demandé aucun privilège, capitaine. Je ne vous en demanderais pas maintenant, s'il ne s'agissait d'une absolue nécessité. Mais la mort de cet homme nous laisse une marge à présent. Et je *dois* avoir plus de nourriture. »

Le capitaine se contrôla avec effort.

« La mort de Bowman ne nous a pas laissé de marge. Ce n'est pas une aubaine. La seule conséquence de cet accident, c'est d'étendre d'un jour ou deux nos chances de survie. Ne savez-vous pas que chacun de nous désire autant que vous un peu plus de nourriture ?

« De toutes les manifestations d'effronterie que j'ai rencontrées au cours d'une longue expérience... »

Elle leva sa main maigre pour l'interrompre. La dureté de ses yeux était telle qu'il se demanda comment il avait jamais pu la croire timide.

« Capitaine, regardez-moi », dit-elle d'un ton bref.

Il regarda. Peu à peu son expression de colère s'évanouit, fit place à un étonnement incrédule. Une légère rougeur envahit les joues de la jeune femme.

« Oui, dit-elle. Vous voyez, il *faut* que vous me donniez plus de nourriture. Mon bébé *doit* avoir une chance de vivre. »

Le capitaine continua de la contempler, comme hypnotisé. Il finit par fermer les yeux, se passa la main sur le front.

« Seigneur Dieu, c'est terrible », murmura-t-il.

Alice Morgan dit gravement, comme si elle avait déjà considéré justement cet aspect de la question :

« Non. Ce n'est pas terrible... pas si mon bébé vit. »

Il la regarda bouche bée. Elle continua :

« Je ne volerais personne, vous voyez. Bowman n'a plus besoin de ses rations, mais mon bébé, lui, en a besoin. C'est très simple, vraiment. » Elle jeta au capitaine un regard interrogateur. Il ne trouva pas de commentaire. Elle poursuivit : « Vous ne pouvez pas appeler cela une injustice. Après tout, je représente deux personnes maintenant, n'est-ce pas ? J'ai besoin de plus de nourriture. Si vous ne le permettez pas, vous assassinerez mon bébé. Vous devez me donner ces rations, vous le devez. Mon bébé doit vivre, il le faut... »

⁂

Après son départ, le capitaine Winters s'essuya le front, ouvrit son tiroir personnel, et en sortit l'une des bouteilles de whisky qu'il économisait soigneusement. Il eut assez d'empire sur lui-même pour n'en absorber qu'une petite gorgée et ranger ensuite la bouteille. Cela le ranima un peu mais ses yeux restaient graves et troublés.

N'eût-il pas été plus charitable, au fond, de dire à la jeune femme que son bébé n'avait aucune chance de vivre ? C'était ce que demandait l'honnêteté. Mais peut-être l'inventeur de la phrase qui dit que l'honnêteté est toujours la meilleure tactique ne savait-il pas grand-chose du moral d'une communauté. S'il lui avait dit cela, comment éviter de lui en donner les raisons et, une fois au courant des ces raisons, comment l'empêcher de les confier à quelqu'un, ne fût-ce qu'à son mari ? Et alors, il aurait été trop tard.

Le capitaine ouvrit le tiroir du haut et contempla son contenu. Il restait toujours cela. Il fut tenté de prendre le revolver et de l'utiliser sur l'heure. Il ne servait pas à grand-chose de jouer à ce petit jeu plus longtemps. Tôt ou tard, il faudrait en venir là, de toute manière.

Il fronça les sourcils, hésita. Puis il tendit la main droite et, d'une chiquenaude, envoya l'objet flotter au fond du tiroir, hors de sa vue. Il ferma le tiroir.

« ... Pas encore. »

Mais sans doute serait-il préférable, bientôt, de s'en servir. Jusque-là, son autorité avait tenu, sans rien de pire que quelques grognements, qui servaient de soupape de sécurité. Mais le moment viendrait où son revolver lui serait nécessaire, soit pour eux, soit pour lui-même.

S'ils se mettaient à soupçonner que les bulletins encourageants qu'il épinglait de temps en temps sur le tableau étaient des faux ; s'ils devaient découvrir, d'une manière ou d'une autre, que l'expédition de secours qu'ils croyaient en train de dévorer l'espace en direction du *Falcon* n'avait pas encore pu, en fait, décoller de la Terre... c'est alors que le sabbat se déchaînerait.

Peut-être serait-il plus sûr qu'un accident, avant peu, vînt détériorer la radio...

***

« Vous avez pris votre temps, non ? » demanda le capitaine Winters. Il parlait d'un ton revêche parce qu'il était de mauvaise humeur, car le temps que mettait quelqu'un à faire quelque chose n'avait plus la moindre importance.

L'officier ne répondit pas. Ses bottes cliquetèrent quand il traversa la pièce. Une clef et un bracelet d'identité flottèrent dans la direction du capitaine, quelques centimètres au-dessus de la surface du bureau. Winters tendit la main pour les arrêter.

« Je... » commença-t-il. Puis il vit le visage de l'autre. « Bon Dieu, qu'est-ce qui vous arrive, mon vieux ? »

Il se sentit saisi de remords. Il avait eu besoin du bracelet d'identité de Bowman pour le rapport, mais il n'était pas vraiment nécessaire d'envoyer Carter le chercher. Un homme mort de la façon dont Bowman était mort ne devait pas être beau à voir. C'était pour cette raison qu'ils l'avaient laissé dans son scaphandre au lieu de le déshabiller. Quand même, il aurait cru que Carter avait les nerfs plus solides. Il sortit une bouteille du tiroir, la dernière.

« Vous feriez mieux de boire un coup », dit-il.

Le navigateur but, puis il prit sa tête dans ses mains. Le capitaine rangea soigneusement la bouteille qui flottait au-dessus de la table. Finalement, l'officier dit, sans lever la tête :

« Excusez-moi, monsieur.

— Ça va bien, Carter. Sale boulot. J'aurais dû le faire moi-même. »

L'autre frissonna légèrement. Une minute s'écoula en silence, pendant qu'il tentait de se ressaisir. Enfin, il leva la tête et ses yeux rencontrèrent ceux du capitaine.

« Ce... ce n'était pas seulement cela, monsieur. »

Le capitaine parut déconcerté.

« Que voulez-vous dire ? »

Les lèvres de l'officier tremblaient. Il ne parvenait pas à former convenablement ses mots, il bredouillait.

« Ressaisissez-vous. Que voulez-vous dire ? » Le capitaine avait pris un ton brusque pour le forcer à se raidir.

Carter releva légèrement la tête. Ses lèvres cessèrent de trembler.

« Il... il... »

Carter s'embourba, puis fit une nouvelle tentative, en précipitant ses mots :

« Il... il n'a pas de jambes.

— Qui ? Qu'est-ce que ça signifie ? Vous voulez dire que Bowman n'a pas de jambes ?

— Ou... oui, monsieur.

— Allons donc, mon vieux. J'étais là quand on l'a ramené. Il avait des jambes, comme vous et moi.

— Oui, monsieur. Il avait des jambes à ce moment-là... mais il n'en a plus maintenant. »

Le capitaine se figea sur sa chaise. Pendant quelques secondes, il n'y eut plus, dans la salle de contrôle, d'autre son que le cliquetis du chronomètre. Enfin, Winters parla, avec difficulté, sans pouvoir articuler plus de trois mots :

« Vous voulez dire...

— Il n'y a pas d'autre explication, n'est-ce pas, monsieur ?

— *Seigneur Dieu !* » souffla le capitaine.

Il resta là, les yeux fixes, envahis par l'horreur qu'avaient reflétée ceux de l'officier.

⁂

Deux hommes se mouvaient silencieusement, des chaussettes passées sur leurs semelles magnétiques. Ils s'arrêtèrent devant la porte d'un des compartiments du réfrigérateur. L'un d'eux sortit une clef mince. Il la glissa dans la serrure, tâtonna un moment, puis la tourna avec un léger déclic. Au moment où la porte s'entrouvrait, un revolver cracha deux fois, de l'intérieur du réfrigérateur. Les genoux de l'homme qui tenait la poignée fléchirent, et il resta suspendu au-dessus du sol.

L'autre arrivant se tenait encore derrière la porte à demi ouverte. Il saisit son revolver dans sa poche et le glissa rapidement dans l'entrebâillement, visant l'intérieur du réfrigérateur. Il appuya deux fois sur la détente.

Une silhouette vêtue d'un scaphandre émergea du compartiment, se mit à flotter, étrangement, à travers la pièce. L'autre tira sur elle quand elle passa devant lui. Le scaphandre heurta le mur opposé, rebondit légèrement, se laissa flotter. Sans lui laisser le temps de se retourner et d'utiliser le revolver qu'il tenait à la main, l'autre tira de nouveau. Le scaphandre eut une secousse et retourna en flottant contre le mur. L'homme garda son revolver pointé mais la silhouette se balançait là, flasque et inerte.

La porte par laquelle les deux hommes étaient entrés s'ouvrit brusquement, avec un bruit métallique. Sur le seuil se tenait l'officier de navigation. Il n'hésita pas. Il tira, un peu après l'autre, mais il continua à tirer...

Quand l'arme fut vidée, l'homme en face de lui oscillait curieusement, retenu au sol par ses bottes ; il n'y avait pas en lui d'autre mouvement. L'officier étendit la main, s'appuya contre le chambranle. Puis, lentement et péniblement, traversa la pièce dans la direction du scaphandre. Il y avait des entailles dans le vêtement. Il réussit à ouvrir le casque, à le retirer.

Le visage du capitaine semblait un peu plus gris que ne le voulait d'ordinaire la sous-alimentation. Ses yeux s'ouvrirent lentement. Il dit dans un murmure :

« A vous de jouer maintenant, Carter. Bonne chance ! »

L'officier essaya de répondre mais, au lieu de mots, il y eut dans sa gorge un bouillonnement de sang. Ses mains se détendirent. Une tache sombre s'élargit sur son uniforme. Bientôt, son corps flotta mollement à côté de celui du capitaine.

***

« J'avais compté qu'ils dureraient beaucoup plus longtemps que ça », dit le petit homme à la moustache pâle.

L'homme à la voix traînante le regarda dans les yeux.

« Ah, vraiment ! Et croyez-vous pouvoir vous fier à vos calculs ? »

Le petit homme s'agita gauchement. Il passa la pointe de sa langue sur ses lèvres.

« Eh bien, il y a eu Bowman. Puis ces quatre-là. Puis les deux qui sont morts. Cela fait sept.

— Mais oui. Cela fait sept. Et alors ? demanda doucement le gros homme. » Il n'était plus aussi gros qu'il avait été, mais il avait gardé sa stature massive. Sous son regard attentif, le petit homme émacié sembla se racornir encore.

« Heu... rien. Peut-être mes calculs étaient-ils un peu optimistes, dit-il.

— Peut-être. Le conseil que je vous donne, c'est d'abandonner vos calculs et de conserver votre optimisme. Hein ? »

Le petit homme perdit contenance.

« Heu... oui. Je suppose. »

L'autre, du regard, fit le tour du salon, en comptant les personnes présentes.

« Bien, dit-il. Commençons. »

Ses compagnons gardaient le silence. Ils le fixaient avec une fascination mêlée de gêne. Puis ils s'agitèrent. Certains mordillaient leurs ongles. L'homme se pencha, posa sur la table un casque retourné, et ensuite dit, avec son habituelle désinvolture :

« Nous allons tirer au sort. Chacun de nous va prendre un papier et le tenir en face de lui, sans l'ouvrir, jusqu'à ce que je donne le signal. *Sans* l'ouvrir. Compris ? »

Ils acquiescèrent. Tous les yeux restaient fixés sur son visage.

« Bien. Voilà : l'un des morceaux de papier, dans le casque, est marqué d'une croix. Ray, je voudrais que vous comptiez les morceaux et que vous vous assuriez qu'il y en a bien neuf...

— Huit ! » fit sèchement la voix d'Alice Morgan.

Toutes les têtes se tournèrent de son côté, comme mues par des ficelles. Tous les visages semblaient saisis : on eût dit que leurs propriétaires avaient entendu une colombe rugir. Quoique gênée sous leurs regards conjugués, elle se tenait raide, ses lèvres serrées faisaient une ligne droite. L'homme qui dirigeait les opérations examina Alice.

« Eh bien, eh bien, dit-il avec nonchalance. Vous ne voulez donc pas participer à notre petit jeu ?

— Non, dit Alice.

— Vous avez partagé équitablement avec nous jusqu'ici. Maintenant que nous avons atteint cette phase regrettable, vous ne voulez plus continuer ?

— Non », répéta Alice.

Il leva les sourcils.

« Vous faites appel à notre esprit chevaleresque, peut-être ?

— Non, dit encore Alice. Je nie que ce que vous appelez votre jeu soit équitable. Celui qui tire la croix doit mourir, c'est bien là le plan ?

— *Pro bono publico.* Déplorable, bien sûr, mais malheureusement nécessaire.

— Mais si c'est moi qui la tire, deux personnes doivent mourir. Appelez-vous cela équitable ? »

Le groupe sembla déconcerté. Alice attendit.

Le gros homme chercha ses mots. Pour une fois, il était démonté.

« Alors, dit Alice, est-ce vrai ou non ? »

L'un des hommes rompit le silence pour observer :

« La question de l'époque exacte où la personnalité, l'âme de l'individu prend forme, est encore extrêmement contestée. Certains savants ont soutenu que, jusqu'au moment où commence l'existence séparée... »

La voix traînante du gros homme l'interrompit tout net.

« Je crois que nous pouvons laisser la question aux théologiens, Sam. Elle entrerait plutôt dans le cadre « Sagesse de Salomon ». Tout semble se résumer à ceci : Mrs. Morgan réclame une dispense en raison de son état.

— Mon bébé a le droit de vivre », dit Alice avec entêtement.

« Nous avons tous le droit de vivre. Nous voulons tous vivre », lança quelqu'un.

« Pourquoi seriez-vous... ? » commença un autre ; mais la voix traînante les domina de nouveau.

« Très bien, messieurs. Soyons formalistes. Soyons démocrates. Nous allons voter. La question est posée : considérez-vous la revendication de Mrs. Morgan comme valide, ou devra-t-elle tenter sa chance en même temps que nous ? Que ceux qui...

— Un instant », fit Alice d'une voix beaucoup plus ferme que d'habitude. « Avant de passer aux voix, vous feriez mieux de m'écouter un peu. » Elle jeta un regard circulaire autour de la pièce, pour s'assurer qu'elle retenait leur attention à tous. Elle la retenait ; et aussi leur étonnement.

« D'abord, il y a un fait : c'est que je suis beaucoup plus importante que n'importe lequel d'entre vous, dit-elle simplement. Non, vous n'avez pas besoin de sourire. C'est vrai... et je vais vous dire pourquoi.

« Avant que la radio ne soit détraquée...

— Avant que le capitaine l'ait démolie, plutôt, corrigea quelqu'un.

— Avant que la radio soit devenue inutilisable, dit-elle en manière de compromis, le capitaine était en rapports suivis avec la Terre. Il leur donnait de nos nouvelles. Les nouvelles dont la presse se montrait le plus avide étaient celles qui me concernaient. Le capitaine me disait que je figurais dans les gros titres : UNE JEUNE FEMME DANS LA FUSEE DE LA MORT, LE SUPPLICE D'UNE FEMME DANS L'ASTRONEF PERDU, et ainsi de suite... Et si vous n'avez pas oublié comment sont faits les journaux, vous devez vous imaginer aussi les articles en première page : « Pris au piège dans leur tombeau vivant, une femme et quinze hommes tournent désespérément autour de la planète Mars... »

« Vous, vous n'êtes que des hommes... des carcasses, comme l'appareil. Moi, je suis une femme, donc ma position est romantique, donc je suis jeune, belle, fascinante... » Un moment, son visage maigre grimaça une ombre de sourire. « Je suis une héroïne. »

Elle s'interrompit, les laissant s'imprégner de cette idée. Puis elle continua :

« J'étais déjà une héroïne, avant même que le capitaine leur eût fait part de mon état. Mais, ensuite, je suis devenue un phénomène. On m'a demandé des interviews. J'en ai écrit un, et le capitaine Winters l'a transmis pour moi. On a interviewé mes parents, mes amis, tous ceux qui me connaissaient. Et maintenant, une immense quantité de gens en savent énormément sur moi. Tous, ils s'intéressent extraordinairement à moi. Ils s'intéressent encore plus à mon bébé... qui sera probablement le premier enfant né dans un astronef...

« Commencez-vous à comprendre, à présent ? Vous avez préparé une belle histoire : Bowman, mon mari, le capitaine Winters et les autres luttant héroïquement pour réparer les latéraux bâbord. Une explosion se produit. Elle les disperse tous dans l'espace.

« Vous pourrez vous en tirer avec cette histoire-là. Mais s'il ne reste aucune trace de moi ni de mon bébé — ou de nos cadavres — que leur direz-vous, *alors ?* Comment expliquerez-vous la chose ? »

De nouveau elle les dévisagea, chacun à son tour.

« Eh bien, qu'allez-vous leur dire ? Que moi aussi, j'étais dehors, en train de réparer les latéraux ? Que je me suis donné la mort en me lançant dans l'espace, avec ma petite fusée personnelle ?

« Réfléchissez-y. La presse du monde entier attend de mes nouvelles... avec tous les détails. Votre histoire devra être rudement bonne pour tenir le coup. Et si elle ne tient pas le coup... alors, l'expédition de secours ne vous sera pas très salutaire.

« Vous n'aurez pas la moindre chance. Vous serez pendus, ou vous grillerez sur la chaise électrique, chacun de vous... à moins que vous ne soyez lynchés d'abord... »

Quand elle eut cessé de parler, le silence régna dans la pièce. La plupart des visages montraient l'étonnement qui serait celui d'un homme férocement attaqué par un pékinois et incapable de trouver la parade adéquate.

Le gros homme resta plongé dans ses pensées une minute au moins. Puis il leva la tête, frottant pensivement la barbe râpeuse qui envahissait son menton aux os pointus. Il jeta un coup d'œil aux autres, puis ses yeux se fixèrent sur Alice. Pendant un instant, il eut au coin de la bouche une sorte de crispation.

« Madame, dit-il avec son intonation nonchalante, vous représentez probablement une grande perte pour les professions juridiques. » Il se tourna vers les autres. « Il nous faudra examiner la question avant notre prochaine réunion. Mais, en attendant, Ray, *huit* morceaux de papier, comme l'a dit Madame... »

⁂

« C'est lui ! » s'écria le second, par-dessus l'épaule du patron.

Le patron s'agita, d'un air agacé.

« Bien sûr que c'est lui. Qu'est-ce que vous vous attendiez à trouver d'autre, en train de culbuter dans l'espace comme un cochon ivre ? » Il scruta l'écran : « Pas un signal. Tous les hublots couverts.

— Pensez-vous qu'il y ait une chance, patron ?

— Quoi, après tout ce temps ? Non, Tommy, pas l'ombre d'une chance. Nous jouons les pompes funèbres. C'est tout.

— Comment allons-nous l'aborder ? »

Le patron étudia les évolutions du *Falcon*, d'un œil calculateur.

« Eh bien, il n'y a pas encore de règles, mais... Je suppose que, si nous réussissons à y fixer un câble, nous pourrons peut-être le manier doucement, comme un gros poisson. Mais l'opération sera délicate. »

Elle le fut. Cinq fois, l'aimant projeté par l'expédition de secours refusa d'entrer en contact. La sixième tentative fut mieux calculée. Quand l'aimant flotta tout près du *Falcon*, le contact fut établi pour un instant, puis coupé. Quand il le toucha presque, on donna de nouveau le courant. L'aimant fit un bond en avant et se colla à la coque, comme une moule.

Suivit alors le long travail qui consistait à manœuvrer le *Falcon* ; à maintenir la tension sur le câble qui reliait les deux appareils, une tension ni trop forte ni trop faible, et à empêcher le vaisseau de secours de tanguer sous l'effet de la traction. Par trois fois le câble céda, mais enfin, après des heures fastidieuses de manèges adroits, le mouvement de l'épave fut réduit à une lente spirale. Il n'y avait toujours pas trace de vie à bord.

Le capitaine, le troisième officier et le médecin revêtirent leurs scaphandres et sortirent de la cabine. Ils se dirigèrent vers le treuil. Le capitaine enroula un bout de corde autour du câble et en attacha les deux extrémités à sa ceinture. Des deux mains il saisit le câble et, avec un effort, se lança dans l'espace. Les autres le suivirent en procédant de même.

Ils se rassemblèrent devant le sabord d'entrée du *Falcon.* Le troisième officier prit une manivelle dans sa sacoche. Il l'inséra dans une ouverture, la tourna et ne s'arrêta que lorsqu'il fut assuré que la porte intérieure du sas pneumatique était bien fermée. Quand la manivelle refusa de continuer, il la retira et l'introduisit dans l'ouverture voisine : ce geste devait inciter les moteurs à pomper l'air dans le sas... si toutefois il y avait de l'air, et s'il restait assez de courant pour faire fonctionner les moteurs. Le capitaine colla un microphone contre la porte et écouta. Il entendit un vrombissement.

« Ça va. Ils marchent », dit-il.

Il attendit que le vrombissement cessât.

« Allez-y. Ouvrez la porte. »

Le troisième officier inséra de nouveau sa manivelle et lui imprima un mouvement de rotation. Le sabord s'ouvrit vers l'intérieur, caverne sombre dans la coque brillante. Les trois hommes contemplèrent, moroses, cette ouverture. Enfin, avec une calme détermination, la voix du capitaine retentit :

« Eh bien, allons-y. »

Ils se déplacèrent prudemment et lentement dans l'obscurité, en tendant l'oreille.

La voix du troisième officier murmura :

Le silence qui règne dans le ciel étoilé,
Le sommeil qui s'étend sur les collines solitaires...

Puis le capitaine demanda :

« Comment est l'air, toubib ? »

Le médecin regarda ses manomètres.

« Presque normal, dit-il avec une pointe de surprise. La pression est trop basse de cent quatre-vingts grammes. C'est tout. » Il détacha son casque. Les autres l'imitèrent, le capitaine fit la grimace en retirant le sien.

« Ça pue, dit-il avec gêne. Allons-y. Il faut y passer. »

Il les précéda dans le salon. Ils le suivirent avec appréhension.

La scène était insolite et déroutante. Bien qu'on eût réduit les évolutions du *Falcon,* tous les objets non attachés continuaient à tournoyer ; quand ils rencontraient un obstacle solide, ils rebondissaient et repartaient dans un autre sens. Il en résultait un méli-mélo d'objets hétéroclites qui flottaient lentement, de-çà de-là.

« Personne ici, de toute manière, dit le capitaine, d'un ton pratique. Toubib, croyez-vous... »

Il s'interrompit quand il vit l'expression étrange du médecin. Il suivit la direction de son regard. Ce qu'il regardait, c'étaient les épaves flottantes de la pièce. Dans le flot de livres, de boîtes, de cartes à jouer, de bottes et autres objets variés, son attention était rivée sur un os. Un os large, propre, brisé en deux dans le sens de la longueur.

Le capitaine lui toucha l'épaule.

« Qu'y a-t-il ? »

Le médecin tourna vers lui un regard aveugle, puis le reporta sur l'os qui dérivait toujours.

« Ceci, dit-il d'une voix mal assurée. Ceci est un fémur humain. »

Ils contemplèrent longuement la macabre relique ; soudain, le silence qui régnait sur le *Falcon* fut rompu. Une voix s'élevait, frêle, vacillante, et pourtant parfaitement claire. Les trois hommes se regardèrent, incrédules, prêtant l'oreille.

Balance-toi, bébé,
Tout en haut de l'arbre.
Quand le vent soufflera,
Le berceau remuera...

Alice était assise sur sa couchette : elle oscillait légèrement au rythme de la chanson et tenait son bébé contre elle. L'enfant souriait, tendait une main miniature pour lui toucher la joue. Elle chantait :

... Quand la branche craquera,
Le berceau tombera.
Par...

Elle se tut brusquement, au cliquetis de la porte qui s'ouvrait. Un instant, elle fixa, bouche bée, les silhouettes des trois hommes qui la contemplaient, abasourdis. Son visage n'était plus qu'un masque, un faisceau de lignes dures qui partaient des points où la peau serrait étroitement les os. Puis, l'ombre d'une expression envahit ce visage. Ses yeux s'éclairèrent. Ses lèvres se retroussèrent dans une parodie de sourire.

Elle lâcha le bébé qui resta suspendu au-dessus du sol, gloussant et gigotant ; glissa sa main droite sous l'oreiller de la couchette et la retira, armée d'un revolver.

La forme noire du revolver semblait énorme dans sa main transparente et maigre, quand elle le pointa contre les hommes demeurés figés sur le seuil.

« Regarde, bébé, dit-elle. Regarde ! de la viande ! de la belle viande ! »

Titre original : *Survival.*

CAUCHEMARS EN HARMAGUÉDON *

Par Ray Bradbury

Les astronomes sont à peu près unanimes, de nos jours, à penser que la Terre est actuellement la seule planète du système solaire abritant une forme de vie intelligente. Il n'en a cependant peut-être pas toujours été ainsi, et le récit suivant évoque une telle possibilité. Le décor en est fourni par un astéroïde, une de ces petites planètes qui gravitent pour la plupart entre l'orbite de Mars et celle de Jupiter. Mais cet épisode eût tout aussi bien pu se dérouler dans l'espace interplanétaire : la redoutable forme de survie qu'il présente n'a en fait nul besoin d'une assise planétaire.

VOUS ne voulez pas la mort et vous ne vous attendez pas à la mort. Quelque chose se détraque, votre fusée bascule dans l'espace, un planétoïde surgit ; c'est l'obscurité, un mouvement, les mains sur les yeux, une violente traction en arrière, de l'énergie disponible dans les réacteurs avant, la chute brutale...

Les ténèbres. Dans les ténèbres, la souffrance insensée. Au cœur de la souffrance, le cauchemar.

* « ... Ils les rassemblèrent dans le lieu appelé en hébreu Harmaguédon... » (Apocalypse XVI.)

Il n'avait pas perdu connaissance.

« Ton nom ? », demandèrent d'invisibles voix. « Saile », répondit-il, au milieu d'une nausée qui lui donnait le vertige. « Leonard Saile. » « Ton métier ? », crièrent les voix. « Astronaute », cria-t-il, seul dans la nuit. « Sois le bienvenu », dirent les voix. « Le bienvenu, le bienvenu ». Elles se turent.

Il se mit debout dans l'épave de son vaisseau. Elle gisait autour de lui comme les lambeaux d'un vieux vêtement.

Le soleil se leva et ce fut le matin.

Saile se hissa hors du petit sas et resta debout, aspirant l'atmosphère. Une chance, une véritable chance : l'air était respirable. Un rapide examen lui apprit qu'il avait des vivres pour deux mois. Parfait, parfait ! Et ceci... il toucha du doigt l'épave... Miracle des miracles ! la radio était intacte.

Il bredouilla un message dans l'émetteur : VAISSEAU ÉCRASÉ SUR PLANÉTOÏDE 787. SAILE. ENVOYEZ SECOURS.

La réponse lui parvint instantanément : ALLO, SAILE. ICI ADDAMS, PARLANT DU SPATIODROME DE MARS. ENVOYONS VAISSEAU DE SAUVETAGE LOGARITHM. ARRIVERA SUR PLANÉTOÏDE 787 DANS SIX JOURS. TENEZ BON !

Saile exécuta une petite danse.

C'était aussi simple que cela. On s'écrasait sur un planétoïde. On avait de la nourriture. On appelait au secours par radio. Les secours arrivaient. Et voilà ! Il battit des mains.

Le soleil se leva et le réchauffa. Saile ne se sentait pas mortel. Ces six jours passeraient en un rien de temps. Il mangerait, il dormirait. Il jeta un coup d'œil autour de lui. Pas d'animaux dangereux ; un taux d'oxygène supportable. Que demander de plus ? Des haricots et du lard, fut sa réponse. Une réjouissante odeur de petit déjeuner emplit l'air.

Après le petit déjeuner, il fuma une cigarette lentement, jusqu'au bout, en rejetant la fumée. Il hocha la tête d'un air satisfait. Quelle vie ! Pas une seule égratignure sur lui. Une chance. Une véritable chance.

Sa tête s'inclina. Dormir, pensa-t-il.

Bonne idée. Piquer un petit somme. Tout mon temps pour dormir et me détendre. Six longues et voluptueuses journées devant moi pour fainéanter et philosopher. Dormons !

Il s'allongea, replia son bras sous sa tête et ferma les yeux.

La démence vint s'emparer de lui. Les voix murmurèrent :

« *Dors, oui, dors,* dirent les voix. *Ah ! dors, dors.* »

Il rouvrit les yeux. Les voix se turent. Tout était normal. Il haussa les épaules. Il referma les yeux négligemment, par petits coups. Il installa confortablement son grand corps.

« *Iiiiiiiiiiii* », chantèrent les voix, dans le lointain.

« *Ahhhhhhhhhhhh* », chantèrent les voix.

« *Dors, dors, dors, dors, dors* », chantèrent les voix.

« *Meurs, meurs, meurs, meurs, meurs* », chantèrent les voix.

« *Ooooooooooooooo* », crièrent les voix.

« *MMMmmmmmmmmmmmmm* », une abeille traversa son cerveau.

Il se redressa. Il secoua la tête. Il porta ses mains à ses oreilles. Il regarda son vaisseau fracassé. Du métal dur. Il sentit le roc solide sous ses doigts. Il vit le soleil bien réel qui réchauffait le ciel bleu.

Essayons de dormir sur le dos, pensa-t-il. Il se laissa retomber en arrière. Sa montre tictaquait à son poignet. Le sang bouillait dans ses veines.

« *Dors, dors, dors, dors, dors, dors* », chantèrent les voix.

« *Ohhhhhhhhhhhhhhhhh* », chantèrent les voix.

« *Ahhhhhhhhhhhhhhhhh* », chantèrent les voix.

« *Meurs, meurs, meurs, meurs, meurs. Dors, dors, meurs, dors, meurs, dors, meurs ! Ohhhhhhh. Ahhhhhh. Iiiiiii !* »

Le sang lui frappait aux oreilles. Le bruit du vent qui se lève.

« *A moi, à moi,* dit une voix. *A moi, à moi, il est à moi !* »

« *Non, à moi, à moi,* dit une autre voix. *Non, à moi, à moi, il est à moi !* »

« *Non, à nous, à nous,* chantèrent dix voix. *A nous, à nous, il est à nous !* »

Ses doigts se crispèrent. Des spasmes secouèrent ses mâchoires. Ses paupières battirent frénétiquement.

« *Enfin, enfin,* chanta une voix aiguë. *Maintenant, maintenant. Finie, finie la longue attente,* chanta la voix aiguë. *Finie, terminée enfin !* »

On aurait dit qu'il se trouvait sous la mer. Des chansons vertes, de vertes visions, un temps vert. Des voix pétillantes se noyant dans la sombre liqueur de la marée. Des chœurs lointains chantant des couplets dénués de sens. Leonard Saile se tournait et se retournait, en proie à la torture.

« *A moi, à moi !* cria une voix retentissante. *A moi, à moi !* glapit une autre. *A nous, à nous !* cria le chœur.

Le tintement du métal, le cliquetis des épées, la lutte, la bataille, le combat, la guerre. Tout cela explosant, dans son esprit férocement mis en pièces !

« *Iiiiiiiiii !* »

Il sauta sur ses pieds avec un hurlement de frayeur. Le paysage fondait et se désagrégeait.

Une voix dit : « *Je suis Tylle de Rathalar. Tylle le Fier. Tylle du Tertre Sanglant. Tylle au Tambour de Mort. Tylle de Rathalar. Tueur d'Hommes !* »

Une autre dit : « *Je suis Iorr de Wendillo, Iorr le Sage, Exterminateur d'Infidèles !* »

Le chœur chanta : « *Et nous les guerriers, nous l'acier, nous les guerriers, nous le sang rouge coulant à flots, le sang rouge dégouttant, le sang rouge fumant au soleil...* »

Leonard Saile chancelait sous le fardeau. « *Allez-vous-en !* cria-t-il. *Laissez-moi ! Au nom du Ciel, laissez-moi !* »

« *Iiiiiiiiiii* » : un grincement aigu d'acier chaud sur de l'acier.

Le silence.

Il resta immobile, la sueur ruisselant par tous les pores de sa peau. Il tremblait si violemment qu'il ne pouvait se tenir debout. Je suis fou, pensa-t-il. Complètement fou. Délirant. Fou.

Il ouvrit d'un coup sec la boîte qui contenait les vivres, fit quelque chose à un produit chimique qui s'y trouvait. Du café chaud fut prêt en un instant. Il le but à grands traits, en renversant de grosses gouttes sur sa chemise. Il frissonna. Il aspira de grands coups d'air vif.

Soyons logique, pensa-t-il en s'asseyant pesamment. Le café lui brûlait la langue. Pas d'antécédents de folie dans la famille depuis deux cents ans. Tous bien portants, bien équilibrés. Aucune raison pour qu'il y ait un cas de folie à présent. Le choc ? Bêtise ! Pas de choc. On va venir à mon secours dans six jours. Pas de choc là-dedans. Pas de danger. Ce n'est qu'un vulgaire astéroïde. Un endroit normal, tout ce qu'il y a de plus normal. Aucune raison de devenir fou. Je suis sain d'esprit.

« *Oh ?* » cria une petite voix métallique en lui. Un écho. Qui s'éteignit.

« « Oui ! » cria-t-il en faisant claquer ses doigts. « Sain d'esprit ! »

« *Hahahahahahahahahahaha.* » Quelque part se fit entendre un rire qui s'éloignait.

Il tournoya sur lui-même. « Taisez-vous, là-bas ! » cria-t-il.

« *Nous n'avons rien dit,* dirent les montagnes. *Nous n'avons rien dit,* dit le ciel. *Nous n'avons rien dit,* dit l'épave du vaisseau.

« Bon », dit-il en se balançant de gauche à droite. « Eh bien, veillez à ne rien dire ! »

Tout était normal.

Les cailloux devenaient chauds. Le ciel était vaste et bleu. Il regarda ses doigts et remarqua la façon dont le soleil brillait sur chacun de ses poils noirs. Il regarda ses chaussures et la poussière dont elles étaient couvertes. Brusquement, il se sentit très heureux parce qu'il avait pris une décision. Je ne vais pas dormir, pensa-t-il. J'ai des cauchemars, alors à quoi bon dormir ? Voilà la solution.

Il se fit un emploi du temps. De neuf heures du matin — qu'il était en ce moment — jusqu'à midi, il se promènerait et visiterait l'astéroïde. Il inscrirait au crayon jaune sur un bloc-notes tout ce qu'il verrait. Puis il s'assiérait et ouvrirait une boîte de sardines à l'huile, qu'il mangerait avec du pain tartiné de bon beurre. De midi et demi à quatre heures, il lirait neuf chapitres de *Guerre et Paix*. Il tira le livre de l'épave et le posa à un endroit où il lui serait facile de le trouver plus tard. Il y avait aussi un recueil de poèmes de T. S. Eliot qui pourraient être agréables à lire.

Le dîner serait à cinq heures et demie. Ensuite, de six à dix, il écouterait à la radio le programme transmis par la Terre. Il y aurait quelques mauvais comiques qui débiteraient des plaisanteries et un mauvais chanteur dans son tour de chant, puis les dernières informations. Et l'émission se terminerait à minuit par l'hymne des Nations Unies.

Et ensuite ?

Il se sentit pris de nausée.

Je ferai des réussites jusqu'à l'aube, pensa-t-il. Je me tiendrai éveillé en buvant du café noir bien chaud et je ferai des réussites, sans tricher, jusqu'au lever du soleil.

Ho ! ho ! pensa-t-il.

« Qu'as-tu dit ? se demanda-t-il.

— J'ai dit « ho ! ho ! », répondit-il. Il faudra bien que tu dormes *une fois ou l'autre !*

— Je suis parfaitement réveillé, dit-il.

— Menteur », répliqua-t-il, prenant plaisir à cette conversation.

« Je me sens en pleine forme, dit-il.

— Hypocrite, répondit-il.

— Je ne crains pas la nuit, ni le sommeil, ni quoi que ce soit, dit-il.

— *Très* drôle », répliqua-t-il.

Il se sentait mal en point. Il avait besoin de sommeil. Et le fait qu'il eût peur de dormir lui faisait d'autant plus vivement désirer s'étendre, fermer les yeux et se pelotonner. « On est bien ? » demanda son ironique censeur.

« Je vais faire un petit tour pour regarder les pierres et les formations géologiques, en pensant qu'il est bien agréable d'être en vie », dit-il.

« Grand Dieu ! cria son censeur. Quel froussard ! »

Tu tiendras peut-être une journée, pensa-t-il, peut-être une nuit ; mais qu'est-ce qui se passera la nuit suivante, et celle d'après, et celle qui viendra *ensuite ?* Pourras-tu rester éveillé tout ce temps-là, pendant six nuits ? Jusqu'à l'arrivée du vaisseau de sauvetage ? Es-tu fort et résistant *à ce point ?*

La réponse était « non ».

De quoi as-tu peur ? Je ne sais pas. Ces voix... Ces bruits. Mais ils ne peuvent pas te faire de mal, n'est-ce pas ?

Peut-être que si. Il faudra bien, pourtant, que tu les affrontes à un moment ou à un autre. — Le faudra-t-il vraiment ? Arme-toi de courage, mon vieux. Haut les cœurs, et toute cette salade !

Il s'assit sur le sol dur. Il éprouvait une grande envie de pleurer. Il avait l'impression que la vie était finie et qu'il pénétrait sur un territoire neuf et inconnu. C'était une journée décevante, avec ce chaud soleil. Physiquement, il se sentait bien ; par une journée comme celle-ci, on aurait pu aller à la pêche, ou cueillir des fleurs, ou embrasser une femme... Mais, au milieu d'une magnifique journée, que trouvait-on ?

La mort.

Non, tout de même pas *cela* !

La mort, insista-t-il.

Il s'allongea et ferma les yeux. Il était las de gaspiller son temps.

Très bien, pensa-t-il, si tu es vraiment la mort, viens me prendre. Je veux savoir ce que signifient toutes ces stupidités.

La mort vint.

« *Iiiiiiiii,* dit une voix.

— Oui, je sais, répondit Leonard Saile, étendu par terre. Mais quoi encore ?

— *Ahhhhhhhhh,* dit une voix.

— Je sais cela aussi », dit Leonard Saile d'un ton irrité. Il se sentit soudain glacé. Sa bouche s'ouvrit toute grande.

« Je suis Thylle de Rathalar, Tueur d'Hommes ! »

« Je suis Iorr de Wendillo, Exterminateur d'Infidèles ! »

« Qu'est-ce que ce lieu ? » demanda Leonard Saile aux prises avec l'horreur.

« Autrefois, une puissante planète ! » dit Tylle de Rathalar.

« Jadis, un champ de bataille ! » dit Iorr de Wendillo.

« Morte maintenant », dit Tylle.

« Maintenant silencieuse », dit Iorr.

« Jusqu'à ce que *tu* arrives », dit Tylle.

« Nous redonner la vie », dit Iorr.

« Vous êtes morts, protesta Leonard Saile, les nerfs crispés. Vous n'êtes que du vent dépourvu de consistance. »

« Nous vivons à travers toi ! »

« Et combattons à travers *toi* ! »

C'est donc cela, pensa Leonard Saile. Je suis destiné à servir de champ de bataille, n'est-ce pas ?

« Etes-vous amis ? demanda-t-il.

— Ennemis ! cria Iorr.

— Ennemis implacables ! » cria Tylle.

Un rictus tordit les lèvres de Leonard Saile. Il était effroyablement pâle.

« Pendant combien de temps avez-vous attendu ? demanda-t-il.

— Qu'est-ce que le *temps* ?

— Pendant dix mille ans ?

— Peut-être.

— Pendant dix millions d'années ?

— Peut-être.

— Qu'êtes-vous ? Des pensées, des esprits, des fantômes ? demanda-t-il encore.

— Tout cela, et plus encore.

— Des intelligences ?

— Précisément.

— Comment avez-vous survécu ? »

« *Iiiiiiiiii* », chanta le chœur dans le lointain.

« *Ahhhhhhhhhh* », chanta une autre armée qui attendait de combattre.

« Jadis, ceci était une terre fertile, une riche planète. Et il y avait deux nations — deux nations puissantes, dirigées par deux hommes puissants : moi, Iorr, et lui, celui qui se fait appeler Tylle. Puis la planète est tombée en décadence. Les peuples et les armées dépérissaient et languissaient au milieu d'une terrible guerre qui durait depuis cinq mille ans. Nous vivions de longues vies et goûtions de longues amours ; nous buvions beaucoup, dormions beaucoup, combattions beaucoup. Et, quand la planète est morte, nos corps se sont flétris, et ce n'est qu'avec le temps, en recourant à beaucoup de science, que nous avons survécu.

— Survécu, répéta Leonard Saile, surpris. Mais il ne reste rien de vous ! »

— Nos *esprits*, pauvre sot ! Nos *esprits* ! Qu'est-ce qu'un corps sans un esprit ?

— Qu'est-ce qu'un esprit sans un *corps* ? riposta Leonard Saile d'un ton moqueur. Je vous possède, là ! Reconnaissez-le : je vous tiens !

— C'est vrai, reprit la voix cruelle. L'un est inutile quand l'autre fait défaut. Mais, même inconsciente, la survie est la survie. Les esprits de nos nations, grâce aux prodiges de la science, ont survécu.

— Mais dépourvus de sens, dépourvus d'yeux, d'oreilles, dépourvus de toucher, d'odorat, de tout le reste ?

— Dépourvus de tout cela, oui. Nous étions simplement des essences. Nous n'avons été que cela pendant très longtemps. Jusqu'à aujourd'hui. »

Et maintenant, je suis ici, pensa Leonard Saile.

« Tu es ici, dit la voix, pour donner de la substance à nos esprits. Pour nous donner le corps dont nous avons besoin. »

Je ne suis qu'un, pensa Saile.

« Tu peux néanmoins nous être utile. »

Je suis un être vivant, pensa Sale. Je refuse votre intrusion.

« Il refuse notre intrusion ! As-tu entendu, Iorr ? Il refuse !

— Comme s'il avait le droit de refuser quoi que ce soit !

— Prenez garde, dit Saile d'un ton menaçant. Je vais cligner des yeux et vous disparaîtrez, spectres ! Je vais me réveiller et vous effacer !

— Mais il faudra bien que tu dormes encore, à un moment ou à un autre ! cria Iorr. Et, quand tu dormiras, je serai là, à attendre. A *t'*attendre, *toi* !

— Que voulez-vous ?

— Retrouver de la consistance. Le corps. La sensation.

— Vous ne pouvez avoir cela *tous les deux*.

— Nous en débattrons entre nous. »

Une pince brûlante serrait son crâne et on aurait dit qu'un clou pointu avait été planté et enfoncé très profondément entre les deux moitiés de son cerveau.

Maintenant, c'était terriblement clair. Horriblement, magnifiquement clair. Il était leur univers. Le monde de ses pensées, son cerveau, son crâne, se divisait en deux camps : celui de Iorr et celui de Tylle. Ils *se servaient* de lui !

Dans son esprit, des étendards volaient sur un fond de ciel rose. Des boucliers d'airain captaient le soleil. Des bêtes grises remuaient, puis se ruaient dans un flot d'épées, de plumets et de trompettes.

« *Iiiiiiiii.* » La ruée.

« *Ahhhhhhhhh.* » Le rugissement.

« *Nooooooooo.* » Le tourbillon.

« *Mmmmmmm...* »

Dix mille hommes se précipitaient et traversaient en se bousculant la petite scène cachée. Dix mille hommes flottaient sur le globe interne de son œil. Dix mille javelots sifflaient entre les petites coques osseuses de sa tête. Dix mille fusils ornés de bijoux éclataient. Dix mille voix chantaient à ses oreilles. Maintenant son corps était déchiré et tiraillé, secoué et roulé en tous sens ; il hurlait, il se tordait de douleur, les os de son crâne allaient se briser en miettes. Le bredouillement, les cris stridents, tandis que, traversant les plaines osseuses de son esprit et tout un continent de moelle, enjambant des ravins de veines, descendant des collines d'artères, franchissant des fleuves de sang, arrivaient des armées et encore des armées ! Une armée, deux armées, épées flamboyant au soleil, se lançaient à l'assaut, cinquante mille esprits le saisissaient, s'emparaient de lui, le déchiquetaient, l'utilisaient ! En un instant, le rude choc d'une armée contre l'autre, la ruée, le vacarme, la fureur déchaînée, la mort, la folie !

Les armées se heurtaient comme des cymbales !

Il bondit sur ses pieds, en proie au délire. Il traversa en courant le désert. Il courut, courut encore et ne s'arrêta pas de courir.

Il s'assit et pleura. Il sanglota jusqu'à ce que ses poumons lui fissent mal. Il pleura très fort et très longtemps. Les larmes coulaient le long de ses joues et entre ses doigts tremblants qu'il tenait levés. « Mon Dieu, mon Dieu, viens à mon aide ! Oh ! mon Dieu, viens à mon aide », dit-il.

Tout redevint normal.

Il était quatre heures de l'après-midi. Les rochers étaient inondés de soleil. Au bout d'un moment, Saile réussit à faire cuire quelques petits gâteaux, qu'il mangea chauds avec de la confiture de fraises. Il essuya ses doigts tachés sur sa chemise, au hasard, en s'efforçant de ne pas réfléchir.

Du moins, je sais à quoi j'ai affaire, pensait-il. Oh ! Seigneur, quel monde ! Quel monstre il est en réalité, ce monde d'aspect si innocent ! C'est une bonne chose que personne ne l'ait encore exploré... Mais, au fait, est-ce bien sûr ?... Il secoua sa tête douloureuse. Je plains ceux qui se sont écrasés ici avant moi, s'il y en a eu. Un chaud soleil, de durs rochers, aucune marque d'hostilité. Un monde enchanteur.

Jusqu'au moment où on ferme les yeux et où on laisse son esprit se détendre.

Alors, la nuit, et les voix, et la folie, et la mort arrivent à pas feutrés.

« Mais je vais très bien, maintenant ! dit-il avec orgueil. Regardez-moi ça ! » Il tendit la main. Par un suprême effort de sa volonté, elle ne tremblait plus. « Je vais vous montrer qui diable fait la loi ici », déclara-t-il en prenant à témoin le ciel innocent. « C'est *moi* ! » Il se frappa la poitrine.

Dire que la *pensée* pouvait vivre aussi longtemps ! Pendant un million d'années peut-être, toutes ces pensées de mort et de désordre et de conquête avaient plané dans l'atmosphère innocente mais empoisonnée de la planète, attendant qu'un homme véritable leur ouvrît une voie par laquelle elles pourraient jaillir de nouveau, dans toute leur virulence insensée.

Maintenant qu'il se sentait mieux, tout cela lui paraissait stupide. La seule chose à faire, pensa-t-il, c'est de rester éveillé pendant six nuits. Ainsi, ils ne me tourmenteront pas. Quand je suis éveillé, je suis le maître. Je suis plus fort que ces monarques déments et leurs stupides hordes de tireurs d'épées et de porteurs de boucliers et de sonneurs de trompe. Je resterai éveillé.

Mais en seras-tu capable ? se demanda-t-il. Pendant six nuits ? Eveillé ?

Il y a du café et des comprimés, des livres et des cartes.

Mais je suis fatigué *maintenant,* pensa-t-il, tellement fatigué ! Pourrai-je résister au sommeil pendant tout ce temps ?

Eh bien, sinon... il y a toujours le revolver.

Qu'adviendra-t-il de ces stupides monarques si tu tires une balle dans leur scène de théâtre ? Le monde entier est une scène ? Non. *Toi,* Leonard Saile, tu es la petite scène. Et eux, ce sont les acteurs. Que se passera-t-il si tu loges une balle dans les coulisses, démolissant les décors, déchirant les rideaux, détruisant les lignes ? Anéantis donc la scène, les acteurs, tout, s'ils ne prennent pas garde !

La première chose à faire était d'envoyer par radio un nouveau message au spatiodrome de Mars. S'il leur était possible, là-bas, de hâter l'envoi du vaisseau de secours, peut-être Saile tiendrait-il jusqu'à son arrivée. En tout cas, il devait leur faire savoir quelle sorte de planète était ce lieu de cauchemars et de visions délirantes, si innocent en apparence...

Il manipula pendant un moment le bouton de la radio. Ses lèvres se serrèrent. La radio était morte.

Elle avait transmis son message d'appel au secours, avait reçu la réponse, et puis elle s'était éteinte.

Juste la pointe d'ironie qu'il fallait, se dit Saile. Il ne lui restait plus qu'une seule chose à faire : dresser un plan.

Ce qu'il fit. Prenant un crayon jaune, il rédigea le programme des six jours à venir.

Ce soir, écrivit-il, *lire six autres chapitres de* Guerre et Paix. *A quatre heures du matin, prendre un café chaud. A quatre heures un quart, sortir des cartes du paquet et faire dix réussites de suite. Cela devrait durer jusqu'à six heures et demie, heure à laquelle... encore un peu de café. A sept heures, écouter les programmes du matin émis par la Terre, si le poste récepteur de la radio fonctionne. Fonctionne-t-il ?*

Il essaya le récepteur. Celui-ci était mort.

Bon, écrivit-il, *de sept à huit, chanter toutes les chansons qu'on connaît, faire sa propre émission de variétés. De huit à neuf, penser à Helen King. Se souvenir d'Helen. A la réflexion, penser à Helen dès maintenant.*

Il souligna ces mots avec son crayon.

Le reste de l'emploi du temps fut noté dans le moindre détail.

Il passa en revue les médicaments, parmi lesquels

se trouvaient plusieurs boîtes de comprimés qui le tiendraient éveillé. Un comprimé par heure pendant six jours. Il se sentit plein de confiance.

« A votre mauvaise santé, Iorr, Tylle ! »

Il avala un comprimé avec une gorgée de café noir brûlant.

Enfin, entre une chose et une autre, que ce fût Tolstoï ou Balzac, le rami, le café, les comprimés, la promenade, puis de nouveau Tolstoï, de nouveau Balzac, un autre rami, d'autres réussites, le premier jour passa, puis le deuxième et le troisième.

Le quatrième jour, il s'étendit paisiblement à l'ombre d'un rocher et se mit à compter jusqu'à mille, d'abord de cinq en cinq, puis de dix en dix, pour s'occuper et garder son esprit en éveil. Ses yeux étaient si fatigués qu'il devait les baigner souvent dans de l'eau fraîche. Il ne pouvait pas lire car il souffrait de maux de tête affreux. Il était si exténué qu'il ne pouvait bouger. Il était abruti par les médicaments. Il avait l'air d'un mannequin de cire, bourré de drogues destinées à le maintenir dans un état de veille horrifiée. Ses yeux étaient de verre, sa langue pareille à une pointe rouillée, ses doigts semblaient gantés d'épingles et de fourrure.

Il suivit des yeux l'aiguille de sa montre. Une seconde de moins à attendre, pensa-t-il. Deux secondes, trois secondes, quatre, cinq, dix, trente secondes. Une minute entière. Maintenant, une heure de moins à attendre. Oh, vaisseau, hâte-toi d'effectuer ta tournée !

Il se mit à rire tout bas.

Que se passerait-il s'il abandonnait tout bonnement la partie et succombait au sommeil ? Dormir, ah ! dormir ! Peut-être rêver. Le monde entier une scène de théâtre... Qu'arriverait-il s'il renonçait à la lutte inégale et se laissait aller ?

« *Iiiiiiiiii* » ; un bruit aigu, strident et menaçant de métal heurtant le métal.

Il frissonna. Sa langue remua dans sa bouche desséchée et brûlante.

Iorr et Tylle se livreraient leur séculaire combat.

Leonard Saile deviendrait complètement fou.

Et, quel qu'il fût, le vainqueur du combat s'emparerait de cette ruine d'homme dément, de ce corps secoué de tremblements et de rires, de ce corps agité d'une folie furieuse, et le promènerait au hasard sur la surface de ce monde pendant dix, vingt années, l'occupant, l'arpentant à grands pas, y tenant pompeusement audience, faisant de grands gestes, ordonnant des exécutions, recevant d'invisibles danseuses... Leonard Saile — ce qui resterait de lui — serait conduit dans quelque caverne secrète pour y devenir la proie des guerres et des vers pendant vingt démentielles années, habité et dégradé par d'anciennes et barbares pensées.

Quand le vaisseau de secours arriverait, il ne trouverait rien. Leonard Saile aurait été caché quelque part par l'armée victorieuse dans sa tête. Caché dans quelque fente de rocher, placé là comme un nid sur lequel Iorr ou Tylle pût se poser pour l'occuper, sinistre.

A la pensée de tout cela, il faillit se casser en deux.

Vingt années de démence, vingt années de torture, dans l'obligation de faire ce qu'il ne voulait pas faire. Vingt années de guerres qui feraient rage et le déchireraient. Vingt années de dégoût et de terreur.

Sa tête retomba entre ses genoux. Ses yeux battirent et se fendillèrent avec de petits bruits secs. Ses tympans éclatèrent sous l'effet de la fatigue.

« *Dors, dors* », chantaient de douces voix venues de la mer.

Je... je vais vous faire une proposition, pensa Leonard Saile. Ecoute, Iorr ; et toi aussi, Tylle ! Iorr, toi ; toi aussi, Tylle ! Iorr, tu pourras m'occuper le lundi, le mercredi et le vendredi. Tylle, tu pourras prendre possession de moi le dimanche, le mardi et le samedi. Le jeudi étant le jour de sortie de la bonne. D'accord ?

« *Iiiiiiiiiii* », chantèrent les flots de la mer, bouillonnant dans son cerveau.

« *Ohhhhhhhhhh* », chantèrent les voix lointaines, doucement, tout doucement.

« Qu'est-ce que vous en dites ? Marché conclu, Iorr ? Tylle ?

— *Non,* répondit une voix.

— *Non,* répondit une autre.

— Vous êtes trop gourmands, tous les deux, trop gourmands ! réprimanda Saile. La peste soit de vos maisons ! »

Il dormit.

Il *était* Iorr, des anneaux de rubis aux poignets. Il se tenait debout à côté de sa fusée et levait les doigts pour commander à des armées aveugles. Il était Iorr, ancien chef de guerriers parés de bijoux.

Il *était* Tylle, amant des femmes, tueur des chiens ! Avec un reste de conscience, sa main se glissa furtivement vers l'étui accroché au-dessus de sa hanche. La main endormie en tira le revolver. La main s'éleva, le revolver visa.

Les armées de Tylle et de Iorr se livraient bataille.

Le coup partit.

La balle déchira le front de Saile, qui se réveilla.

Il resta éveillé pendant six autres heures, se remettant de son dernier assaut. Il savait maintenant que la lutte était désespérée. Il lava et pansa la blessure qu'il s'était faite lui-même. Il regrettait de n'avoir pas visé plus juste afin que tout fût terminé. Il observa le ciel. Encore deux jours. Encore deux. Viens vaisseau, viens ! Il était accablé par le manque de sommeil.

Inutile de lutter. Au bout de six heures, il délirait complètement. Il ramassa le revolver, le reposa, le ramassa de nouveau, le porta à sa tête, appuya son doigt sur la détente, changea d'avis, regarda de nouveau le ciel.

La nuit s'installa. Il essaya de lire, rejeta le livre. Il le déchira en petits morceaux qu'il brûla, simplement pour avoir quelque chose à faire.

Il était si fatigué ! Dans une heure, décida-t-il. Si

rien ne se passe d'ici là, je mc tuerai. C'est certain maintenant. Je le *ferai*, cette fois.

Il prépara le revolver et le posa à terre près de lui. Il était très calme à présent, quoique très las. Ce serait fini et bien fini. Il serait mort.

Il surveilla la petite aiguille de sa montre. Une minute, cinq minutes, vingt-cinq minutes.

La flamme apparut dans le ciel.

C'était tellement incroyable qu'il se mit à pleurer. « Une fusée ! dit-il en se levant. Une fusée ! » cria-t-il en se frottant les yeux. Il s'élança en avant.

La flamme brilla d'un éclat plus vif, grandit, descendit...

Il courait en agitant frénétiquement les mains, laissant son revolver, ses vivres, tout derrière lui. « Vous *voyez* cela, Iorr, Tylle ! Espèces de sauvages ! Espèces de monstres ! Je vous ai battus ! J'ai *gagné !* On vient me délivrer ! J'ai gagné ! Le diable vous emporte ! »

Il eut un rire rauque à l'adresse du ciel, des rochers et du dos de ses mains.

La fusée atterrit. Leonard Saile était debout, se balançant sur ses jambes, attendant que la porte s'ouvrît en glissant.

« Adieu, Iorr ! Adieu, Tylle ! » cria-t-il d'une voix triomphante, avec un sourire narquois. Ses yeux étincelaient.

« *Iiiii* », une voix alla decrescendo.

« *Ahhhhhh* », des voix s'éteignirent.

Le sas de la fusée s'ouvrit tout grand. Deux hommes en descendirent.

« Saile ! » appelèrent-ils. « Nous sommes l'équipage du vaisseau ACDN 13. Avons intercepté votre S.O.S. et décidé de venir vous chercher nous-mêmes. Le vaisseau expédié du spatiodrome de Mars n'arrivera pas avant après-demain. Nous avons besoin d'un peu de repos, nous aussi. Nous avons pensé que ce serait bien de passer la nuit ici, de vous prendre à bord et de poursuivre notre route ensuite.

« Non, dit Saile, le visage décomposé par la terreur. Pas passer la nuit... »

Il ne pouvait plus parler. Il s'effondra sur le sol.

« Vite ! » cria une voix dans le tourbillon d'air qu'il distinguait confusément au-dessus de lui. « Fais-lui une piqûre de liquide nutritif et un piqûre calmante. Il a besoin de nourriture et de repos.

— Pas de repos ! hurla Saile.

— Il délire, dit l'un des hommes à voix basse.

— Pas de sommeil ! hurla Saile.

— Allons, allons », dit doucement l'homme. Une aiguille pénétra dans le bras de Saile.

Saile se débattit. « Pas de sommeil ! Allez-vous-en ! hurla-t-il avec une grimace horrible. Oh ! Allez-vous-en !

— Il délire, répéta l'homme. Le choc.

— Pas de *calmant* ! » hurla Saile.

Le calmant se répandit dans son corps.

« *Iiiiiiiiii* », chantèrent les vents séculaires.

« *Ahhhhhhhh* », chantèrent les mers séculaires.

« Pas de calmant, pas de sommeil, je vous en prie, non, non, ne faites pas *ça* ! hurla Saile en tentant de se lever. Vous... ne comprenez pas !

— Calmez-vous, mon vieux ; vous êtes en sécurité maintenant auprès de nous, ne vous en faites pas », dit le sauveteur penché vers lui.

Leonard Saile s'endormit. Les deux hommes restèrent debout à ses côtés.

Tandis qu'ils l'observaient, les traits de Saile changèrent brusquement. Il se mit à gémir, à pleurer, à grogner dans son sommeil. Une violente émotion convulsait son visage. C'était le visage d'un saint, d'un pécheur, d'un démon, d'un monstre, un visage de ténèbres, un visage de lumière, un seul visage, plusieurs, une armée, un vide, tout, tout !

Il se contorsionnait dans son sommeil.

« *Iiiiiiiiii* », le son s'échappa de ses lèvres. « *Ahhhhhhhh* », hurla-t-il.

« Qu'est-ce qu'il a ? demanda l'un des deux sauveteurs.

— Je ne sais pas. Une autre piqûre calmante ?

— Une autre piqûre calmante. Ce sont les nerfs. Il a besoin de dormir encore. »

Ils enfoncèrent l'aiguille dans son bras. Saile se tordit et cracha et gémit.

Puis, soudainement, il mourut.

Il gisait là, les deux hommes penchés sur lui.

« Quelle horreur ! dit l'un d'eux. Que s'est-il passé ?

— Le choc. Pauvre type ! Quel malheur ! » Ils lui couvrirent le visage. « As-tu jamais vu un visage comme celui-ci ?

— Complètement fou.

— La solitude. Le choc.

— Oui. Seigneur, quelle expression ! J'espère bien ne plus jamais en voir de semblable.

— Quelle tristesse ! Il nous attendait impatiemment, nous arrivons, et il meurt tout de même. »

Ils jetèrent un coup d'œil autour d'eux. « Qu'est-ce que nous allons faire ? Veux-tu que nous passions la nuit ici ?

— Oui. Ça fait du bien de se trouver hors du vaisseau.

— Nous allons l'enterrer d'abord, bien entendu.

— Naturellement.

— Et passer la nuit dehors, au bon air, non ? C'est si bon de respirer l'air. Après deux semaines dans ce maudit vaisseau.

— C'est vrai. Je vais chercher un coin pour lui. Toi, commence à préparer le dîner, d'accord ?

— D'accord.

— On devrait bien dormir cette nuit.

— Très bien, très bien. »

Ils creusèrent une tombe et firent une petite prière dessus. Ils burent leur café du soir en silence. Ils respirèrent à pleins poumons l'air pur de la planète et regardèrent le magnifique ciel et les belles étoiles scintillantes.

« Quelle nuit ! » dirent-ils en s'allongeant.

« Fais de beaux rêves », dit l'un d'eux en se retournant.

Et l'autre répondit : « Toi aussi. »
Ils s'endormirent.

Traduit par DENISE HERSANT.
Asleep in Armageddon.

LES PÊCHEURS

par Robert Abernathy

Les dangers auxquels l'homme a songé avant de s'élancer dans l'espace sont principalement de nature physique : effets des hautes accélérations, risques de radiations, possibilités d'impacts de météorites ; il en est cependant aussi de nature psychologique, dangers liés à la nature humaine elle-même, et aux tensions que peut engendrer la vie prolongée dans un espace restreint. Jusqu'à présent, les réalisations de l'astronautique ont montré que ces risques avaient été évalués correctement. Mais on peut imaginer que l'espace n'est pas entièrement inhabité, qu'on y découvrira un jour des formes de vie disposant d'une arme terrible contre les humains : le contrôle télépathique des pensées.

I

ILS étaient en pleine discussion, dans le luxueux salon central du *Morgan Le Fay*, le yacht interplanétaire à la coque dorée appartenant à Mrs. Loran Jordan.

Le *Morgan* dérivait paresseusement à une vitesse d'environ cent kilomètres-seconde dans une région située quelque peu au nord du plan de l'écliptique — au voisinage de la zone interdite formée par la

Ceinture d'Astéroïdes, mais nul des passagers ne semblait s'en soucier.

« Parfait ! » dit Harry Burk d'un ton sec, les poings dans les poches de sa coûteuse veste de daim. « Vous vous en remettez à moi ? C'est parfait : l'argent servira à l'extension de l'affaire de Téthys. Hormis une tradition stupide, il n'y a aucune raison pour nous de prendre racine sur Mars. »

Le visage gras de Mrs. Loran Jordan arbora une moue dubitative. Burk n'en gardait pas moins la certitude absolue qu'elle n'avait cessé de vouloir se décharger sur lui de cette décision. Mais — son regard passa de sa belle-mère à sa femme — il pourrait s'attendre à ce qu'Ilena prît fait et cause contre lui. Un sourire désagréable lui tordit la bouche.

Ilena Burk avait écouté en silence, toute droite dans son fauteuil. Son visage sombre ne révélait pas la moindre émotion.

« Ce n'est pas la tradition qui est en cause, dit-elle d'un ton monocorde. Même en mettant les choses au mieux, un placement dans l'entreprise de Téthys ne peut donner de résultats qu'à longue échéance. Non que nous ne puissions nous permettre de perdre cet argent, mais nous devons également songer au crédit de la Compagnie. Avez-vous considéré cet aspect de la question, Harry ? »

Burk savait à quoi s'en tenir sur cette attitude raisonnable. Le regard qu'il lança au visage impassible de sa femme — ce visage de statue, disait-il au temps où il n'était pas comme aujourd'hui détaché d'elle et de son argent — exprimait un soupçon vérifié par l'usage. Ilena n'était pas, comme sa mère, une vieille femme gaspillant sa richesse avant de mourir et ravie de céder une société représentant un milliard de crédit au premier aventurier s'arrangeant pour épouser sa fille. Ilena possédait une intelligence froide et, de plus en plus clairement, se révélait l'ennemie d'Harry. Jusqu'ici, en des occasions semblables, les discussions auraient pris fin avec Burk et Mrs. Jordan d'un côté, Ilena de l'autre. Il lui fallait maintenir ce statu quo.

Ce n'était pas l'enfant à naître qui renverserait la situation. Bien au contraire. Burk pouvait évaluer à une nuance près la réaction de la vieille Mrs. Jordan lorsqu'elle comprendrait que le fils de Harry (l'idée que ce pût ne pas être un garçon n'avait fait qu'effleurer l'esprit de ce dernier) serait finalement son propre héritier. Mais le plus drôle était qu'il ne pouvait pas même faire de conjectures quant à la réaction d'Ilena, qui allait être la mère de son fils. Elle était encore, si possible, plus lointaine et plus indéchiffrable que jamais.

Les lèvres de Mrs. Jordan frémissaient. Ilena ne lui laissa pas le loisir d'exprimer des doutes renaissants. Elle continua à l'adresse de Burk, sur un ton cette fois presque apaisant : « Vous êtes joueur dans l'âme, Harry. Les gros risques vous fascinent. Mais vous ne pouvez tenter la chance avec quelque chose d'aussi important que...

— Vous m'avez souvent dit, lui répliqua-t-il comme s'ils étaient tous deux seuls dans le salon, combien vous étiez proche de votre père, combien vous pensiez avoir hérité de son sens des affaires. Peut-être en est-il ainsi, peut-être pas... Je sais en tout cas ce qu'était votre père : rien qu'un bûcheur qui n'a jamais vu la couleur de son argent. Et c'est moi l'indigne successeur. Eh bien, moi, j'aime voir la couleur de mon argent, et tant que je dirigerai les Entreprises Jordan, deux cents millions seront crédités pour Téthys ! » Il se demanda s'il n'abattait pas son jeu un peu vite, mais la conviction grandissante que les masques tombaient stimulait son audace.

La poitrine massive de Mrs. Jordan palpitait d'appréhension :

« Que voulais-tu dire, Ilena, au sujet du crédit de la Compagnie ?

— Nous avons tout le liquide disponible, intervint Burk avec colère. Il n'est besoin d'aucun emprunt.

— Je veux dire, reprit Ilena, que le crédit de la

Compagnie est très engagé. Si nous lançons tout ce capital disponible dans une aventure extravagante, tout le monde croira que nous avons jeté par les fenêtres notre unique actif ne figurant pas au registre commercial. »

« Bien joué, sacrebleu ! » pensa Burk. Il avait l'impression désagréable qu'Ilena saisissait parfaitement ses motifs — il n'avait jamais été homme à dissimuler ou à feindre — alors qu'il restait dans le noir en ce qui la concernait.

Les choses avaient changé, et ce changement ne le mettait pas très à l'aise. Il avait épousé Ilena essentiellement — il se l'avouait maintenant — parce que son existence insouciante à travers les frontières planétaires ne lui avait, financièrement parlant, rien apporté. Le hasard avait mis sur son chemin une héritière, et Burk avait entrevu là une vie tranquille enfin assurée. A cette époque, l'idée qu'il avait déjà trente et un ans — ce qui n'était plus la première fraîcheur pour un pilote de fusée — l'avait parfois fait s'éveiller couvert d'une sueur froide. Maintenant, à trente-cinq ans, il était directeur des Entreprises Jordan, depuis la mort de leur fondateur... mais ce n'est pas sans une sourde envie qu'il avait lu les comptes rendus de la presse sur le périlleux exploit du premier atterrissage sur Pluton, accompli par d'autres que lui.

Et Ilena n'était plus la même, glaciale maintenant... Mais elle avait toujours été du genre froid, tout au moins en surface. Il ne se refusait pas à admettre que c'était elle qui avait probablement, en affaires, la perspicacité la plus aiguë.

Plus tard, peut-être, quand le bébé serait là... Une femme reste une femme, après tout.

La vieille Mrs. Jordan pinçait ses lèvres épaisses et grossièrement peintes, s'efforçant d'exprimer un semblant de rigoureuse réflexion. Finalement, elle éleva la voix :

« Vous, Charles, qu'en pensez-vous ? »

Charles Lindforth leva les yeux, posant son périodique sur le bras de son fauteuil. Il eut un vague sourire sous sa moustache soigneusement taillée ; le miroitement de ses lunettes cachait son regard.

« Vraiment, je ne sais pas, Mrs. Jordan, dit-il d'un ton respectueux. Je crains de n'avoir pas prêté suffisamment attention... »

Aux côtés de Lindforth, se trouvait sa femme, sorte de souris que semblait éclipser son pourtant peu imposant mari ; leur fille blonde, Léoce, étonnamment pleine de vie, était assise à une table voisine, maniant d'un air absent des sélections de la cinémathèque du bord.

« Cet homme ment comme l'enfer, pensa Burk, il tendait l'oreille à s'en faire mal. » Un homme intelligent, ce Lindforth, expert en chemins de traverse, extrêmement habile — sinon, il n'eût jamais pu s'accrocher solidement aux basques de Loran Jordan quand celui-ci avait commencé sa montée en flèche vers les pinacles de la finance coloniale. Même alors, Jordan avait presque réussi à s'en débarrasser. Il l'avait ballotté du poste d'associé à celui de trésorier-adjoint, non sans lui laisser le titre d'ami de la famille.

Ilena déclara prudemment : « Nous étions en train de discuter le plan Téthys, Mr. Lindforth. Mon mari a décidé d'opter fortement en sa faveur. »

Lindforth fixa un instant ses ongles méticuleusement entretenus :

« Franchement, Mrs. Burk, je ne me sens pas qualifié pour émettre une opinion. Ma seule relation avec la Compagnie à l'heure actuelle consiste à toucher mes dividendes trimestriels.

— Mais voyons, Charles... », plaça Mrs. Jordan d'un ton de faible reproche.

***

La porte donnant accès au cylindre portait des panneaux vitrés. L'homme qui grimpait le long du cylindre en s'accrochant à l'échelle d'acier jeta par-dessus son épaule, en passant, un coup d'œil soucieux vers le salon brillamment éclairé.

Le regard de Charles Lindforth surprit le mouvement ; il vit que c'était l'électricien du bord, portant des guirlandes de fils électriques qui traînaient à sa suite.

Lindforth fit un signe à Harry Burk — qui se retourna pour voir l'homme disparaître en haut de l'échelle — et interrogea du sourcil : « Que se passe-t-il ? » Burk haussa simplement les épaules.

« Voyez-vous, Charles, faisait la voix plaintive de Mrs. Jordan, tout ceci représente un risque d'argent considérable. Votre opinion nous est indispensable. Mon mari n'a jamais cessé de compter sur votre jugement. »

« Jamais, bien sûr », pensait amèrement Lindforth, le cerveau, comme toujours, en ébullition. « Il se fiait à mon jugement pour mieux me trahir, parce que je n'avais pas son flair ni — alors — son implacabilité. Quand il a vu les possibilités offertes par l'extension des affaires sur Mars, je me suis trouvé pieds et poings liés par ses soins, avant même d'avoir pu m'en rendre compte. A dire vrai, je représente maintenant quelques millions, mais Loran Jordan a fait des milliards, dont la moitié aurait dû me revenir. Mais toi, espèce de grosse truie, tu ne savais jamais d'où venait l'argent ni ce qu'il devenait après t'avoir filé entre les doigts. Et c'est maintenant que tu te tournes vers moi : tu m'invites dans ta fusée en or, à croiser parmi les satellites de Saturne, et à t'aider à guider le vaisseau doré de ta fortune... au naufrage. »

« Excusez-moi », dit brusquement Harry Burk, qui se dirigea à longues enjambées vers le réduit abritant le téléphone intérieur.

Lindforth sourit en lui-même. Il aimait bien Burk. Burk était un outil que cette grosse vieille folle et sa fille lui avaient placé dans les mains, un levier qu'il utiliserait pour abattre l'œuvre édifiée par Jordan. Il ne cessait de penser à cette destruction future en termes concrets, comme à des choses s'écoulant, se brisant, explosant. Mais parfois, la nuit, il se rendait compte qu'il ne serait jamais véritablement comblé, puisque Loran Jordan était déjà mort et ne pourrait mourir à nouveau.

« Eh bien, Mrs. Jordan », dit-il d'un air étudié, reprenant une fois de plus l'examen de ses ongles, « puisque vous insistez, il serait vain de se cacher que les temps ont changé. Les Entreprises Jordan ont été édifiées sur la base de l'expansion coloniale planétaire. Nous avons fait reculer devant nous les frontières grâce à nos capitaux et en avons récolté le prix. Mais Mars ne représente plus une frontière. De nos jours, la vague colonisatrice s'est étendue jusqu'au système de Jupiter et déferle jusqu'aux satellites de Saturne. Que d'autres capitaux aient pu nous précéder dans la mise en valeur de Jupiter pourrait bien apparaître à présent comme les conséquences d'une regrettable politique conservatrice de notre part. Il semble que nous nous trouvions maintenant en face du choix suivant : ou saisir les occasions d'investissements dans le système saturnien, ou rajuster le fonctionnement de notre Compagnie. »

Ilena Burk éleva la voix, de ce ton incisif que Lindforth eût pu redouter à juste titre, s'il n'avait compté sur l'échec sentimental de son mariage avec Burk pour la rendre en fin de compte inoffensive :

« Une bonne note. Néanmoins, si la Compagnie doit élargir ses frontières, il n'en faut pas moins faire preuve d'intelligence dans le choix de celles-ci. »

Lindforth reprit :

« Le plan Téthys consiste à organiser le développement du satellite en tant que lieu de séjour, planète de plaisance à basse gravité. Inutile de vous rappeler que ce genre de placement, lorsqu'il réussit, est considérablement plus fructueux que n'importe quel autre. Voyez l'affaire de Selenopolis : plus d'un demi-million d'entrées payantes aux Ballets Lunaires pour la seule année dernière.

— Pourtant, poursuivit froidement Ilena, il paraît

peu probable que le dispositif de colonisation aux environs de Saturne soit prêt à dégorger avant le siècle prochain des foules d'oisifs en quête de distractions. »

Lindforth s'agita, tentant de chasser d'une chiquenaude quelque invisible tache de poussière sur sa manche, tandis qu'il pesait les termes de sa réponse. Il avait l'air hostile, derrière le masque de son visage.

***

Harry Burk revint de la cabine téléphonique. Le bruit de ses pas, bien qu'étouffé par l'épaisseur du tapis, avait quelque chose de précipité.

Léoce, la fille de Lindforth, leva les yeux, d'un air qu'elle voulait fortuit, mais en laissant distraitement se dérouler le film qu'elle était en train de suivre.

Comme toujours, elle était pleinement consciente, non de tel ou tel détail, mais seulement de l'effet causé en bloc par la présence de cet homme, du choc qu'il produisait sur elle, de l'aura d'aventure et de gloire qui l'entourait à ses yeux. Cela se sentait dans sa démarche élastique, dans la façon dont il balançait les mains le long du corps, comme prêt à l'action. Lorsqu'il la regarda, ses yeux avaient un éclat comparable à celui des flammes des fusées dans l'espace, à la poussière rouge des batailles sur Mars...

Elle avait dix-sept ans et savait qu'il est mal d'aimer le mari d'une autre — mais, Léoce se le répétait farouchement, elle avait vu de quelle façon cette femme traitait Burk, cette femme glaciale et sombre dont l'unique pensée était d'amasser et de conserver de l'argent pour l'entreprise de son père... Oh ! elle lisait sans peine dans l'âme d'Ilena. Ce n'était point par désir pour Harry qu'elle l'avait épousé, mais parce que la Compagnie avait besoin d'un homme. La Compagnie ! Presque inconsciemment, Léoce donnait au mot des inflexions semblables à celles de son père, lorsqu'en famille il parlait, avec une amère précision, des Entreprises Jordan.

Le visage de Harry arborait une curieuse expression, une sorte d'excitation mêlée de plaisir. Il plissait les yeux et souriait aux autres d'un air quelque peu sinistre.

« Je viens de parler au capitaine McKeown, dit-il avec vivacité. Il m'a dit — non sans réticences — que quelque chose ne va pas. Une pièce importante a explosé dans le système de protection antiaérolithes, un condensateur ou quelque chose d'approchant, et depuis un quart d'heure, nous naviguons à l'aveuglette. Si près de la Ceinture Interdite ! »

Léoce resta pétrifiée. Il lui semblait négligeable, en ce moment, que quelqu'un remarquât son regard fixé sur Harry, même si on lisait ce qui devait être écrit dans ses yeux... Elle entendit le gloussement de frayeur de Mrs. Jordan, vit sa propre mère devenir plus pâle qu'à l'ordinaire, son père se mordre les lèvres. Mais ce que Léoce éprouvait était comme un reflet de l'excitation à demi amusée dont s'éclairait le visage d'Harry. Il avait l'air... l'air d'une personne goûtant une saveur familière après en avoir été depuis longtemps privée... La saveur du danger.

« L'électricien a monté une sorte de circuit de secours. Il doit avoir à peu près terminé maintenant. De toute façon, nos chances de heurt sont, même dans cette région, d'une sur un million. »

Il parla encore, répétant ce qu'il venait de dire pour répondre au caquet interrogateur de Mrs. Jordan. Léoce écoutait à peine ; elle souhaitait que cet instant durât indéfiniment. Elle voyait Harry rayonner, amusé par sa supériorité sur tous ces gens timorés. Mais qu'il la regarde donc ! Il verrait qu'elle non plus n'avait pas peur !

Elle se rappela une histoire lue dans un magazine — l'histoire de deux amoureux prisonniers d'un astronef ayant perdu tout contrôle et tombant dans le soleil. Elle avait failli pleurer, tant était belle la scène finale... Mais ce n'était guère comparable au présent ; avec un soudain serrement de cœur, elle se rendit compte que s'ils heurtaient un météore ils seraient instantanément pulvérisés sans la moindre seconde pour les adieux. Et elle ne pouvait pas lui dire maintenant : *Harry* — elle prononça le nom sans effort conscient — *Harry, inutile de feindre plus longtemps. Harry...*

Charles Lindforth, se mordillant la lèvre inférieure, déclara :

« Notre astronef est tout de même un assez joli morceau. N'est-il pas possible qu'il absorbe un météore ordinaire et s'en tire ? »

« Avec de la chance, oui, mais selon le point d'impact. Et un projectile de la taille de votre poing peut nous ouvrir en deux si nous le rencontrons à la vitesse où nous allons.

— J'avais cru comprendre que les météores de la taille du poing étaient extrêmement rares, dit Lindforth.

— Pas aux environs de la Ceinture. »

Léoce le comprenait, avec ses connaissances, son intrépidité, cette cruauté même qui lui faisait vanter sans honte la force de l'adversaire. Elle le couvait d'un regard enflammé, mais lui ne semblait pas la remarquer le moins du monde.

Se sentant irrésistiblement poussée à dire quelque chose, elle demanda : « Et... qu'arriverait-il si nous en heurtions un vraiment gros ? »

Il la regarda, un faible sourire tirant les coins de sa bouche : « Alors, dit-il (et ce fut comme si une main étreignait le cœur de Léoce, devant cet écho à ses propres pensées), alors, nous n'aurions même pas le temps de nous dire adieu. »

***

Et, à cette seconde, l'astronef heurta un météorite. C'était contre toutes les probabilités, mais il n'y avait pas à discuter avec le bolide de pierre et de métal jailli du vide à la rencontre du *Morgan Le Fay.*

Comparé aux corps célestes en mouvement, c'était un vulgaire caillou, un petit astéroïde d'une masse d'un million de tonnes. Depuis un milliard d'années, peut-être, depuis l'explosion de la cinquième planète primitive, il errait sur l'orbite excentrique qui venait de croiser leur route.

L'astronef fit une embardée effarante ; ses sens électroniques étaient morts, les réflexes humains beaucoup trop lents pour parer au choc. L'appareil fut projeté de côté, ricochant contre l'obstacle.

Le tout avait duré une fraction de seconde. Puis l'infinité croissante du vide et de la distance sépara l'astéroïde fou, poursuivant sa trajectoire à peine modifiée, de ce qui restait du *Morgan,* dont les mécanismes de secours engageaient un combat fébrile contre la mort.

II

Une fraîcheur humide étreignit le front douloureux de Léoce ; au prix d'un effort pénible, elle ouvrit les yeux. Le sombre visage d'Ilena Burk flottait au-dessus d'elle, émergeant d'une masse confuse, et Léoce, ayant réussi à le fixer, aperçut une meurtrissure ensanglantée sur l'une des pommettes saillantes. Elle prit conscience que son propre corps était raide et endolori, et que le sang lui battait aux tempes.

Mais elle avait en mémoire tous les détails, jusqu'au moment où une force irrésistible l'avait projetée dans les airs... Pourtant elle n'éprouvait nulle surprise à se retrouver vivante. Elle avait l'habitude d'être en vie.

« Peut-être ne devriez-vous pas essayer de vous relever tout de suite », dit Ilena, d'un ton plein de naturel.

Mais Léoce se redressa, bien que cela lui fît tourner la tête. Elle se trouvait par terre dans le salon ; l'aspect général des lieux aurait pu sembler tout à fait normal, chaque meuble rivé au parquet étant resté en place, mais tout ce qui n'était pas attaché avait été projeté çà et là. Une carafe avait roulé, trempant le tapis d'alcool répandu, deux ou trois livres s'étalaient dans un coin, des cartes à jouer jonchaient le sol comme les feuilles à l'automne, et semblaient d'ailleurs avoir été piétinées.

« Où donc... », commença Léoce... lorsqu'elle aperçut Mrs. Jordan effondrée dans l'un des fauteuils. Le visage de la vieille femme était verdâtre et sa respiration s'élevait, rauque. Ses vêtements étaient en désordre, mais elle ne portait pas trace apparente de blessures.

Ilena jeta un coup d'œil à sa mère, en réponse à celui de la jeune fille. Mrs. Jordan saisit ce regard, et sa main flasque et bouffie eut un geste d'imploration.

« Ilena chérie, supplia-t-elle d'une voix haletante, il me faut encore un peu de mon médicament. Si je n'en prends pas un peu plus, le cœur va me manquer. Il faut que tu m'en donnes. »

La jeune femme se redressa, l'air endolori, et secoua la tête.

« Vous avez eu deux doses en vingt minutes, mère, c'est trop déjà.

— Où donc ?... » balbutia Léoce à nouveau. Ilena se retourna vers elle d'un geste vif.

« Harry et votre père sont descendus à la salle des machines. Ils pensent avoir la possibilité de contrôler, de là-bas, la marche de l'appareil... Harry du moins. C'est le seul qui y connaisse quelque chose en fait de fusées.

— Contrôler l'appareil ?

— Quel que soit le projectile rencontré, le heurt n'a pas eu lieu de plein fouet, sans quoi nous ne serions plus là. Mais l'avant de l'appareil a été emporté, tondu net. La passerelle a disparu également et, avec elle, le capitaine McKeown, le pilote, le navigateur et, je suppose, le mécanicien. Il avait dû monter pour une raison quelconque avant l'accident, car l'ascenseur était en haut de sa course et il a été emporté aussi. On a trouvé l'électricien mort dans le cylindre de secours, électrocuté par son propre chargement de fils. » Ilena marqua un temps d'arrêt dans son récit, puis, se reprenant rapidement : « Les choses en sont là : plus de contrôle, plus d'équipage, pas même une radio pour un appel à l'aide, et ignorance complète de notre destination.

— Oh ! » dit Léoce. Elle était restée assise par terre, ses jambes gauchement croisées, empêtrée dans sa jupe. Elle releva les cheveux blonds qui lui tombaient dans les yeux et fixa Ilena. Pour un instant, elle avait oublié sa haine à l'égard de la femme de Harry.

Mais le rappel de ce nom — il était là-bas maintenant, dans la salle des machines, faisant face héroïquement aux problèmes de navigation posés par une moitié de fusée — la fit peu à peu revenir à elle.

Elle s'agrippa au sol, ramassa ses pieds sous elle et se mit debout. Elle se sentait maintenant tout à fait d'aplomb, à part son mal de tête. Il lui vint à l'esprit qu'elle était restée ainsi vautrée sur le parquet, échevelée, sans connaissance, depuis une demi-heure peut-être, et que Harry s'était trouvé dans cette pièce, l'avait contournée comme un objet inanimé. Peu lui importait. Peu lui importait même que Harry lui eût marché dessus. Mais la pensée de l'aspect qu'elle avait dû offrir la glaça, et elle se mit à lisser sa jupe.

Etre debout lui procurait une impression nouvelle et remarquable — elle chercha au hasard laquelle, et soudain fut fixée : « La pesanteur joue encore ! Comment se fait-il ? »

« Les moteurs n'ont pas cessé de fonctionner, dit Ilena. Ce qui reste du *Morgan* est toujours en marche, et l'accélération n'a pas changé. Mais nous sommes hors de notre route. Harry va essayer de rafistoler quelques instruments. Il craint que nous ne piquions droit sur la Ceinture Interdite.

— Ilena ! haleta Mrs. Jordan des profondeurs du grand fauteuil, mon cœur ! »

Sa fille eut pour toute réponse un hochement de tête épuisé, puis elle se tourna vers la porte ouverte du cylindre de secours. « Je vais voir en bas ce qui se passe. Restez là un moment, Léoce, et veillez sur ma mère, mais ne lui laissez plus prendre de cette drogue. »

Elle atteignait la porte quand Léoce poussa un cri — sa voix était devenue soudain celle d'une enfant perdue.

« Maman ! Où est maman ? »

Elle le sut avant même que de voir le mouvement du regard d'Ilena s'arrêtant pour fixer quelque chose derrière elle, avant que de se retourner et d'apercevoir à son tour le corps qui gisait, immobile contre le mur, couvert de la tête aux pieds d'une des belles nappes appartenant à Mrs. Jordan.

« Oh ! » fit-elle suffoquée, et elle répéta : « Oh !... »

Puis, sans tourner la tête, elle sentit qu'Ilena avait glissé silencieusement hors de la pièce, sortant par le cylindre de secours, et la laissant, elle, Léoce, seule en présence du corps de sa mère. Mrs. Jordan, qui haletait ses exigences dans son fauteuil, ne comptait pas.

Léoce traversa le salon et resta à contempler les formes minces et calmes du corps allongé sous l'ample linceul. Elle songea un instant à soulever la nappe, puis se ravisa.

D'étranges pensées tourbillonnaient dans sa tête endolorie. La sensation de légèreté qu'elle éprouvait n'était pas la simple résultante du choc. Elle revoyait sa mère de son vivant, femme retirée, ordinaire, sans idées, sans même — du moins Léoce pensait-elle ainsi depuis des années — la moindre trace d'emprise ou d'influence sur sa fille. Mais Léoce, à présent, s'apercevait qu'elle s'était trompée : car sa mère était morte et elle se sentait étrangement libre.

Tout cela était faux, peut-être, mais quelle importance, sur cette épave plongeant par les espaces vers un désastre et une mort possibles, sinon proches ? Quelle chose importait, à présent, sauf...

Elle leva la tête et vit en imagination sa propre beauté, sa blonde jeunesse et, tout proche, le visage sombre et décharné d'Ilena Burk, dont les yeux froids exprimaient un doute incessant.

« Ce ne sont pas là des yeux, pensa-t-elle, dans lesquels un homme aimerait plonger les siens en un moment pareil. Il les lui faudrait aussi chauds que le vide et la mort sont glacés... »

« Prends bien garde, Ilena », chuchota-t-elle farouchement à l'image surgie dans son esprit.

***

Ilena Burk descendit vivement les échelons d'acier, sa jupe bouffant à l'entour d'elle. Le froid diminuait au fur et à mesure de la descente et, dans la salle des machines, juste au-dessus des vibrations puissantes des fusées, il faisait tout à fait chaud.

Là s'ouvrait un autre monde. Soixante pieds plus haut (ou plus loin, selon la méthode d'appréciation), c'était le salon, berceau dont le luxe relevait directement de celui des grandes capitales de la Terre ou de Mars. Ici, le dernier barreau de l'échelle donnait accès à l'enfer mécanisé.

Ilena avait déjà visité la salle des machines mais jamais aux heures de fonctionnement des réacteurs. La majeure partie de l'espace disponible était occupée par les culasses dûment renforcées des réacteurs tapies dans leur masse de métal aveugle dont les flancs s'élevaient en pente douce jusqu'au plafond. Là se tenait le génie de la propulsion, mélangeant le combustible atomique et la masse réactive, injectant le mélange dans les tubes de wolfram de six pouces, et y provoquant l'explosion par un bombardement de neutrons. Le fonctionnement s'était poursuivi comme si de rien n'était lors de la collision qui n'avait laissé qu'une moitié d'engin à propulser, et il se poursuivait encore... La salle était pleine du bourdonnement puissant et continu d'un milliard de dociles chevaux-vapeur en plein travail.

Les pieds nus d'Ilena évitèrent les plaques de métal chaud qui parsemaient le plancher de la salle — elle avait rejeté ses chaussures, en haut de l'échelle, pour se déplacer plus à son aise. Elle eut soudain conscience, jusqu'au vertige, de l'endroit où elle se trouvait, perdue dans les profondeurs du vide, où son poids même n'était qu'illusion, le plancher à ses pieds se trouvant en réalité projeté vers elle par la poussée enflammée qui jaillissait au-dessous des réacteurs. Son poids relatif avait même augmenté, car la force de poussée était la même, alors qu'un tiers de la masse du *Morgan* avait été emporté.

Les yeux d'Ilena fouillèrent l'enchevêtrement des lieux et découvrirent Charles Lindforth, agenouillé près du tableau de contrôle auxiliaire. Le panneau principal avait, évidemment, disparu dans les limbes en même temps que la passerelle du *Morgan*.

Il releva la tête à l'appel d'Ilena. La sueur luisait sur son front dégarni aux tempes blanchies. Ses lunettes avaient été mises en pièces au moment du choc, et son regard semblait faible et nu. Il laissa tomber les pinces qu'il avait en main et dit à travers le bourdonnement trépidant :

« Je ne peux mettre la main sur ces plombs. Si vous tombez sur Burk, dites-lui que je ne pense pas qu'on puisse les récupérer sans faire une excavation, et que je ne peux tenir la lampe d'une seule main. » Son bras gauche était en écharpe — improvisée elle aussi à partir d'une des plus belles nappes de Mrs. Jordan ; la frange brodée d'or avait quelque chose d'incongru.

« Où est Harry ?

— Là-haut, répondit Lindforth. Il est monté à la galerie de tribord pour essayer de déterminer notre route d'après les étoiles. Nous avons mis la main sur un équipement de secours doté de quelques instruments de navigation. Aussi votre mari est-il allé inspecter les étoiles en me laissant ici... »

La voix de Lindforth s'étrangla, et il se tut.

Ilena le regardait fixement, se demandant à quel point il frisait l'hystérie. Ses yeux avaient quelque chose d'égaré ; il lissa en arrière, de sa main valide, ses cheveux clairsemés, et reprit les pinces qu'il tourna nerveusement entre ses doigts.

« Vous semblez avoir pas mal d'ennuis », fit-elle, dans une remarque inepte à dessein.

Elle put voir les efforts de Lindforth pour garder son calme. « Pas mal, en effet, dit-il après un moment de silence. Ces fichus plombs... Il semble, Mrs. Burk, qu'au moment de l'accident, ce tableau de contrôle n'était pas du moindre usage courant, tandis que fonctionnait le panneau de la passerelle. L'ouverture d'un commutateur de ce panneau permettrait — je le tiens de votre mari, qui pourrait l'expliquer mieux — de déclencher quelque part un relais amenant le courant à ce tableau. L'essentiel du circuit reste intact, entièrement soudé même, quelque part dans la partie avant de l'épave. Aussi nous faut-il retrouver les plombs par ici, et les couper ; peut-être alors pourrons-nous diriger l'appareil avec les fusées-gouvernails qui nous restent.

— Je vois », dit Ilena, bien qu'elle ne fût pas sûre d'y voir quoi que ce soit. Elle revint à l'échelle.

« Je monte à la recherche de Harry. Je lui ferai part de ce que vous venez de me dire. »

Lindforth opina du chef, d'un air absent, et s'installa, morose, sur le capot métallique d'une machine. Lorsque Ilena fut partie, il n'avait pas bougé, fixant d'un regard sans expression sa main valide aux ongles sales ; son complet de haute coupe était plein d'accrocs et de taches.

En remontant l'échelle, Ilena eut une petite pensée distraite pour Lindforth. Quelque chose dans le comportement de ce dernier l'avait mise mal à l'aise — la menace pressentie d'une explosion de colère, l'impression qu'il avait très mal encaissé l'accident et que, d'une manière encore confuse, elle, personnellement, servait de cible à son ressentiment. Mais bien vite, à nouveau, son esprit vagabonda pour en revenir à Harry. Elle ignora délibérément l'impulsion soudaine d'analyser le besoin qu'elle avait de le voir maintenant ; après tout, ses raisons d'aller à sa recherche étaient des plus fondées : elle avait à transmettre le message de Lindforth et, d'autre part, à ce moment précis, c'était Harry, et nul autre, qui était susceptible de connaître et d'évaluer leurs chances à tous...

***

Dans la galerie-observatoire intérieurement vitrée, Harry était courbé sur un trépied garni d'instruments compliqués et s'absorbait dans la manipulation d'un vernier. Le verre incassable des parois était ici infléchi, incurvé, et celles-ci, par endroits, étaient éclaboussées d'un enduit noir, contre les fuites. Ce qui n'empêchait pas le rayonnement d'étoiles sans nombre de pénétrer, étoiles éclatantes de l'espace.

Mais quelque chose n'allait pas avec les étoiles. Leur scintillement se brouillait un peu, leur éclat croissait et déclinait, par intervalles.

Harry leva les yeux et vit la stupeur d'Ilena devant ce phénomène. Il expliqua négligemment, avec cette pointe d'amusement exaspérante dans la voix : « L'appareil a été heurté latéralement par le météore, et a pivoté. Lorsque les stabilisateurs automatiques ont remis son axe parallèle à la ligne de vol suivie, il s'est trouvé naviguer l'empennage en avant, traversant ses propres gaz d'échappement, ce qui m'a joué des tours pendables au cours de mes observations.

— Mr. Lindforth m'a prié, dit Ilena, de vous informer qu'il ne peut mettre la main sur les fils que vous lui avez fait rechercher. Je pense qu'il faudra utiliser le chalumeau oxhydrique.

— Je ne pensais pas qu'il les trouverait, dit Harry calmement. Je dois redescendre là-bas de toute façon pour alimenter les conduites du compteur auxiliaire. Dieu soit loué, il ne se trouvait pas sur le circuit du tableau de contrôle. » Il se mit à démonter avec dextérité les instruments dont il rangea les pièces à leur place. Il ne semblait pas le moins du monde troublé par la révélation qu'il était à bord le seul homme pouvant faire quelque chose.

Ilena l'observait en silence. Somme toute, maintenant qu'elle était seule avec lui, il ne lui semblait plus avoir rien à lui dire.

Aussi fut-ce simplement pour rompre le silence qu'elle demanda : « Savez-vous quelle est maintenant notre direction ? »

Il disposa soigneusement l'un des éléments du trépied dans son alvéole. « Je ne puis le dire exactement, tant que je n'ai pas les indications de ce compteur. Mais je peux vous dire dès maintenant que ça n'a pas l'air brillant : nous piquons droit sur la Ceinture.

— Je vois », dit Ilena, et peut-être sa voix se serra-t-elle un peu, malgré sa volonté de ne rien laisser paraître.

Il ferma d'un coup sec le boîtier de l'instrument et se redressa. Son regard bleu et dur plongea dans les yeux sombres de sa femme avec une expression... amusée ? inquisitrice ? implorante ?... et ses mains vigoureuses la saisirent aux épaules.

« Vous savez, ma chérie, dit-il, sans hâte aucune dans la voix, l'idée me vient de la grandeur que pourraient revêtir ce moment et ce lieu, pour une dramatique réconciliation. Nous voilà, filant tête baissée vers la Ceinture Interdite, et c'est à pile ou face que peut se jouer notre rencontre avec une nouvelle météorite, ou bien...

— Vous aimez ça, n'est-ce pas », interrompit Ilena avec emportement. Elle était tristement furieuse contre elle-même, contre les vagues d'émotions contradictoires où elle sentait sa raison sombrer, mais elle poursuivit presque automatiquement : « Pile ou face ! Le gros coup ! Et le Grand Combat, et la Dramatique Réconciliation ! »

Il se recula légèrement et relâcha l'étreinte de ses mains sur les épaules d'Ilena.

« Suffit. Je pensais simplement qu'une telle idée aurait pu vous effleurer, auquel cas je voulais vous informer que j'en savais les raisons. Vous avez saisi aussi parfaitement que moi que votre mère, ou bien a déjà pris la décision de me confier le contrôle de la Compagnie, ou bien est sur le point de le faire. Cela, vous ne pourriez le supporter, n'est-ce pas ? Vous iriez même jusqu'à tolérer ma présence, pourvu que vous gardiez la Compagnie à portée de la main. »

Ilena s'efforça de parler posément :

« N'êtes-vous pas en train d'intervertir les rôles ?

— Pas le moins du monde. Il semble, si mes renseignements sont bons, que ni vous ni votre mère n'avez jamais réussi à vous en sortir seules. Et elle est beaucoup plus impressionnée par mes qualités foncières — ou si vous préférez, le charme de ma voix — que vous ne le fûtes jamais. Si vous essayiez maintenant de divorcer, eh bien, peut-être obtiendriez-vous la garde de l'enfant (encore que, Bon Dieu ! je sois décidé à me bagarrer à son sujet par-devant tous les juges de l'univers !). Et, en tout cas, vous vous retrouveriez avec une pension alimentaire, sans plus aucune chance de me dire jamais comment le papa menait ses affaires.

— Mon père... », commença Ilena, puis elle s'arrêta net, doutant d'elle-même.

Harry la contemplait d'un air railleur.

« A votre aise, dit-il. Moi aussi, j'ai à penser au fiston, maintenant, vous savez... Ne vous en faites pas. On s'en sortira très bien. »

Il laissa glisser ses mains le long du bras de sa femme, la serrant, l'attirant à lui, et lui baisa les lèvres. Elle s'efforça un court instant de s'écarter, puis se sentit sans résistance, se serra contre lui en frissonnant et lui rendit son baiser...

Quand il fut parti, Ilena se retrouva bouleversée et pleine de haine pour elle-même. Les étoiles de l'espace la fixaient, glaciales, à travers le vitrage craquelé, fixaient sa propre honte.

Son cœur se serra au souvenir de son père. Son nom

dans les milieux d'affaires de Mars était aujourd'hui encore demeuré synonyme d'intelligence extraordinairement aiguisée. Pourtant, ç'avait été un homme simple, presque pieux dans son genre ; à certaine heure de sa jeunesse, il avait entendu dire que les dieux aident bien ceux qui s'aident, et il s'était aidé par la suite à acquérir un solide 30 pour 100 sur la future mise en valeur de Mars.

Ç'avait été un grand homme. Il était mort à présent. Quand Ilena pouvait réfléchir calmement, sans passion, rien — et à coup sûr aucun de ses propres désirs — ne lui semblait aussi important que de conserver, dans l'optique de son père, l'édifice qu'il avait construit. C'était d'autant plus essentiel à présent que l'enfant allait naître, un garçon qui serait l'héritier de la Compagnie, comme l'eût été Loran Jordan fils, celui qui aurait dû naître à la place d'Ilena.

Mais elle ne pouvait toujours réfléchir froidement. Parfois, même, elle ne pouvait pas réfléchir du tout. Elle n'était qu'une femme. Voilà pourquoi Harry Burk, aventurier insouciant, joueur irresponsable, se trouvait à même de faire sombrer les grandes entreprises Jordan.

Preuve décisive de sa faiblesse, deux larmes coulèrent lentement, dont elle sentait la brûlure sur son visage.

III

Dans le vacarme et les vibrations de la salle des machines, Harry Burk était à plat ventre près du panneau de contrôle ; il se redressa, épongea son front en sueur du dos de sa main encrassée, fit quelques pas traînants pour se dégourdir, parmi le cliquetis du fouillis d'outils qui l'entourait.

Il travaillait dans cette salle depuis plus d'une heure, se débattant seul dans le labyrinthe des fils du circuit de contrôle. La crise que couvait Charles Lindforth avait éclaté ouvertement en folie quasi furieuse. Il avait fallu renvoyer le vieil homme, qui était reparti par l'échelle, agité de frissons fiévreux causés par son bras cassé et grommelant des choses à propos d'une meilleure conception des plans et du doigt de Dieu.

Burk travaillait mieux lorsqu'il était seul. Mais à certains moments, il éprouvait le besoin d'une présence, d'un interlocuteur. Ilena. Mais Ilena était là-haut dans le salon, en train, sûrement, de songer à quel parasite elle s'était mariée.

Le secret qui pesait le plus à Burk, depuis que le compteur avait rendu son verdict, était la pleine connaissance du danger vers lequel ils se précipitaient, et partager ce secret eût été dérisoire, puisqu'il était seul capable d'une action quelconque. A présent pourtant, après une heure pénible passée dans l'étouffante chaleur de la salle des machines, il lui fallait admettre que lui non plus n'y pouvait pas grand-chose.

Il s'épongea de nouveau le front, et se retourna. Il vit alors qu'il n'était pas seul, en fin de compte. Une frêle silhouette couronnée de pâles cheveux blonds se tenait à demi dissimulée entre deux saillies latérales de l'énorme masse des culasses.

« Léoce ! dit Burk sans trop de surprise. Qu'est-ce que tu fais là ? » Les yeux clairs de la jeune fille croisèrent franchement le regard de Burk : étroits, bridés, presque comme ceux des Mongols, ils trahissaient les origines baltiques de certains ancêtres de Léoce.

« Je vous regardais travailler. Travailler si dur pour nous sauver tous, inutiles que nous sommes, et incapables de nous en tirer seuls... »

Il eut un sourire plein de lassitude.

« Ne te monte pas la tête. Si j'ai essayé de tirer d'affaire cette épave, c'est surtout parce que Harry Burk se trouvait à bord. Mais j'ai l'impression d'être plutôt inefficace, moi aussi. Les constructeurs de cet engin croyaient que, en fixant ainsi tous les éléments, ils resteraient ensemble jusqu'à ce qu'on débite le tout en petits morceaux. Mais il ne leur était jamais venu à l'idée que l'avant d'une fusée pourrait disparaître, laissant au reste le soin de se diriger tout seul.

— Vous voulez dire qu'alors... il n'y a plus d'espoir ?... »

Il s'étonna de voir combien elle avait l'air peu effrayée.

« Non. Simplement, nous ne pouvons pas gouverner ce fichu débris. Nous continuons notre route sur un cap inchangé, déterminé par notre inertie d'origine, l'impulsion due au choc du météore et la poussée des réacteurs, jusqu'à épuisement du combustible. Si la navigation aux étoiles fonctionne toujours, je crois avoir une idée assez exacte de l'endroit où nous allons. »

Le ton macabre n'échappa point à Léoce, qui demanda, d'une voix sans souffle :

« Où ça ?...

— C'est justement ce que j'allais venir annoncer là-haut à tous les intéressés. »

Elle lui saisit le bras :

« Dites-le-moi tout de suite... je vous en prie. »

Il scruta Léoce de ses yeux rougis.

« Bien. Dans une heure environ, le *Morgan* va passer en plein centre de l'essaim d'astéroïdes nommé les Dupays. Puis il émergera à nouveau de la Ceinture Interdite, par le sud de l'écliptique, région dans laquelle les routes de trafic nous laissent une bonne chance d'être secourus. »

Mais la jeune fille, en vérité, n'avait pas écouté la dernière phrase. Elle avait reculé d'un pas, la fente oblique de son regard agrandie par l'horreur.

« Les Dupays ! »

« Je me demandais si tu étais au courant de ce que l'on raconte à leur propos, dit Burk, sur le même ton. Ne sois pas étonnée d'apprendre que je me suis surpris à presque souhaiter que le caillou de tout à l'heure nous ait liquidés pour de bon. »

Léoce fit un vague signe de tête. Nul n'ignorait l'histoire, reprise de temps à autre dans les articles de fiction ou de magazines, de ce qu'avait révélé l'archipel des Dupays à la génération précédente, quand les premières fusées d'exploration y avaient pénétré. Depuis lors, la Ceinture tout entière avait été déclarée interdite à la navigation. Mais les Dupays mêmes, région vers laquelle ils étaient en train de se diriger sans rémission, étaient connus comme l'endroit où régnait particulièrement l'horreur.

On ne possédait guère d'autres détails, bien qu'à l'époque quatre fusées fussent tombées au beau milieu du repaire des créatures de la zone maudite, créatures que l'on avait baptisées les Pêcheurs. L'équipage d'un des appareils avait trouvé le courage de se faire sauter. Quant aux autres...

On les avait chassés, traqués, sur la Terre et sur Mars. Des corps humains, non plus des hommes. Une intelligence étrangère perçait dans leur regard, se refusant à toute réponse.

Certains d'entre eux avaient été capturés alors qu'ils tentaient d'arrêter une flotte pour une expédition dans la Ceinture d'Astéroïdes. Cargos équipés de manière à disposer des vastes cales et des moteurs nécessaires pour le transport de cargaisons massives. Les Pêcheurs avaient échoué dans leur dessein, les hommes dont ils possédaient les corps n'ayant pas disposé des fonds suffisants pour une telle entreprise.

Mais ils pouvaient à présent difficilement espérer meilleure capture que celle recélée par l'épave du *Morgan.*

***

« Qu'allons-nous donc faire ? demanda Léoce à voix basse.

— Je n'en sais rien », fit Burk sans ménagement. Il regardait dans la direction de la jeune fille, mais ne la voyait même pas, fixant un point loin derrière elle. Cela le soulageait de se décharger de ce qu'il était seul à savoir.

« Une fois, poursuivit-il d'un air sombre, j'ai bavardé avec Pete Goda. Tu as entendu parler de lui... »

Léoce eut un nouveau signe de tête. Pete Goda avait été plus qu'une vedette d'un jour : le seul homme sorti vivant des Dupays et qui soit resté un homme. En compagnie de deux camarades aussi peu informés que lui-même, il avait essayé de prendre un raccourci illégal en passant par la Ceinture. Les deux autres avaient péri : l'un que Pete avait été dans l'obligation de tuer sur-le-champ, l'autre mort avant que le martèlement puissant des poings de Pete, à la limite terrestre de ses forces, ait réussi à chasser de son corps la monstrueuse puissance qui s'en était emparée. Mais Pete avait, on ne sait comment, résisté à cette force, quelle qu'elle fût, qui se saisissait de l'esprit des hommes, et de retour sur terre, était resté volontairement bouche cousue.

Le bruit courait néanmoins que la narcosynthèse avait eu raison de son refus de parler, mais ce qu'il avait dit restait un secret du Gouvernement Terrestre...

« Pete était de mes amis, dit Burk. Je ne l'avais pas vu depuis des années, lorsqu'un jour nous nous cognâmes l'un à l'autre à Memphis, dans un... café. Il s'employait à tenter d'oublier ce par quoi il était passé, et son procédé d'oubli le rendait plutôt loquace.

— Il vous a parlé des... ?

— Oui. Dans son langage à lui d'ailleurs. Pete était croyant — il appartenait, je crois, à l'Eglise du Repentir de l'époque post-scientifique. Il semble d'après lui que les Dupays soient peuplés de démons cherchant à ravir leur âme aux hommes. Au début, l'un d'eux le tenta d'une manière des plus diaboliques, en lui montrant tous les plaisirs de la Terre, tel que peut les imaginer dans sa solitude un pilote interastral, lui offrant de combler tous ses désirs, y compris certains qu'il ignorait avoir jamais éprouvés.

« Pete avait serré les dents et songé au salut de son âme : le Pêcheur lui avait alors montré les cieux dans toute leur gloire, ouvrant toutes grandes leurs portes pour le recevoir. C'était si parfaitement imité que saint Pierre lui-même eût été dupe, mais Pete Goda, qui n'était pas un saint, sentit la supercherie et résista de plus belle. En fin de compte, le Pêcheur avait dû se fâcher, car, en représailles, il fit usage sur Pete de son pouvoir hypnotique. Tout ce que put me dire celui-ci là-dessus fut qu'il avait vécu dix siècles en enfer, et que c'était infiniment pis qu'il ne l'avait jamais supposé.

— Mais il s'en est tiré... », chuchota Léoce, les mains pressées sur la gorge.

Ce reflet lointain, dans les yeux de Burk, disparut, et il fixa pensivement la jeune fille.

« Pete avait sa foi, pour s'y accrocher dur, dit-il d'une voix douce. Penses-tu qu'aucun de nous dispose d'autant ? Qu'y a-t-il, là-haut ? (Il eut un geste en direction de l'échelle.) Une bande de rapaces qui ont passé leur existence à mettre à sac la planète Mars pour s'offrir des fusées plaquées or. Et ici ? Une fillette si effrayée qu'elle est prête à trembler comme une feuille, et un type qui a déjà vendu son âme, en son temps, pour cette maudite saleté d'argent. »

Léoce réagit violemment. Ses traits se raidirent sous la tension qui précède les larmes. Elle dit en suffoquant :

« Mais Harry, je n'ai absolument pas peur, moi ! » Et elle jeta ses bras au cou de l'homme, pressant son corps contre lui. Elle criait, les yeux levés vers son visage : « Nous n'en réchapperons pas, Harry, n'est-ce pas ? Embrassez-moi. Nous allons mourir. Je vous aime, Harry, embrassez-moi ! »

« Comment n'ai-je rien vu venir ? se demanda Harry. Je déraille. »

Il se pencha et baisa les lèvres de Léoce, mais avec douceur, comme on embrasse un enfant.

« Dommage..., grimaça-t-il intérieurement. En d'autres circonstances... »

Par-dessus l'épaule de Léoce, il jeta un coup d'œil à sa montre-bracelet. Il restait, d'après ses calculs, environ trente minutes avant d'atteindre la Ceinture. Juste le temps de mettre les autres au courant — ce qui ne pouvait plus faire ni bien ni mal — de ce qui les attendait.

Il se dégagea de l'étreinte de la jeune fille et la tint un moment devant lui.

« Vois-tu, petite, dit-il posément, tout ceci t'a peut-être trop frappée. Mais ou bien il nous reste chacun à peu près une demi-heure à vivre — et le diable, dans cette histoire, c'est qu'on ne meurt sans doute pas — ou bien nous nous en tirerons d'une façon ou de l'autre, et nous aurons alors tout le temps disponible. Mais je suis un homme marié, avec des responsabilités — beaucoup trop de ces sacrées responsabilités, ajouta-t-il franchement. Et dans quelque vingt ans, tu ne seras pas fichue de me distinguer d'un tas d'autres vilains et riches vieillards. »

Léoce garda son regard fixé sur lui jusqu'à ce qu'il se sentît mal à l'aise. On ne l'avait pas regardé de la sorte depuis si longtemps ! Son bras demeuré autour de l'épaule de Léoce se resserra.

« Chacun rêve à des choses insensées, ajouta-t-il. Sais-tu ce que moi j'aimerais faire ? Vendre aux enchères la firme Jordan pour m'offrir un cadeau. Une fusée. Pas un truc plaqué or, mais un appareil sans précédent, qu'on pourrait juste réaliser sans doute avec plusieurs milliards de crédits et qui permettrait d'atteindre les étoiles. La chose serait possible, après tout... si cette vieille Jordan et son cœur truqué n'étaient pas partis pour vivre éternellement. »

Il s'arrêta secouant la tête. Il avait parlé pour lui tout seul.

« Projets sans forme que tout ça », grogna-t-il, retirant son bras de l'épaule de Léoce pour enfoncer les poings dans les poches de sa veste tachée de graisse. « Nous faisons route sur les Dupays !

— Merci... de me l'avoir dit... à moi », bégaya Léoce. Elle ne parlait pas des Dupays, mais du projet de fusée interstellaire, et Burk la comprit.

Pendant un instant, il fixa la jeune fille avec une étrange expression de dureté, mais qui ne lui était pas destinée. Burk songeait à la réaction d'Ilena lors de ces mêmes confidences, aux premiers temps de leur mariage. La fêlure entre eux avait commencé à ce moment-là...

« Tu ferais mieux de te composer un visage, petite, dit-il à Léoce d'un ton détaché. Nous devons retourner là-haut faire part des nouvelles au reste de la bande. »

Ce qui restait du *Morgan Le Fay* poursuivait sans broncher à travers l'espace sa trajectoire bien définie. Débris d'un superbe organisme, aveugle, infirme, et pourtant fonctionnant encore. A une distance d'un mille ou deux environ, passèrent en un éclair les premiers fragments de pierre ou d'acier d'une météorite. Nul détecteur ne signalait plus leur présence, nul cerveau électronique ne pouvait plus faire dévier l'appareil en cas d'approche dangereuse de l'une d'elles. Mais la menace qu'elles constituaient était négligeable, comparée à celle qui attendait les voyageurs et que, peut-être, l'approche des victimes stimulait déjà.

IV

Mrs. Loran Jordan se recroquevilla tout au fond des coussins de son grand fauteuil, dans ce salon somptueux du yacht volant qu'elle s'était fait construire pour soixante millions de crédits, ce yacht revêtu d'or de la tête à la queue. Elle sentait battre son pauvre cœur surmené à coups rapides et irréguliers, comme s'il allait parfois s'arrêter tout à fait. Elle voulait prendre son médicament, elle en avait un besoin urgent. Mais elle avait la certitude sans espoir qu'Ilena aurait un brusque refus de tête. Elle se sentait presque trop faible pour se plaindre.

Ilena était une fille dénaturée et sans tendresse, son père tout craché. Elle n'avait jamais eu d'affection pour sa mère, qu'elle était prête à laisser mourir à présent sans un mot de compassion.

Harry Burk poursuivait ses allées et venues, ses

pas étouffés par l'épaisseur du tapis. Il avait parlé à mots rapides, saccadés :

« Eh bien, nous savons où nous sommes et où nous allons ! Que demander de plus ? » Il sourit, avec une ironie sans humour, et regarda les quatre autres autour de lui. « Et, ajouta-t-il en consultant sa montre, nous allons y être dans les dix minutes. »

Pendant un instant ou deux, Mrs. Jordan crut que son cœur s'était arrêté réellement de battre... A présent, elle haletait dans son fauteuil, tapie d'épouvante, au passage de chaque minute, de chaque seconde.

Au mur du salon se trouvait une grosse horloge, chargée d'ornements ; elle en avait fait elle-même le choix, mais ne s'en rappelait plus le prix. C'était une superbe horloge, mais l'aiguille des minutes tournait, tournait, tournait plus vite, tandis que le cœur de Mrs. Jordan accélérait ses battements, peinant pour ne pas se laisser distancer. Et chaque tic-tac rapprochait l'épave de quelques milles de la zone d'activité des Pêcheurs.

Le visage des autres semblait à Mrs. Jordan évoluer dans un lointain étrange. Ilena se tenait toute droite dans un fauteuil face au sien ; ses mains aux doigts fins reposaient sur les larges bras du siège, mais leur aspect détendu avait quelque chose de douloureux, d'artificiel.

Charles Lindforth restait debout, raide, le visage immobile comme un masque, appuyé à la paroi du cylindre-ascenseur ; il s'était remis de la crise de tout à l'heure et avait à peine réagi aux dernières précicions concernant le sort infortuné qui les attendait.

Alors que Mrs. Jordan le regardait, il redressa d'un geste nerveux sa main valide pour caresser sa petite moustache soignée, mais aperçut ses ongles noircis et remit la main derrière le dos.

Mrs. Jordan tourna légèrement la tête, ce qui amena Léoce Lindforth dans son champ de vision. La jeune fille était mollement assise dans le troisième grand fauteuil, et ses traits charmants revêtaient une expression que Mrs. Jordan ne put percer à jour. Les lèvres restaient tranquilles, mais il y avait dans ses yeux une lueur singulière, une calme assurance sur son jeune visage, qui n'était guère de mise. Léoce semblait ailleurs, sans nul lien avec la tension croissante qui régnait dans la fusée en perdition.

Harry Burk marchait toujours de long en large et parlait, comme s'il s'y sentait obligé.

« Voilà longtemps qu'ils nous attendent, dit-il. Longtemps qu'ils nous guettent, dans cette Ceinture : avant même l'époque des singes primitifs, avant même peut-être que la vie ne soit apparue sur Terre. Les savants croient que l'essaim des Dupays provient, à l'origine, d'une partie de l'écorce de la cinquième planète. Les habitants de cette planète étaient doués d'intelligence et, quand leur monde explosa, voici un milliard d'années, ils s'arrangèrent pour survivre d'une façon ou de l'autre. Ils ignoraient encore les voyages interplanétaires mais disposaient d'autres connaissances qui nous échappent.

« Leur corps avait la fragilité de tout ce qui est vivant, mais ils avaient mis au point un procédé d'empreinte du schéma de leur esprit sur une substance durable, roc ou métal, ayant de bonnes chances de subsister après le désastre. Et ils savaient comment préparer ces « conserves d'âmes » en vue d'une résurrection menaçante lorsque viendrait pour eux l'occasion de prendre possession des corps appartenant aux êtres futurs qui viendraient à se trouver dans leur voisinage. *Nos* corps. »

Tout cela n'était qu'une partie de l'hébétude où se trouvait plongée Mrs. Jordan, effondrée dans son fauteuil. Elle ne tenait pas à sortir de cet engourdissement. Mais quelque chose dans sa tête s'entêtait à courir çà et là, comme une souris affairée tentant de fuir de son piège, ce piège que les années de bouffissure, d'affaissement et de lassitude avaient disposé autour d'elle.

C'était là encore un sujet lui permettant, lorsqu'elle essayait, de blâmer son époux défunt.

Elle avait entendu dire quelque part que les femmes riches et inactives engraissaient. Or, qui donc l'avait à la fois rendue riche et inutile, sinon Loran ? Quand prêtait-il l'oreille à ce qu'elle pouvait dire ? Elle savait qu'elle était une forte tête : c'était là sa nature, voilà tout. Loran eût dû savoir en tenir compte. Mais il avait toujours remis, sans commentaire, l'argent qu'elle lui demandait, toujours suivi sa route de sourd-muet solitaire, petit homme paisible au visage grisâtre, qui n'était bon à rien au monde, sinon à amasser toujours plus d'argent...

Mais la pire chose était d'avoir dressé l'esprit de sa propre fille contre elle, sa fille unique qu'elle avait mise au monde *pour* lui. Il avait enseigné à Ilena la haine de sa mère et, à présent, dans ses vieux jours, elle n'avait plus personne.

Elle rouvrit à contrecœur des yeux boursouflés, sur le présent dans toute son horreur. Elle aperçut Harry Burk qui avait interrompu ses incessantes allées et venues et se tenait face aux autres, carrant les épaules, les mains plantées au fond des poches.

« Il nous reste encore quelques minutes, dit-il, je vais revenir sur ce que je pense des moyens de nous sortir de ce pétrin. Nous savons que, quelles que soient les armes psychologiques dont disposent les Pêcheurs, un esprit humain peut l'emporter sur l'une d'elles. Pete Goda l'a prouvé. Mais nous ne savons pas comment au juste. Je ne pense pas que Pete ait été ce que vous appelleriez une tête puissante. Il avait simplement quelque chose à quoi s'accrocher. Le mieux que je puisse dire à ce propos est donc que chacun d'entre nous se cramponne farouchement à ce qu'il peut avoir de plus fort dans la vie comme point d'appui et ne lâche prise pour rien au monde. »

Le martèlement des mots pénétra jusqu'au cerveau engourdi de Mrs. Jordan. Elle regarda Harry Burk avec une sorte d'espoir forcené, un sursaut de confiance aveugle. Ces propos bien déterminés, ce maintien résolu... Sans aucun doute, d'une façon ou de l'autre, il les sauverait.

Sa main balaya l'air. Burk poursuivit rapidement :

« J'ai mis au point quelques dispositions. Un renseignement que je tiens de Pete peut avoir son utilité : c'est le fait qu'après sa capture par un de ces esprits étrangers, un corps humain est pratiquement incapable d'action pour un temps — celui que met le Pêcheur, je pense, à perfectionner son emprise. Si donc certains d'entre nous ne s'en tirent pas et tombent en la possession des Pêcheurs, ils devront être mis hors d'état de nuire par quiconque se trouvera en mesure de le faire. »

Il eut un geste vers la table occupant le centre du salon, couverte de plusieurs rouleaux de cordages solides.

« J'ai installé des fusées-signaux prêtes à fonctionner. Il faudra les lancer dans deux ou trois heures d'ici, quand l'appareil traversera les routes de trafic australes. Si l'un de nous seulement échappait au péril, c'est à lui qu'il reviendrait de prendre toutes les mesures nécessaires. Compris ? »

Mrs. Jordan vit les autres hocher la tête en signe d'approbation et les imita mollement de son côté.

« Il faut absolument que l'un de nous, au moins, gagne la partie. Nous ne voulons pas être responsables d'un nouveau raid des Pêcheurs sur notre race. »

Il se tut et, dans le silence, s'éleva la jeune voix claire de Léoce :

« Peut-être avons-nous tort d'essayer... Il y en a qui se sont donné la mort plutôt que d'essayer ce que vous dites. »

Mrs. Jordan fit à nouveau pivoter sa tête. La voix de la jeune fille résonnait de façon terrifiante, comme si elle eût pensé, vraiment, ce qu'elle disait... Léoce était penchée en avant, fixant Burk de ses yeux obliques, ses yeux humides et brillants. Burk secoua la tête et sourit légèrement.

« Je pense que vous n'obtiendrez aucun suffrage, dit-il à Léoce. La plupart d'entre nous ici veulent continuer à vivre.

— Mais si... »

La voix cassante d'Ilena Burk l'interrompit.

« Si ce Pete Goda, qui semble avoir été plutôt du genre balourd, a pu l'emporter sur les Pêcheurs, je ne vois pas pourquoi nous n'en aurions pas les moyens. Nous sommes tous des gens intelligents et raisonnables. Cela fait quand même une différence.

— Bien sûr, dit Burk, une différence. Mais dans quel sens agit-elle ? »

Charles Lindforth s'emporta et cria d'une voix perçante :

« Ne pouvez-vous donner un peu plus de précisions sur ce que nous avons à combattre ? Comment pourrons-nous...

— Silence ! » coupa Burk, tout net, sans quitter sa femme des yeux. « A ce que m'a dit Pete, chacun dans les Dupays fait seul face à ses propres démons. Chacun doit mener le combat séparément. Bonne chance donc, à tous. »

***

Quelque chose se manifestait, à bord.

Une sorte de senteur délicate, de parfum ; nul des passagers, peut-être, ne le sentait de façon identique, mais pour chacun d'eux, c'était comme une extase de douceur infinie. Ce n'était sûrement pas un parfum pourtant. L'appareil était étanche et volait par les espaces vides.

Il y eut une sorte de bruit étouffé, comme si quelqu'un essayait de parler ou de crier.

Mais la puissance du parfum avait quelque chose d'écrasant ; poison dont les délices l'emportaient sur mille autres, il montait au cerveau comme un encens vaporeux, aux couleurs de sommeil et de nuit.

V

Mrs. Jordan se sentit sombrer dans un abîme. Elle hurla, sanglota, implorant encore un bref sursis.

Elle se raccrochait à cette chair lasse qui l'abandonnait, mais ne trouva que l'obscurité ; elle n'agrippait que sa propre peur, qu'elle étreignit passionnément contre elle.

Son esprit fonctionnait plus vite qu'il ne l'avait jamais fait depuis des années. Elle sut soudain que cette peur était sa seule chance de salut. Les Pêcheurs cherchaient à abuser leurs victimes, selon Harry. Mais ils ne la duperaient pas. Précisément parce qu'elle avait trop peur d'eux.

La nuit se dissipa et avec elle la brusque panique. Sa vision redevint nette : elle était dans son fauteuil, au milieu du salon illuminé. Assise en face d'elle, Ilena, pâle et figée. Charles Lindforth s'appuyait contre la cage de l'ascenseur. Près de lui, Harry, debout, leur faisait face, les mains dans les poches, les épaules rejetées en arrière.

« Il nous reste encore quelques minutes, disait-il. Je résume donc. »

A nouveau, l'obscurité, la lutte dans cet univers de cauchemar, qui se referma sur elle dans un bruit de tonnerre.

Dans son esprit éperdu, la panique avait cessé juste à temps pour lui permettre de faire face à cette Chose qui grimpait derrière elle et dont elle apercevait l'ombre. Derrière ? La Chose était partout, c'était l'obscurité même. Mas la peur, elle aussi, était revenue, et cette peur luttait pour elle.

« Le Pêcheur est parti. »

Ce n'était pas elle qui se laisserait prendre à cette suggestion glissée à son oreille. Il la guettait dans le noir, à l'affût d'un autre point faible. Tout d'abord, il avait accordé le sursis follement souhaité. Mais cela n'avait pas suffi. Et il la sondait, toujours plus profondément, sans merci.

A travers l'obscurité qui la séparait de son corps, elle pouvait entendre battre quelque part son propre cœur, lentement, à coups hésitants dont chacun semblait devoir être le dernier... Puis elle se rendit compte que ces battements de cœur étaient en réalité des bruits de pas, lents, coupés de haltes. Et, enfin, que ces pas n'étaient autres que les siens — que c'était elle qui marchait péniblement dans le noir. Pourquoi ? Pour fuir ?

Un autre pas. L'obscurité fit place à un demi-jour grisâtre, un gris lourd et terne, nuancé cependant de la fluorescence de la pourriture. Ses jambes la portèrent encore de l'avant. Mrs. Jordan s'aperçut qu'elle se trouvait dans un édifice au plafond voûté, soutenu par des colonnes. On eût dit une chapelle consacrée à quelque religion vénérable.

Des cierges allumés dégouttaient devant les niches obscures, le long des murs pleins d'ombre. Mais le noir le plus absolu régnait dans les alcôves, et elle ne pouvait voir à l'intérieur.

Dans sa marche parmi les colonnes, elle crut apercevoir du coin de l'œil une ombre à sa suite, qui flottait jusqu'à ses propres talons et semblait engloutir tout l'espace derrière elle. Mais lorsqu'elle se retourna, les colonnes, les murs austèrement sculptés étaient toujours là, dans la fluorescente lumière grise.

Sans le vouloir, elle s'arrêta devant une des niches. Quelque chose y luisait faiblement dans l'ombre. Elle se pencha pour saisir la bougie votive et en promena la faible lueur qui tomba sur le squelette.

Il se dressait là, planté sur ses pieds. Tous ses os brillants d'une blancheur nue. Grâce aux noires orbites, cage thoracique, os dénudés des bras ballants, pelvis disgracieux... Mrs. Jordan s'immobilisa, la bougie à la main, le regard fixe... Le squelette ne l'effrayait pas à proprement parler, mais lui inspirait une répulsion odieuse, irraisonnée.

Quelque chose lui murmura d'aller vers la niche suivante.

Tenant toujours la bougie, elle obéit, et la lumière vacillante révéla ce qui se cachait là, dans l'ombre.

L'avait-on enterré, celui-ci — puis déterré — ou n'avait-il jamais été mis au tombeau ? Elle n'aurait su le dire, car la chair et ce qui restait des vêtements en lambeaux avaient atteint un tel degré de putréfaction que si un peu de terre y adhérait encore il n'était pas possible de le distinguer du reste.

La bougie trembla dans sa main, la flamme vacilla, dessinant des ombres obscènes sur le visage corrompu. Les yeux et le nez manquaient, comme sur le crâne d'un squelette. La bouche sans lèvres était étroitement serrée, et les longues dents saillaient hideusement des gencives desséchées et racornies. Les cheveux raides restaient collés à la tête.

Les yeux grands ouverts, elle restait là, fascinée, enveloppée dans l'horreur et la puanteur du spectacle. Elle crut alors entrevoir une lueur de vie au fond des orbites creuses. Mais ce n'était qu'une masse de vers blancs en mouvement.

Les Ténèbres l'effleurèrent à l'épaule. Elle se dirigea frissonnante vers la troisième alcôve. La bougie laissait tomber des gouttes de cire brûlante sur sa main, mais elle ne sentait rien.

Ici, plus d'horrible pourriture, mais simplement la troisième suite logique de la série : la silhouette pâle et rigide d'un mort récent, visage de cire dont le sang avait fui et dont la cécité voilait le regard grand ouvert. Il était mort pourtant. Elle avait vu la série à rebours : précédant celui-ci, la puanteur de la mort, les vers et, avant encore, la blanche et inhumaine perfection des ossements à nu.

C'est alors qu'elle se mit à hurler, la bougie lui échappa des mains et s'éteignit. La ruée des Ténèbres recouvrit le tout.

Cette dernière figure était la sienne. Et les autres ?...

Mrs. Jordan fit de son mieux pour se rappeler que rien de tout ceci n'était réel. Le Pêcheur se tenait dans le noir, près d'elle, guettant telle une bête patiente. Il avait capté le genre de peur qu'elle avait en elle et utilisait ce qu'il avait appris.

Mais la lumière revenait. Non pas la mauvaise lumière grise de l'obscure chapelle, mais une lumière dorée et chaude comme un vin généreux, une lumière, une atmosphère telles qu'elle n'en avait jamais connu depuis — depuis...

Elle se trouvait sous une arche de pierre et parcourait du regard les ondulations d'une prairie.

Le soleil matinal étincelait sur la rosée et, par-delà, la profondeur des bois était emplie d'appels d'oiseaux.

Il y eut un frisson dans l'ombre, sous l'arche. Elle sut que, si elle se retournait, elle reverrait les corridors gris aux colonnes et aux alcôves de blasphème. Elle frissonna, sentant qu'elle ne pourrait jamais supporter de refaire ce chemin.

Elle s'avança à découvert, en direction de la prairie. Au cours de sa marche, elle s'aperçut qu'elle était nu-pieds en foulant l'herbe humide de rosée. Elle se sentait légère, ses pas sans effort devenaient sauts et bonds.

C'était bon de se sentir légère et petite et d'avoir l'impression de danser. Elle avait oublié cette sensation... où donc ? Dans un mauvais rêve, peut-être.

Elle avait rêvé qu'elle était malade et lasse et qu'elle n'avait plus la vie devant elle. Mais elle ne voulait plus s'en souvenir. Plus jamais.

Les bois étaient profonds et mystérieux, prêts à être explorés. Elle courut légèrement à travers les herbages, vers l'invitation des profondeurs vertes, ne se souciant plus, vraiment, de ce qui pouvait l'y attendre.

Et d'un, frères...

VI

Charles Lindforth tendit tout son être dans un combat désespéré pour que son esprit demeure le froid instrument de calcul qu'il était destiné à être, pour faire de son cerveau une forteresse contre l'invasion. Il lui fallait vaincre, car il avait encore tant à faire et il ne pouvait croire qu'aucun des autres arriverait à résister aux Pêcheurs. Ils étaient tous faibles et insensés, d'une manière ou de l'autre.

Mais l'irruption des Ténèbres ébranla son contrôle de lui-même. Il tâtonna follement et sa main se referma sur quelque chose de dur, lisse et froid : la poignée d'une porte, qu'il arracha presque en la tournant, d'un mouvement spasmodique.

La lumière se déversa, l'aveuglant momentanément. Lorsqu'il put rouvrir les yeux, il vit une grande pièce où des hommes au visage grave, vêtus sobrement, se tenaient assis autour d'une table d'acajou poli.

Lindforth rit presque. « A qui croyez-vous donner le change ? » demanda-t-il silencieusement à la Chose qu'il sentait derrière lui, en train d'attendre, dans l'obscurité. « Ceci n'est pas la salle de réunion du Conseil d'administration des Entreprises Jordan, avec ses directeurs siégeant, nous ne sommes pas de retour sur Mars. Ceci n'est qu'un simple mirage présenté à ma vue. Je pourrais l'effacer rien qu'en refusant d'y croire. »

Il se sentit assez satisfait de lui, pour avoir si aisément décelé la fraude. Néanmoins, il n'avait aucune envie de faire demi-tour et rentrer dans l'obscurité où la Chose se tenait aux aguets. Cette pièce éclairée, mirage ou non, était préférable. Il referma la porte derrière lui d'un geste ferme.

Les directeurs se levèrent et s'inclinèrent devant Lindforth avec déférence. « Bravo, pensa-t-il avec amusement, c'est de mieux en mieux ! »

Dans la vie réelle, il ne lui eût même pas été permis de pénétrer dans la salle du Conseil d'administration sans y être invité.

« Soyez le bienvenu, monsieur Jordan », dit le président, et les autres membres du Conseil lui firent écho dans un murmure de voix.

Lindforth les regarda fixement. Mais il n'y avait pas l'ombre d'une plaisanterie, pas la moindre lueur de dérision sur les visages pleins de déférence. Ils croyaient tous qu'il était Loran Jordan. Mais Loran Jordan était mort... n'est-ce pas ? Dans un endroit comme celui-ci, se répéta obstinément Lindforth, il fallait prendre garde de bien séparer le réel de l'irréel, de ne rien prendre pour dû. Il devait garder tous ses esprits, en ce qui le concernait. Il fallait faire très attention, être plein de ruse pour déjouer Loran Jordan... non, il voulait dire pour déjouer les Pêcheurs.

« Aimeriez-vous jeter un coup d'œil sur le Rapport annuel, monsieur Jordan ? demanda le président.

— Donnez-le-moi », répondit hargneusement Lindforth. Ça lui éclaircirait l'esprit, il en était sûr, d'avoir devant les yeux des chiffres rigoureux — pertes et profits. Il se sentait toujours à l'aise, devant des chiffres. Se saisissant de la liasse de papiers, il s'assit au bout de la table pour l'étudier.

Mais le rapport était plein de confusion. Il semblait consister surtout en notes nécrologiques, certaines d'entre elles portant le nom de Loran Jordan, d'autres celui de Charles Lindforth.

Embarrassé et furieux, il rejeta les papiers qui tombèrent en pluie sur le tapis, et se leva.

« Vous ne me duperez pas ! » ragea-t-il, et il se tourna vers la porte, déterminé à l'ouvrir.

« Comme vous voudrez, monsieur Jordan », articula obséquieusement le président. « Hum !... », il se racla la gorge, minutieusement, puis, comme la main de Lindforth atteignait la poignée de la porte, demanda : « Monsieur Jordan, désireriez-vous voir le traître Lindforth ? »

Lindforth se retourna violemment, comme piqué par un frelon.

« Qu'est-ce encore que *cela* ?

— Nous avons fait sortir l'imposteur Lindforth de ses cachots. Il nous avait semblé comprendre que vous souhaitiez le voir assister à... aux cérémonies.

— Ah ! oui, les cérémonies », dit vaguement Lindforth, déterminé à ne pas montrer son ignorance. « Quand doivent-elles commencer ?

— Lorsque vous le voudrez, monsieur Jordan. Nous n'attendions que votre arrivée.

— Très bien alors, dit Lindforth, allons-y. » Il savait

qu'il prenait des risques. Mais il lui fallait connaître la suite.

« L'ascenseur se trouve par ici », dit le président.

Ils prirent place dans l'ascenseur et montèrent, encore, encore, et encore. Les murs de la cage étaient transparents et Lindforth vit qu'ils s'élevaient jusqu'au sommet d'une tour se dressant à une hauteur terrifiante — jusqu'à ce que le paysage de Mars se déroulât, tel une carte, sous leurs yeux, semblable aux cartes de l'Empire britannique des anciens manuels d'écoliers, toutes teintées d'un rose rougeâtre.

L'ascenseur montait toujours. Il ne se rappelait pas l'existence d'une tour si haute, au-dessus des Etablissements Jordan. Ce devait être encore l'une des choses que Lindforth — il voulait dire Jordan — avait fait faire sans lui demander son avis...

L'ascenseur stoppa. Ils se trouvaient sur le sommet vertigineux de la tour ; un espace étroit entouré d'un parapet. Non loin, contemplant par-dessus le rebord le lointain paysage s'étendant en dessous de lui, se tenait un homme, les mains attachées derrière le dos, qui se retourna et leur fit face alors qu'ils se rassemblaient sur le toit. Le président du Conseil d'administration déclama avec force :

« Voici le traître Lindforth ! »

L'homme enchaîné se tint immobile, les observant d'un air impassible. Il avait le visage mince, les traits grisâtres, d'une modestie décevante, de Loran Jordan.

Lindforth, presque pris de panique, murmura au président :

« Attention. Il faut le surveiller de près. Il connaît beaucoup d'expédients !

— Ne vous inquiétez pas, répondit le président à voix haute. Les chaînes sont faites du meilleur acier. Le traître ne s'échappera pas ! »

Lindforth — le véritable Lindforth, ainsi qu'il ne cessait de se le rappeler à lui-même — respira profondément.

« Tout est-il prêt ? » demanda-t-il nerveusement.

Le président eut un geste qui balaya le panorama s'étendant autour d'eux.

« Voyez ! De cette altitude, vous pouvez voir le vaste réseau des Etablissements Jordan. Mines, fonderies, moyens de transport, se déroulant jusqu'au loin, immenses, à travers toute la surface de la planète. »

Même diminué par la distance, c'était un spectacle inspirant le respect — presque accablant.

Lindforth, la gorge serrée, regarda du haut de la tour avec un frisson d'extase, sachant que tout ceci lui appartenait, à lui seul...

« Voici, monsieur », dit quelqu'un, et des mains déposèrent devant lui un objet : un ancien détonateur, un minuscule dispositif, avec des batteries et des fils électroniques qui traînaient.

Lindforth se pencha en avant et agrippa la poignée du piston. Il regarda d'un air triomphant la silhouette qui semblait être Loran Jordan.

« Regarde ça ! » aboya-t-il, et il poussa la poignée.

Partout sur la surface de Mars, les immeubles, les mines, les voies de communication appartenant à la Compagnie Jordan furent projetés dans l'espace, dans une interminable série de puissantes explosions. Des flammes s'élevèrent, la fumée ondoya jusqu'à recouvrir complètement le paysage rougeâtre. La tour trembla sur ses bases.

Cependant, Loran Jordan se tenait toujours là, immobile. Tout mince qu'il fût, l'ombre d'un sourire jouait sur son visage, un de ces vieux tics dont Lindforth se souvenait si bien.

« Alors ? cria ce dernier par-dessus le lointain craquement des flammes, que penses-tu de ça ?

— Quoi donc ? dit Jordan, avec son sourire de biais. Si, comme vous le dites, vous êtes réellement Loran Jordan, auquel cas je suis l'abominable traître Charles Lindforth, qu'est-ce que tout ça peut bien me faire ? »

Lindforth frissonna. Il dit pesamment : « Tu vas voir ! » et se rua vers l'autre, poussant de ses deux mains la grise silhouette de son souvenir, haïe, adorée. Celle-ci passa par-dessus le parapet.

Il se pencha pour la suivre des yeux et l'aperçut qui tombait, tourbillonnante, de plus en plus minuscule, droit vers la couche de fumée qui recouvrait la Terre en dessous d'eux. La fumée s'élevait à présent comme pour venir à sa rencontre et la silhouette disparut.

La fumée continua à s'élever vers le sommet de la tour.

Les membres du Conseil applaudirent et crièrent à l'unisson :

« Le traître Lindforth est mort ! Félicitations, monsieur Jordan !... »

Et de deux, frères...

VII

L'obscurité se referma au-dessus de Léoce comme un océan et elle s'enfonça, s'enfonça, loin de toute lumière et de toute vie, dans un engourdissement et une indifférence étranges...

Puis la conscience lui revint, dans un choc semblable à celui d'une douche glacée et, instinctivement, elle se mit à lutter, griffes en avant, cherchant à se frayer un retour.

Mais l'obscurité n'offrait ni haut ni bas et elle retrouvait ses impressions d'enfant, lorsqu'elle sortait en suffoquant des ténèbres d'un cauchemar pour s'apercevoir que son réveil même n'était qu'un rêve et que l'obscurité qui l'enveloppait était toujours celle du cauchemar. Il y avait toujours dans ce rêve quelqu'un avec un couteau — quelqu'un dont elle ne pouvait voir le visage...

« Mère ! » cria-t-elle dans sa terreur, avec une voix d'enfant.

Sa mère surgit de la nuit, blanche, comme éclairée

par un projecteur, aussi pâle qu'elle était apparue à Léoce dans les instants précédant le naufrage. Léoce se souvint et sanglota.

« Non, mère, non, je ne veux pas vous voir, vous êtes morte ! »

Il n'y eut plus que l'obscurité et ses propres sanglots qui allèrent faiblissant, s'effaçant avec la distance.

Mais à présent elle avait repris pleine conscience et se souvenait parfaitement. Elle murmura avec passion : « Mais je suis *vivante,* je ne veux pas mourir, pas encore, c'est trop tôt... »

« Cramponnez-vous à la vie », avait dit Harry, durant les dernières minutes. Harry ! Il était sa raison de s'accrocher à cette vie. Parce qu'elle l'aimait. Parce qu'il l'avait embrassée... Ses bras forts et rassurants l'enserraient, la protégeant contre le mal. Les larmes lui embuèrent les yeux et le visage de Harry se brouilla.

« Je vous aime, Harry, pleura-t-elle, embrassez-moi ! » et il se pencha pour l'embrasser sur les lèvres, mais doucement, comme il eût embrassé une enfant.

« Je vous aime aussi, Léoce, dit-il, jamais homme n'a autant aimé. »

Elle enfouit son visage au creux de l'épaule de Harry, qui, avec douceur, tendrement, caressa sa brillante chevelure.

« Ma chérie, ma pauvre chérie, aurez-vous du courage ?

— Oui, dit Léoce, je suis courageuse.

— Vous savez qu'il nous faut partir, dit-il doucement.

— Je sais », répondit Léoce dans un murmure presque inaudible.

Côte à côte, ils gravirent la spirale d'un vaste escalier, entre des murs lumineux où flottait un demi-jour.

Tout au long du chemin, Harry tint dans la sienne la main de Léoce, qui avançait sans peur. Ils atteignirent un immense palier tapissé de rouge. Alors, soudainement, la peur la submergea de nouveau. Sa main s'arracha de celle de Harry dont elle s'écarta, haletante.

« Mais... mais vous n'êtes pas Harry, vous êtes l'un d'Eux...

— Regardez-moi », ordonna-t-il d'une voix aux profondes résonances.

Elle s'aperçut alors, pour la première fois, qu'il portait une robe de prêtre de couleur écarlate, ceinte à la taille d'une corde d'argent. Mais elle ne pouvait voir distinctement son visage dissimulé dans l'ombre d'une capuche.

La voix venant de l'ombre avait quelque chose de sévère, d'implacable, à quoi l'on ne pouvait échapper.

« Tu as promis. Nul autre que toi ne peut le faire. »

Dans une étreinte douloureuse, la main se referma sur celle de Léoce, qui sentit ses jambes se dérober sous elle, tout son corps faible et sans volonté. Et lorsqu'il ordonna : « Viens ! », elle suivit, ne sachant plus qu'une chose : il lui fallait être brave.

Ils aboutirent dans une salle aux murs élevés tendus de velours rouge. Rouges aussi étaient les tapis. La lumière du jour y filtrait à travers des vitres de couleur pourpre.

Ils avaient gagné une estrade surélevée et, devant eux, se dessinait la silhouette vague d'un autel formé d'un énorme bloc de pierre qui pouvait être du grenat. Tout autour d'eux, au pied de l'autel, s'entassait pêle-mêle une multitude aux visages levés, empreints d'adoration et de terreur.

A leur vue, Léoce sentit une onde de courage la parcourir. Dans l'assemblée, elle reconnaissait son père, Ilena Burk, Mrs. Jordan, les visages familiers d'autres gens qu'elle avait connus chez elle ou à l'école. Et en bordure de la foule, pâle et lointaine, sa mère.

Elle savait à présent pourquoi il lui avait fallu venir. Tous, fatalement, étaient voués à la mort qui les épouvantait. Elle, elle seule, pouvait les sauver. Elle qui seule possédait le courage.

Elle s'aperçut alors que Harry Burk aussi se trouvait là, les yeux levés vers elle sur son estrade. Le prêtre à ses côtés n'était donc pas Harry, décidément ; mais cela n'avait plus d'importance.

Elle escalada légèrement l'autel de pierre et parcourut du regard l'intérieur de la salle pourpre comme celui d'un cœur. Elle fit descendre sur eux son sourire, sans crainte, immobile dans sa fragilité, sa beauté sans tache. Une simple tunique brillante, couleur de flamme, la revêtait — ou peut-être était-elle nue ? Cela non plus n'avait plus d'importance.

Ils la contemplaient en extase. Le regard rayonnant de Harry ne cachait plus son admiration. Son père fronçait les sourcils d'un air tourmenté, en se mordant la lèvre. Les traits gras et niais de Mrs. Jordan reflétaient une incompréhensible alarme. Seule, Ilena se détourna, se voilant le visage de honte. Loin derrière eux, le blanc fantôme maternel eut un signe de tête solennel et approbateur. Alors Léoce sut — de façon définitive et certaine — que tout était bien.

Le prêtre vêtu de pourpre se rapprocha, et quelque chose étincelait dans sa main. Un poignard aigu, brillant comme un miroir. Il le leva, prêt à frapper. Mais Léoce le lui arracha et le brandit des deux mains, dans un éclair. Elle leur cria : « Vous êtes tous sauvés ! Je vous pardonne ! » et rapidement, sans avoir le temps d'être effrayée, s'en plongea la pointe dans le cœur.

La chambre rouge s'estompa devant ses yeux. Le flot des visages se fondit. Baissant le regard, elle vit, avec un regret farouche — mais un triomphe plus farouche encore — le sang brillant du sacrifice baigner ses mains, et elle sut qu'elle était en train de mourir.

Bonne pêche, frères ! Et de trois !...

VIII

Harry Burk ne perdait pas la tête. Il était devenu aveugle, conjectura-t-il, à cause d'une espèce de paralysie du nerf optique ou d'un centre nerveux cervical gouvernant la vue. Il ne sentait plus son corps. Son cerveau ne recevant plus aucun message de l'extérieur, tous les canaux neuraux étaient bloqués.

Il était évident que les Pêcheurs commençaient par isoler leur proie.

Il attendit, dans la solitude de la nuit, prêt à la contre-attaque. Et, tout à coup, il sentit la Chose se mouvoir près de lui, le palpant de ses sens aux prolongements ténus, le sondant...

« Ordure ! dit-il intérieurement, dans le langage de la pensée. Sors donc d'où tu es, que je te voie, espèce... »

A sa surprise, la lumière apparut. Une lumière blafarde et pénible, semblable à celle d'un de ces réverbères crasseux brûlant au coin de quelque ruelle de l'une des vieilles cités terriennes.

Il se tenait debout, au coin d'une rue ; la vue et tous les autres sens lui appartenaient à nouveau. Il éprouvait le poids de son propre corps sur le pavé, sentait l'air plein de fumée, voyait devant lui une silhouette, tapie contre le mur.

Burk la regarda avec répugnance. Il semblait que ce fût un homme petit, vêtu d'un manteau usé jusqu'à la corde, aux épaules trop rembourrées, et d'un pantalon non repassé, plein de plis. L'homme s'affaissa encore et lui retourna son regard d'un air de flatterie servile et impudente tout à la fois.

« Je vous connais, croassa Burk, vous êtes un Pêcheur !

— Si vous voulez, minauda la créature d'un air insinuant. Je suis toutes sortes de choses. Que voulez-vous ? Voulez-vous que je vous trouve une fille ? Ou quelque autre plaisir, peut-être... Tout ce que vous voudrez.

— Allez au diable ! » cria Burk.

Mais il se sentait mal à l'aise. Toute la scène irréelle, comme elle devait l'être en fait, était, dans un sens, terriblement réelle ; elle ressemblait trop à un fragment venu droit de son propre passé. Des années auparavant, il avait visité beaucoup de ces sortes de cités, sur la Terre, alors qu'il n'était qu'un vagabond errant de navire en navire. Il avait marché le long de leurs rues sinistres et respiré leur air, savouré leur stagnation, avec l'arrogance supérieure d'un voyageur arrivant de contrées autrement libres — s'était soûlé — querellé — débauché — pour repartir par le prochain navire...

Il se rendit soudain compte qu'il portait non pas les classiques vêtements coûteux de ces dernières années, mais une veste de cuir déchirée, une paire de « dungarees » déshonorante et des bottes de pilote interplanétaire éraflées.

Pour couvrir sa confusion, il fit un pas menaçant, les poings serrés, vers l'apparition équivoque, à la lumière de la rue.

La silhouette s'affaissa un peu plus, se cachant le visage, et implora :

« Ne me frappez pas, monsieur, je vous en prie ! »

Burk rit de plaisir, dédaigneusement, soudain détendu.

« Pas de blagues, hein, avertit-il, rappelle-toi, je te tombe dessus !

— Tout ce que vous voudrez », pleurnicha l'homme. Il leva sur Burk un regard sournois. « Mais si je suis un Pêcheur, comme vous dites... non, s'il vous plaît, ne me frappez pas !... ça veut dire que je peux vous donner tout ce que vous désirez. Pensez-y — tout !

— Va au diable ! » répéta Burk. Et, tournant les talons, il s'éloigna, parmi les masses sombres des immeubles, silhouette indistincte s'élevant au-dessus de la rue mal pavée. Même si ce n'était qu'une illusion, c'était bon de se promener à nouveau, comme un touriste sans but, sans soucis, dans une étrange cité dont les recoins et les sombres allées regorgeaient de risques et d'aventures — parmi les décors et l'atmosphère du passé...

Mais il n'avait pas oublié que le passé était le passé — et le futur était bien différent. Ils n'arriveraient pas à l'hypnotiser au point de lui faire oublier ça.

La voix, à la hauteur de son épaule, se faisait enjôleuse : « Monsieur, je pourrais vous obtenir... »

Il se tourna dans sa direction, avec colère. Mais, alors qu'il accomplissait ce mouvement, la scène changea sans le moindre tremblotement.

C'était toujours la nuit ; mais une nuit sauvage, telle que la Terre n'en avait jamais connu. La nuit sur Pluton, où il faisait toujours nuit, où le Soleil n'était qu'une lueur lointaine dans l'espace sans atmosphère. Et les étendues d'hélium gelé luisaient faiblement, inchangées depuis des milliards d'années, figées dans l'éternité du froid.

Il restait là, observant, tandis que les hommes et les machines s'activaient autour du vaisseau interstellaire.

Les machines devaient être construites spécialement pour pouvoir travailler là, dans le vide, et à des températures sous lesquelles les huiles lubrifiantes devenaient des corps solides, tandis que l'acier et les autres métaux s'écaillaient en poudre grisâtre ; les hommes mêmes devaient être d'une pâte spéciale pour s'aventurer ici, à l'extrême bord du système solaire, à la lisière de l'immense nuit dans laquelle le Soleil et toutes ses planètes n'étaient plus que d'infimes grains de poussière — sur la planète d'avant-poste, où certes en matière de distance mesurée on n'avait fait qu'un premier pas hésitant vers l'extérieur, mais où au point de vue de l'énergie de fuite on était déjà presque sur le chemin d'Alpha du Centaure...

Le vaisseau était une merveille. Il se dressait, énorme, prêt à décoller, son nez poli pointant vers l'abîme de l'espace interstellaire. C'était le vaisseau qui, pour la première fois, fendrait cet abîme et apporterait à l'Homme, ce singe audacieux, la réalisation de ses rêves les plus fous.

Harry Burk observait et, finalement, soupira. Ses yeux le picotèrent, tandis qu'il se rendait compte que ceci non plus n'était pas réel.

« Mais ça pourrait l'être », murmura à côté de lui la voix, sur un ton insinuant.

Il était à nouveau dans la rue pleine d'ombre, faisant face au visage ignoble et vicieux.

« Que le diable t'emporte ! dit Burk.

— Doucement, à présent, geignit l'être sur un ton apaisant. J'ai une proposition à vous faire. »

Burk grogna :

« Tu as intérêt à ce qu'elle soit bonne.

— Vous voudriez vous enfuir, n'est-ce pas ? Fuir, tout seul. Ce serait tout de même mieux que de les tuer ? »

Burk écoutait la voix enjôleuse et une soudaine excitation lui coupa le souffle. C'était vrai ; il se demandait comment il ne l'avait pas compris plus tôt.

S'il arrivait à s'en sortir en vie et sain d'esprit — mais que sa femme et sa belle-mère y laissent leur peau comme, très certainement, ce serait le cas — il serait légalement leur héritier.

Il eut à nouveau la vision du navire interstellaire et les paumes de ses mains devinrent moites. Voyons, lorsqu'il repensait à tout ça, toute l'affaire (la collision avec le météore, la course aveugle du vaisseau vers la Ceinture) semblait presque avoir été arrangée pour lui à dessein. Une telle chose était insoupçonnable. Evidemment, c'était un terrible risque à prendre ; mais Harry Burk n'avait encore jamais reculé devant un risque.

« Vous pouvez gagner, murmura la créature près de lui. Jouons tout en un seul coup. Vous pouvez gagner... »

Burk lui jeta un regard dédaigneux, de côté, un sourire téméraire et combatif sur les lèvres.

« Parfait, dit-il. En un coup ! Le gagnant aura ce qu'il voudra ! »

Ils se tenaient agenouillés dans une mare d'éblouissante lumière, au milieu de l'obscurité environnante. Burk secoua les dés dans ses mains réunies en coupe. Son sang battait un tocsin dans ses oreilles. Rêve ou réalité, qu'importe. Il n'avait jamais vécu aussi intensément auparavant, l'enjeu n'avait jamais été aussi grand.

Avec un bref soupir, il jeta les dés, les regarda tourbillonner, dans un éclair, puis se poser, côte à côte, leurs faces tournées vers le haut, tels des visages.

Les Ténèbres semblèrent se ruer vers lui, de tous côtés, quoique rien ne fût visible. Absolument rien, dans ce noir espace du vide, sauf les dés et leur signification : deux yeux de serpent.

Frères, le quatrième est à nous !...

IX

Ilena s'efforça au courage et, toute raidie au milieu du vide impalpable, elle sentit venir le Pêcheur, qui la serra dans une immonde étreinte. Tout son être se révolta à ce toucher impur ; mais, de toute la force de sa volonté, elle se contraignit à ne pas tressaillir ni se débattre.

Il recula.

Elle réprima impitoyablement l'éclair de triomphe qui illumina son visage lorsqu'elle comprit qu'Il avait été déjoué par son inviolable passivité, son refus de réagir, quels que soient les moyens employés contre elle. Elle pensa avec acharnement : « Je suis Moi — et rien ne pourra changer ça ! »

« Mais qu'est-ce que Moi ? »

« Je suis Ilena, la fille de Loran Jordan ; et je vais être mère, la mère d'un fils qui sera nommé Loran. J'appartiens au passé et à l'avenir. »

« Et quant au présent ? »

« Le présent n'est rien, qu'une illusion qui luit et disparaît. »

Le présent, c'était les baisers d'Harry qui, par moments, menaçaient de lui ôter le sens intégral de sa personnalité, cette personnalité qu'elle devait conserver intacte. L'ignoble démon qui la guettait, l'étudiait, ne devait pas l'ignorer, et il usait de sa ruse diabolique pour l'obliger à revivre tous ces moments, dans cette aveugle obscurité furieuse et tourmentée, frissonnante, haletante, ballottée dans la tempête... Mais elle avait résisté déjà à ces tempêtes, lutté déjà dans de pareils combats — et Il n'arriverait pas à la détruire par ce moyen.

Le Pêcheur s'éclipsa de nouveau, emportant avec lui le souvenir de Harry ; la laissant tremblante, à demi étourdie — victorieuse.

« Je vais avoir un fils, pensa-t-elle avec entêtement, et je l'appellerai Loran. »

Un rêve s'empara d'elle soudainement.

Elle se trouvait assise dans un fauteuil, au milieu d'une petite pièce sombre éclairée par la seule lueur des étoiles ; mais une fenêtre devant elle donnait sur la lumière, une lumière bleutée qui aurait pu être celle du crépuscule ou de l'aube. Entre elle-même et cette lumière, se dressait une haute silhouette, qui semblait regarder pensivement par la fenêtre où elle se découpait en ombre chinoise.

C'était son fils, devenu grand comme il devait le devenir après tant d'années, et la fenêtre symbolisait le Futur.

Ilena savait qu'elle était devenue une vieille femme. Lorsque, d'un mouvement débile, elle voulut soulever sa main, elle vit que la peau en semblait être de vieux parchemin.

Elle l'appela, émettant un petit son inarticulé. La silhouette à la fenêtre se retourna et jeta les yeux sur elle.

« Non ! Non ! » cria-t-elle faiblement.

Car le visage de son fils avait les traits de Harry, fondus étrangement, d'une manière presque blasphématoire, avec les traits de son propre père, autant qu'elle pouvait se les rappeler. Elle ne pourrait supporter d'avoir devant les yeux les yeux moqueurs d'Harry, son sourire insouciant... C'était monstrueux, une violation qu'elle ne pourrait endurer.

— Reste tranquille, calme-toi, lui dit son fils d'un ton assuré. Repose-toi un moment, et ce sera fini, et tout m'appartiendra.

— Non ! » hurla-t-elle, et sa voix se cassa. « Ce n'est pas le futur, c'est seulement un rêve, je ne le supporterai pas ! »

Le rêve s'effaça. Il n'y avait plus que la froide obscurité et, quelque part au cœur de ces Ténèbres, Ilena étreignant contre elle-même sa sécurité durement gagnée.

Mais une autre vision se forma, insidieuse illusion l'appelant de son attirante chaleur, la chaleur du souvenir.

Son père, Loran Jordan, se tenait debout, se réchauffant les mains devant la grande cheminée de leur vieille maison terrienne. Il revenait d'un de ses voyages sur Mars, et il parlait — ainsi qu'il le faisait parfois lorsque la mère d'Ilena semblait écouter — de ses affaires ; la complexe toile d'araignée de la richesse et du pouvoir qu'il tissait parmi les planètes qu'Ilena avait vu briller autant que les étoiles de la nuit. Comme toujours, tandis qu'il parlait ainsi, il lui semblait grandi. Il devenait quelque chose de plus qu'un petit homme aux tempes grises — il devenait un géant, un des Grands.

Ilena, encore toute jeune et portant des nattes, était ignorée. Elle se tenait assise sur le plancher, dans un coin du living-room, jouant avec le poupon qu'elle avait nommé Mr. Jordan. Elle assit Mr. Jordan contre le mur et, pointant le doigt contre sa poitrine : « Tu as intérêt à bien te tenir, lui dit-elle, tiens-toi droit, ne bouge pas, et tais-toi. Fais bien attention, sinon je le dirai à ton père lorsqu'il rentrera. Et tu feras bien de cesser de faire pleurer les autres et de partir quand je veux que tu restes là... »

Une grande ombre recouvrit son jeu.

Son père se tenait debout devant elle, gigantesque. Il lui dit : « Viens, ma petite, viens et assieds-toi près de ta mère. Je ne te vois pas bien souvent... Tu ferais aussi bien d'écouter... on n'est jamais trop jeune pour apprendre. »

Il s'empara de Mr. Jordan et le posa hors de portée d'Ilena, sur la cheminée. « Viens, à présent. »

Elle voulait venir... et elle ne voulait pas, et, partagée entre ces deux sentiments, elle commença à pleurer, sans bruit, à la dérobée, de manière que son père ne puisse le remarquer.

Elle aurait pu crier : « Non, je ne viendrai pas, je vous hais ! » Mais si elle l'avait fait... peut-être l'aurait-il tuée ; peut-être serait-il parti au loin et ne serait-il plus jamais revenu.

Avec soumission, elle se leva et suivit son père.

« Non ! hurla Ilena dans le noir, c'est un mensonge ! ça n'a jamais été comme ça ! »

Ses mots tombèrent sans un écho dans l'obscurité. Il n'existait rien, ici, qui puisse fournir un écho. Lentement, elle comprit que l'ennemi était parti et qu'elle était seule. Seule, elle, inviolable. Passé, présent, futur s'étaient mélangés pour mieux disparaître et elle avait gagné la bataille...

Les Ténèbres, impénétrables, l'enveloppèrent. Dans l'obscurité, il y avait Ilena, inaltérable, Ilena qui avait seulement désiré être seule...

La pêche est vraiment bonne, frères. Nous en avons pris cinq.

Mais cette fois, pas de fautes : nous devons les prendre tous, ou ce sera vain. L'échec nous l'a suffisamment appris.

Une fois de plus, jetez vos filets, frères. Le sixième est encore à prendre.

X

L'obscurité n'avait rien d'étrange. Il n'y avait jamais rien eu d'autre, depuis le début des Temps. Mais dans celle-ci, il y avait quelque chose de nouveau, de difficilement acceptable : le vide, la sensation de l'espace et du froid, au lieu de la chaleur confortable et de la nourriture toujours prête.

L'être était très primitif, seuls des rudiments de bouche, de nez, d'yeux et d'oreilles existaient. Le cerveau était une pâte informe. Pour membres, des moignons. Il avait une queue. Il possédait encore (bien qu'il fût près de les perdre) les arcs branchiaux des premiers vertébrés.

Pas de passé, pas d'expérience, pas de souvenirs, à part celui de sa lente croissance, dans cet endroit secret et chaud, aussi sombre et fluide que le monde obscur des poissons des grandes profondeurs. L'être ignorait qu'un jour il naîtrait.

Mais il vivait, d'un vie déjà humaine, et il voulait absolument continuer à vivre.

L'approche furtive de l'intrus signifiait la fin de la vie, le retour au néant dont il sortait à peine...

Il sentit tout cela, quoiqu'il ne sût rien encore de la mort ni de la défaite. Ne sachant rien, si ce n'est la loi de la Vie qui se développait en lui, il réagit, au premier contact du voleur, avec une fureur aveugle.

Les Pêcheurs reculèrent, déroutés. Les expériences qu'ils avaient eues avec les autres et leurs cerveaux compliqués, vaincus à l'avance, prêts à accepter l'illusion, ne les avaient pas préparés à cela.

Prudemment, les Pêcheurs retournèrent à l'assaut et ne trouvèrent aucune prise où s'agripper, aucune brèche qui aurait pu être formée par un regret ou un désir inassouvi.

Seule, se dressant devant eux comme un mur, cette informe et monstrueuse volonté de vivre. Une volonté rudimentaire — ignorant la nature même de son désir — mais absolue, impossible à tromper ni à déjouer par ruse.

Dans le noir, les fantômes d'une vie morte depuis des milliards d'années essayèrent de forcer l'être non encore né et échouèrent. Ils laissèrent sur lui leur empreinte, mais pas de la manière qu'ils l'eussent souhaité.

Car là où, en des circonstances normales, la première expérience d'une vie humaine est l'outrage et la défaite — la naissance d'un être pour qui la venue au monde est une cassure ressentie avec fureur, expérience sur laquelle se modèleront toutes ses défaites ultérieures — dans le cas présent, le premier souvenir de conflit serait le souvenir d'une victoire...

En arrière, frères, en arrière ! Celui-là est passé à travers tous nos filets.

Qui aurait jamais pensé que parmi ces...

Mais vous ne l'ignorez pas. Pour peu que, parmi ces êtres, il y en ait plusieurs semblables à ce dernier, tout sera inutile. Cette race est de celles que nous ne conquerrons jamais. Relâchez-les tous, frères, et retournons d'où nous venons pendant qu'il en est temps encore. Nous devons mourir à nouveau et à nouveau reposer dans l'attente...

Pendant un million ou un milliard d'années, jusqu'à ce que notre tour vienne...

XI

Le vaisseau abandonné avançait tant bien que mal le long de sa courbe, laissant derrière lui la Ceinture et ses êtres démoniaques. Dans un moment, il faudrait allumer les signaux de détresse. Mais pour l'instant, il n'y avait rien à faire.

Pendant longtemps, personne n'avait dit mot. La plupart d'entre eux n'osaient même pas se regarder. C'était comme si les complexes fils de communication, les liens de parenté qui les avaient liés les uns aux autres, s'étaient rompus d'un coup. Et il faudrait bien du temps avant que tout cela ne soit rétabli, si ça devait jamais l'être.

Harry Burk soupira, pour briser le silence. Il dit pesamment : « Je ne peux pas le croire. Nous en sommes tous sortis... mais aucun de nous ne semble savoir comment. » Ses épaules s'affaissèrent. « Je suppose que nous ne le saurons jamais. »

Personne ne semblait l'avoir écouté.

Charles Lindforth, debout, contemplait, l'œil sec, le corps allongé de sa femme. Son visage revêtait une expression hagarde et lointaine depuis leur réveil, depuis qu'il leur avait annoncé sa décision de rompre tous rapports avec la Compagnie Jordan — décision prise, avait-il prétendu, quelque temps auparavant, tout étant bien considéré, et pour raisons de santé... Ils pouvaient penser ce qu'ils voulaient, c'est tout ce qu'il leur révélerait jamais, pour autant qu'il pourrait conserver son masque...

Léoce se tenait assise à l'écart des autres, ses yeux obliques comme endormis, ayant l'air de ne rien voir. Sa première réaction avait été une amère et terrible crise de larmes, au point qu'ils avaient tous craint qu'elle ne fût devenue folle, sanglotant comme si elle avait perdu quelque chose qu'elle ne retrouverait jamais plus. Son père et Harry étaient demeurés gauches et impuissants devant son hystérie. Finalement, la sombre Ilena qui, seule, semblait inchangée, avait réussi à la calmer de quelques mots réconfortants.

A présent, Léoce paraissait tranquille et bizarrement absorbée. Elle essayait d'évoquer le visage du moine de son rêve, essayait de retrouver quelque lueur, quelque indice... Elle n'avait plus eu un regard pour Harry Burk.

Mrs. Jordan n'écoutait pas, affalée dans son grand

fauteuil, ses mains reposant mollement sur ses genoux, le visage placide, les yeux clos.

Peu lui importait à présent ce qui pourrait advenir de son yacht plaqué or, ses nombreuses possessions, toute la richesse dont elle n'avait jamais compris l'extension. Elle n'avait même plus peur de la mort : elle était morte.

Burk se redressa avec agitation et fit un signe de tête à sa femme. Tel un automate, Ilena se leva et le suivit dans la galerie du tableau de bord, loin des autres, là où l'espace les contemplait, à travers les parois de verre.

Il fixa longuement son visage lisse, impénétrable, et éprouva une certaine difficulté à trouver ses mots :

« Je ferais aussi bien de vous le dire maintenant... » commença-t-il. Et il s'arrêta.

« Oui ? » dit Ilena sans impatience, attendant.

« Nous ne pouvons rien dire encore, évidemment, avant de connaître les termes du testament, mais cela n'a pas d'importance. Je signerai tout ce qu'on voudra. J'en ai marre. »

Harry Burk, joueur à la petite semaine, que sa chance et ses nerfs avaient déserté lorsque l'enjeu était devenu si grand qu'il ne pouvait même plus l'apercevoir. Ces jeux n'étaient plus pour lui, il le savait à présent. Il s'était vu dans un miroir... Peut-être étaient-ils tous passés par là... Pour Ilena, il était difficile de dire...

« Je vois, dit Ilena. Ma mère est morte, Mr. Lindforth a donné sa démission, à présent c'est votre tour. Vous êtes tous en train de filer en m'abandonnant, n'est-ce pas ? »

Sa voix gardait son timbre habituel, ne recelant aucune émotion. C'était naturel qu'il en soit ainsi, qu'ils partent tous en fin de compte, en la laissant seule avec le fardeau qu'elle s'était choisi.

« Je ne parle pas de partir, dit Burk brusquement.

— Non, bien sûr, il y a l'enfant.
— Oui, l'enfant. Il sera différent !
— Oui. »

Mais *à quel point* différent, ils ne s'en doutaient *pas encore...*

Traduit par Régine Vivier.
The Fishers.

LE RETOUR A LA TERRE

par Walter M. Miller, jr.

L'homme saura-t-il s'adapter définitivement à l'espace ? C'est la question qui a été posée à chaque étape importante de l'astronautique, chaque fois qu'un nouveau vol de satellite habité dépassait nettement le précédent en durée. Tout semble indiquer qu'une telle adaptation est effectivement possible ; mais il ne faut pas oublier que l'homme n'a fait, jusqu'à présent, que ses premiers pas dans le cosmos. Il est concevable que la prolongation de la vie dans l'espace s'accompagne d'une usure de l'homme, d'un prix à payer qui deviendrait rapidement monstrueux.

TOUT le monde voyait que c'était un homme de l'espace à cause des marques blanchâtres que les lunettes protectrices avaient laissées sur son visage brûlé par le soleil ; aussi les gens étaient-ils facilement disposés à le supporter et à l'aider. Ils montrèrent même beaucoup d'indulgence envers lui lorsqu'il tituba et tomba dans le couloir de l'autobus, en harcelant d'une banquette à l'autre une jeune ménagère pour tenter de la persuader, à l'aide de cajoleries, de s'asseoir à côté de lui pour faire un brin de causette.

Une fois par terre, il décida de dormir dans le couloir. Deux hommes l'entraînèrent à l'arrière de l'autobus, le laissèrent lourdement tomber sur la banquette et mirent la bouteille de gin à l'abri de ses regards. Après tout, il n'avait pas vu la Terre depuis neuf mois et, à en juger par les croûtes qui couvraient ses paupières, il n'aurait pas très bien pu la voir maintenant non plus, même s'il n'avait pas été ivre. Les brûlures dues à l'éclat trop vif du soleil, le déséquilibre causé par le retour à la pesanteur, et l'agoraphobie excusaient bien des choses chez un homme qui revenait du Grand Abîme sans fond. Et qui donc aurait pu en vouloir à cet homme de se comporter de façon étrange ?

Quelques minutes plus tard, il était revenu dans le couloir et se dirigeait d'un pas chancelant vers la petite ménagère, en criant : « Hugh ! Moi Grand Chef à l'Aile Brisée ! Toi pas vouloir faire un peu de lutte indienne ? »

La jeune femme, qui s'agitait nerveusement sur son siège en le regardant d'un air inquiet, eut un pâle sourire et secoua la tête en signe de dénégation.

« On est un p'tit pigeon bien sage, pas vrai ? » susurra-t-il affectueusement, en s'affaissant sur le siège à côté d'elle.

Les deux hommes se levèrent et l'un d'eux l'agrippa par l'épaule en disant : « Allons, viens, Aile Brisée. On va se coucher.

— Mon nom est Hogey, répondit-il. J'suis l'Grand Hogey Parker. J'blaguais en disant qu'j'étais un Indien.

— Ouais. Allons, viens prendre un verre avec nous. » Ils le mirent sur pieds et guidèrent ses pas trébuchants le long du couloir.

« Ma mère était à moitié Cherokee, comprenez ? reprit-il. Voilà pourquoi j'ai dit ça. Vous voulez entendre un cri de guerre indien ? Un vrai de vrai ?

— Laisse tomber. »

Sans tenir compte de cet ordre, il mit ses mains en porte-voix autour de sa bouche et gratifia les assistants d'une preuve de son ascendance propre à leur glacer le sang dans les veines. Les passagères de l'autobus se trémoussèrent d'un air effrayé sur leurs sièges en rentrant les épaules. Le conducteur arrêta l'autobus pour aller inviter sévèrement Hogey à cesser de se donner en spectacle. Exhibant un étincelant insigne de shérif-adjoint, il le menaça même de le remettre entre les mains d'un agent de police.

« Faut que j'rentre à la maison, lui dit le Grand Hogey. Je m'suis donné un fils, maintenant. C'est pour ça. Comprenez ? Un petit pigeonneau d'fils. J'l'ai seulement pas encore vu !

— Vous allez rester tranquille et vous taire, alors ? » demanda le conducteur.

Le Grand Hogey fit un signe d'assentiment énergique, en disant d'une voix contrite : « D'mande pardon, m'sieu l'officier ; j'avais pas l'intention d'causer du dérangement. »

Quand l'autobus redémarra, il s'affaissa sur le côté et resta immobile. Après avoir lancé quelques rots, il se mit à ronfler doucement. Le conducteur le réveilla au carrefour Caine, reprit la bouteille de gin sous la banquette pour la lui rendre, et l'aida à descendre de l'autobus.

Une fois à terre, le Grand Hogey fit quelques pas en titubant, puis se laissa choir brutalement dans le gravier sur le bas-côté de la route. Le conducteur de l'autobus s'arrêta, un pied sur le marchepied pour regarder autour de lui. Il n'y avait pas le moindre magasin à proximité du carrefour, mais seulement une petite gare de marchandises près de la voie ferrée, une ou deux fermes au bord d'un chemin de traverse et, de l'autre côté de la route, une station d'essence abandonnée au toit effondré. Cette région des Grandes-Plaines était aride et très dénudée.

Le Grand Hogey se leva, fit quelques pas chancelants devant l'autobus en s'y accrochant pour se soutenir et, ce faisant, laissa tomber son sac à dos.

« Hé, attention aux voitures ! » lui cria le conducteur. Pris, malgré lui, d'un élan de compassion, il courut après son encombrant passager, le prit par le bras au moment où il s'affaissait de nouveau, et demanda : « Vous voulez traverser ?

— Ouais, marmonna Hogey, mais laissez-moi. J'peux m'débrouiller tout seul. »

Le conducteur se prépara à le faire traverser. Il n'y avait pas beaucoup de circulation sur cette route, mais elle était dangereuse car la vitesse n'était pas limitée.

« J'peux m'débrouiller tout seul, continuait à affirmer Hogey. J'suis un acrobate, vous savez ? C'est la pesanteur qui m'a eu. J'suis pas habitué à elle, comprenez ? Jusqu'ici, j'étais un acrobate — eh oui ! Mais, maintenant, va falloir que j'devienne un rampant. Tout ça à cause du P'tit Hogey. Vous avez entendu parler du P'tit Hogey ?

— Oui. C'est votre fils. Allons, venez.

— Dites donc, vous avez un fils, vous ? demanda Hogey. Oui, j'parie qu'vous avez un fils.

— J'ai deux enfants », répondit le conducteur en rattrapant le sac qui glissait de l'épaule de son passager. « Deux filles.

— Eh ben, vous devriez être à la maison avec vos gosses. Un homme doit rester attaché à sa famille. Faudrait vous trouver un autr'boulot », déclara Hogey en le fixant de son œil de hibou. Il agita un doigt moralisateur, glissa sur le gravier au moment où son guide et lui arrivaient sur le talus opposé, et s'étala de nouveau par terre.

Avec un soupir de lassitude, le conducteur baissa le regard vers lui et hocha la tête, en se disant qu'après tout il serait peut-être plus sage d'aller chercher un agent. Ce pauvre diable risquait de se faire tuer si on le laissait errer ainsi, la bride sur le cou.

« Est-ce que quelqu'un doit venir vous chercher ? » lui demanda-t-il en jetant un regard de côté sur les collines poudreuses.

« *Youp !...* Qui ? Moi ? » gloussa Hogey. Il eut encore un renvoi et secoua négativement la tête en répondant : « Non. Personne sait que j'arrive. C't'une surprise. J'suis censé être ici depuis une semaine. » Il leva vers le conducteur un regard attristé et reprit : « Une semaine de r'tard, comprenez ? Marie va être fâchée. *Hou-là-là !* c'qu'elle va être fâchée ! »

Il contempla le sol en hochant sévèrement la tête.

« De quel côté allez-vous ? » grommela le conducteur d'un ton impatienté.

Hogey désigna de la main le chemin de traverse qui menait aux collines et répondit : « Chez l'père de Marie. Vous voyez où c'est ? A peu près à quatre kilomètres d'ici. J'ai plus qu'à m'mettre en marche, j'suppose.

— Non, dit le conducteur. Restez donc assis au bord de la route jusqu'à ce qu'il passe quelqu'un qui vous emmène en voiture. C'est compris ? »

Hogey fit un morne signe d'assentiment.

« Surtout, n'allez pas sur la route ! » lui cria le conducteur avant de traverser en courant. Un moment plus tard, le moteur actionné par une batterie atomique ronfla lugubrement et l'autobus démarra.

Le Grand Hogey le regarda s'ébranler en clignant des yeux, tout en se frottant la nuque. « Des gens sympathiques, murmura-t-il. Un tas de gens sympathiques. Tous des rampants. »

Avec un grognement, il se mit debout en titubant ; mais ses jambes refusaient de le porter. Par un réflexe d'équilibriste, il tenta de se redresser en agitant frénétiquement les bras ; mais la pesanteur eut raison de lui et il bascula dans le fossé.

« Damnées jambes ! cria-t-il. Damnées jambes folles ! »

Le fond du fossé était mouillé, et il dut ramper sur ses genoux couverts de boue pour se hisser à l'extérieur et se rasseoir sur le talus. La bouteille de gin était encore intacte. Il but une grande lampée qui le réchauffa jusqu'au tréfonds de son être, et regarda, en battant des paupières, le paysage lugubre et dénudé.

Le soleil à son déclin brillait d'un éclat rouge feu sur l'horizon poudreux. Le ciel strié de sang prenait, au zénith, une teinte jaune soufre, et même l'air qui planait au-dessus de cette contrée semblait chargé d'une fumée jaune — l'omniprésente poussière des plaines.

Un camion de ferme tourna pour s'engager sur le chemin de traverse, sans que le chauffeur eût seulement jeté un coup d'œil vers le jeune homme brun assis sur son sac et qui se balançait de côté et d'autre au bord du fossé. Hogey, pour sa part, remarqua à peine le véhicule et son conducteur : il continuait à regarder fixement le soleil fou.

Il secoua la tête. Ce n'était pas réellement le soleil. Le soleil, le vrai, était une chose horrible et haïssable qui brillait dans l'abîme noir et vous brûlait les yeux. Il éclairait tout d'une lumière blanche qui faisait mal, et c'était à cette lumière, si pénible à supporter, que les objets vous apparaissaient. Le gros soleil rouge n'était que du toc, et Hogey ne s'y laissait pas prendre le moins du monde. Il le détestait pour ce qui se cachait derrière ce masque ensanglanté et pour ce que cela avait fait à ses yeux.

Avec un nouveau grognement, il se leva, parvint à hisser le sac sur ses épaules et se mit en marche au milieu de la route menant à la ferme, en tanguant de côté et d'autre et en tenant les yeux fixés sur l'horizon qui paraissait rouler devant lui. Une autre voiture s'engagea sur la route, en faisant entendre un coup de klaxon furieux.

Hogey voulut se retourner pour la regarder, mais le pied lui manqua ; il chancela et tomba. Les pneus de la voiture crissèrent sur l'asphalte chaud. Hogey restait étendu en gémissant. La roue l'avait heurté à la hanche. Une portière s'ouvrit brusquement, et un gros homme au visage rubicond descendit de la voiture et s'avança à grandes enjambées vers lui, l'air fort en colère.

« Qu'est-ce qui vous prend, bon sang ? demanda-t-il d'une voix à l'accent traînant. Vous êtes soûl, ou quoi ? Pour sûr, mon vieux, vous en avez votre dose ! »

Hogey chercha de nouveau, avec obstination, à se

mettre debout, tout en secouant la tête pour s'éclaircir les idées. « J'ai des jambes qui sont habituées à l'espace, allégua-t-il. Peux pas supporter la pesanteur. »

Le corpulent fermier saisit la bouteille de gin, toujours miraculeusement intacte, qui dépassait de sa poche, en grommelant : « La voilà, votre pesanteur !... Ecoutez, mon vieux, ajouta-t-il, vous feriez bien de rentrer chez vous — et pronto !

— Pronto ? répéta Hogey. Dites donc, j'suis pas un Mexicain ! Vrai de vrai, c'est l'espace qui m'a brûlé comme ça. Comprenez ?

— Ouais, riposta l'autre. Mais qui êtes-vous ? Est-ce que vous habitez par ici ? »

De toute évidence, le gros homme le prenait pour un vagabond ou pour un clochard. Hogey se ressaisit. « Je vais chez les Hauptman, dit-il. Chez Marie. Vous connaissez Marie ? »

Le fermier leva les sourcils en répétant : « Marie Hauptman ? Pour sûr que je la connais. Mais elle s'appelle Marie Parker maintenant. Depuis bientôt six ans. Dites donc... » Il s'interrompit un instant, puis reprit en regardant son interlocuteur d'un air stupéfait : « Vous ne seriez pas son mari, par hasard ?

— J'suis Hogey. L'Grand Hogey Parker.

— Eh bien ! s'écria le fermier. Du diable si... ! Montez dans ma voiture. Je vais tout près de chez John Hauptman. Vous n'êtes fichtre pas en état de faire la route à pied ! »

Il grimaça un sourire, secoua la tête et aida Hogey, encombré de son sac, à s'installer sur le siège arrière. Une femme au cou ridé par le soleil était assise, toute droite, à l'avant, à côté du conducteur. Elle n'adressa pas un mot de bienvenue à ce nouveau passager et ne se retourna même pas pour le regarder.

« On ne fait plus d'autos comme celle-ci », dit le fermier en élevant la voix pour dominer le grondement du vieux moteur à essence et le grincement de l'embrayage. « Maintenant, on peut acheter les nouvelles voitures atomiques, avec leur charge d'isotopes chauds sous le siège. Mais, moi, je trouve que c'est dangereux... hein, Martha ? »

La femme au cou hâlé par le soleil remua légèrement la tête et répondit d'une voix morne et traînante : « Ce genre de voiture était assez bon pour P'pa, et j'estime que c'est assez bon pour nous. »

Cinq minutes plus tard, l'auto s'arrêta au bord de la route. « Je pense que vous pouvez faire le reste du chemin à pied, dit le fermier. Vous n'avez qu'à continuer tout droit pour arriver chez les Hauptman. »

Il aida son passager à descendre de voiture et repartit aussitôt, sans même se retourner pour voir si Hogey tenait sur ses jambes. La femme au cou hâlé, devenue soudain très loquace, s'était mise à bavarder en regardant dans sa direction.

C'était l'heure du crépuscule. Le soleil s'était couché et le ciel jaune prenait une teinte grisâtre. Hogey était trop fatigué pour continuer sa route, et ses jambes ne voulaient plus le soutenir. Il jeta un coup d'œil autour de lui en clignant des paupières et, lorsqu'il eut enfin réussi à fixer son regard, aperçut, au versant d'une lointaine colline, ce qui paraissait être la ferme Hauptman. C'était une grande baraque de bois entourée d'un champ de blé et de quelques arbres rabougris. L'ayant repérée, Hogey s'étendit dans les hautes herbes derrière le fossé pour prendre un peu de repos.

Quelque part des chiens aboyaient, et un grillon chantait dans l'herbe sa chanson grinçante et monotone. Au loin se fit entendre l'explosion d'une fusée partant de la base de lancement, située à cinq ou six kilomètres à l'ouest ; mais le vacarme s'éteignit rapidement. Une voiture décapotable à moteur atomique passa en gémissant sur la route, mais Hogey restait caché aux regards.

Lorsqu'il se réveilla, la nuit était tombée et il frissonnait. Son estomac criait famine et ses nerfs dansaient comme des fils en haute tension. Il se dressa sur son séant, chercha à tâtons sa montre, puis se rappela qu'il l'avait mise en gage après la partie de poker. Le souvenir du jeu et de son résultat lui fit faire la grimace ; il se mordit la lèvre et tâtonna de nouveau de la main pour chercher la bouteille.

Il resta assis, reprenant son souffle après l'absorption d'une bonne gorgée d'alcool. L'habitude d'évaluer l'heure en fonction de sa position était devenue chez lui une seconde nature ; mais il dut réfléchir un moment car sa vue défectueuse l'empêchait de distinguer nettement ce qui l'entourait.

En cette fin de journée d'août, Vega était presque exactement au-dessus de lui dans le ciel ; aussi comprit-il que le soleil ne devait pas être couché depuis bien longtemps et qu'il pouvait être environ huit heures. Il se requinqua à l'aide d'une nouvelle lampée de gin et retourna sur la route, se sentant les idées un peu plus claires après son petit somme.

Il avança clopin-clopant et tourna à gauche pour prendre l'étroit sentier qui, entre des clôtures de barbelés, menait à la ferme Hauptman située à quatre cent cinquante mètres environ de la route. Hogey savait que les champs qui s'étendaient à sa gauche appartenaient au père de Marie. Il était tout près maintenant — tout près de la maison, de sa femme et de son enfant.

Soudain, il laissa tomber son sac à dos et s'appuya contre un poteau qui soutenait la clôture, la tête enfouie dans ses avant-bras repliés, souffoquant. Il tremblait de tout son corps et ressentait des tiraillements d'estomac. Il aurait voulu se retourner et s'enfuir à toutes jambes, ou bien ramper dans les hautes herbes et s'y cacher.

Qu'allaient-ils dire ? Qu'allait dire Marie surtout ? Comment lui expliquer ce qu'était devenu l'argent ?

Six voyages dans l'espace et, lors de chacun d'eux, il lui avait fait la même promesse : « Plus qu'un p'tit tour, mon chou, et nous aurons assez de galette. Alors, je pourrai laisser tomber pour de bon. Rien qu'une seule fois, et nous aurons de quoi ouvrir un p'tit commerce, ou acheter une maison en prenant une hypothèque et chercher du travail. »

Elle avait attendu ; mais l'argent n'avait jamais suffi à la réalisation de ces projets — jusqu'à cette fois-ci. Cette fois, le voyage avait duré neuf mois et Hogey s'était proposé pour effectuer tous les trajets de la station à la base lunaire afin de toucher les gratifications. Et, cette fois, il avait réuni les fonds. Deux semaines plus tôt, son compte en banque s'élevait à quatre mille huit cents dollars. Mais maintenant...

« Pourquoi ? » gémit-il en se cognant la tête contre ses avant-bras. Un de ses bras glissa, sa tête heurta le haut du poteau et, pendant un moment, la douleur le rendit aveugle. Avec un sourd grognement, il retourna d'un pas chancelant sur la route, épongea le sang qui coulait de son front et donna dans son sac des coups de pied furieux.

Le sac alla rouler sur la route à quelques mètres de lui. Il sautilla à sa poursuite et, d'un nouveau coup de pied, l'envoya rouler plus loin. Ayant ainsi apaisé sa colère, il resta un moment immobile, haletant, mais se sentant mieux. Puis il chargea le sac sur ses épaules et se remit en route en direction de la ferme.

« Ce ne sont que des rampants, voilà tout ! se dit-il. Une bande de rampants enchaînés à la Terre. Et moi, j'suis un acrobate. Un acrobate né. Vous savez c'que ça veut dire ? Ça veut dire... Bon Dieu, qu'est-ce que ça veut dire ? Eh ben, ça veut dire que, de là-haut, du Grand-Abîme sans fond, la Terre vous apparaît comme une grosse lune couverte de larves... Des larves, voilà c'que vous êtes tous ! Rien que des larves ! »

L'aboiement d'un chien se fit entendre, et Hogey se demanda s'il avait parlé tout haut. Il était arrivé devant une barrière, et il s'arrêta un moment dans l'obscurité. Le chemin serpentait le long de la colline et débouchait juste devant la maison. Peut-être les autres étaient-ils assis dans la véranda. Peut-être l'avaient-ils déjà entendu approcher. Peut-être...

De nouveau, il tremblait de tous ses membres.

Prenant la bouteille dans sa poche, il s'offrit une bonne lampée ; puis, comme il restait encore un fond de gin, il décida de lui faire un sort. Ce ne serait guère indiqué de se présenter chez soi avec une bouteille dépassant de sa poche ! Il resta debout sous le vent froid de la nuit, sirotant son alcool en regardant la lune rougeâtre monter dans le ciel, à l'est. La lune lui paraissait aussi factice que le soleil couchant.

Bientôt, il se redressa avec une soudaine détermination. Cela devait se faire à un moment ou à un autre ; alors, mieux valait en finir — et tout de suite. Il ouvrit la barrière, se glissa de l'autre côté, et la referma soigneusement derrière lui. Puis, reprenant son sac, il se fraya un chemin à travers l'herbe haute jusqu'à une haie qui séparait le champ d'une plantation de pêchers rabougris. Il parvint, sans trop savoir comment, à franchir la haie et se mit en marche, parmi les arbres fruitiers, vers la maison. En cours de route, il trébucha sur de vieilles planches qui craquèrent sous ses pas.

« Chut ! » siffla-t-il en poursuivant son chemin.

Le chien aboyait furieusement et il entendit battre une contre-porte. Il s'arrêta.

« Hé ! là-bas ! » cria une voix d'homme venant de la maison.

C'était l'un des frères de Marie. Hogey s'immobilisa, pétrifié à l'ombre d'un pêcher, et attendit.

« Il y a quelqu'un ? » cria de nouveau la voix.

Hogey attendit encore, puis il entendit l'homme marmonner : « Cherche, mon bon chien ! Cherche ! »

Les aboiements reprirent avec plus d'acharnement. Le chien descendit la pente en courant et s'arrêta dix mètres plus loin, pour s'accroupir et aboyer furieusement contre l'ombre qui se détachait dans l'obscurité. Hogey connaissait l'animal.

« Hookey ! murmura-t-il. Ici, Hookey, mon chien ! »

Le chien cessa d'aboyer, renifla, s'approcha davantage et fit entendre un « *Rrrooff* » d'étonnement. Puis il se mit de nouveau à renifler d'un air soupçonneux.

« Tout doux, Hookey ! Ici, mon chien ! » murmura Hogey.

Le chien s'avança silencieusement vers lui, renifla sa main et fit entendre un petit geignement de reconnaissance. Puis, encore tout pantelant de sa course, il se mit à folâtrer autour de Hogey pour lui témoigner son affection de bon chien fidèle et l'inviter à jouer avec lui. De la véranda, l'homme le siffla. Le chien s'immobilisa un instant, puis remonta aussitôt la pente au pas de course.

« Il n'y avait rien, n'est-ce pas, Hookey ? dit l'homme. Tu chassais encore les tatous, hein ? »

De nouveau la contre-porte claqua et la lumière s'éteignit dans la véranda. Hogey restait debout, le regard fixe, incapable de penser. Quelque part, derrière ces fenêtres, se trouvaient... sa femme et son fils.

Et que diable un homme de l'espace, un acrobate, pouvait-il bien faire d'une femme et d'un fils ?

Au bout d'une minute environ, il se décida à faire quelques pas en avant ; mais il buta contre une bêche, son pied s'enfonça dans une substance molle qui fit entendre un *floc !* et engloutit le pied jusqu'à la hauteur de la cheville. Il tomba la tête la première dans un tas de sable et son pied s'enfonça plus profondément dans le sol détrempé.

Il resta étendu un moment, son front — dont la blessure le picotait — posé sur ses bras, jurant à voix basse et pleurant. Enfin, il se retourna en roulant sur lui-même, retira son pied du bourbier et ôta ses souliers. Ils étaient couverts de boue — une boue collante et sableuse.

L'obscurité tournoyait autour de lui et le vent lui coupait la respiration. Il se laissa retomber sur le tas de sable et enfonça ses pieds dans la boue en agitant les orteils. Il riait silencieusement et son visage, que le vent fouettait, était mouillé. Il ne pouvait pas penser. Il ne pouvait pas se rappeler où il était ni pourquoi il était là ; il avait d'ailleurs cessé de s'en soucier et, au bout d'un moment, il se sentit mieux.

Les étoiles tournoyaient au-dessus de lui en une danse effrénée, la boue rafraîchissait ses pieds et le sable était doux sous son dos. Il vit une fusée s'élever de la station, dans un jet de flamme, et attendit l'explosion ; mais il dormait déjà lorsque celle-ci se produisit.

Il était bien plus de minuit lorsque Hogey sentit le chien passer une langue humide sur son oreille et sa joue. Il le repoussa en jurant à voix basse et s'essuya le visage, Puis, ayant fait un mouvement, il poussa un gémissement : ses pieds le brûlaient comme s'ils étaient en feu ! Il tenta de les soulever, mais ils refusèrent de bouger. Quelque chose n'allait pas dans ses jambes.

Pendant un instant, il regarda autour de lui avec égarement, cherchant à percer l'obscurité. Puis, se rappelant soudain où il était, il ferma les yeux et frissonna. Quand il releva ses paupières, la lune était sortie de derrière un nuage et il put distinguer nettement le piège dans lequel il s'était laissé tomber par mégarde. Un amas de vieilles planches, une pile de bois de charpente nouvellement coupé et entassé avec soin, une pioche et une bêche, un tas de sable, un amoncellement de terre fraîchement remuée et un malaxeur à béton, cela suffisait à expliquer sa chute !

Il saisit ses chevilles à deux mains et tira de toutes ses forces, mais ses pieds refusaient toujours de bouger. Pris d'une terreur soudaine, il tenta de se lever ; mais ses chevilles étaient emprisonnées dans le béton et il retomba en arrière, dans le sable, en poussant un sourd gémissement. Il resta immobile pendant quelques minutes en s'efforçant de réfléchir.

Il tira d'abord sur son pied gauche. Celui-ci était pris comme dans un étau. Il tira, plus désespérément encore, sur son pied droit — qui était tout aussi solidement immobilisé.

Il se redressa avec une faible plainte et s'agrippa au béton rugueux, sur lequel il se cassa les ongles et mit le bout de ses doigts en sang. La surface de béton était encore humide, mais elle avait durci pendant qu'il dormait.

Il resta assis, hébété, jusqu'à ce que Hookey vînt lécher ses doigts écorchés. Il repoussa le chien d'un coup d'épaule et enfonça ses mains dans le sable pour arrêter le sang. Hookey se mit à lui lécher le visage pour lui témoigner, en haletant, son affection.

« Va-t'en ! » lui cria-t-il d'une voix rauque et furieuse.

Le chien fit entendre un faible geignement, s'éloigna un peu, se mit à tourner sur lui-même, puis revint s'accroupir dans le sable juste devant Hogey, en avançant vers lui pouce par pouce d'un air hésitant.

Hogey saisit une poignée de sable sec et jura entre ses dents, tout en laissant son regard errer vers le ciel. Ses yeux se posèrent sur l'éclair de lumière — la base spatiale — qui s'élevait à l'ouest et brillait dans le Grand-Abîme sans fond, là où se trouvait toute l'équipe : Nichols et Guerrera, Laurenti et Fats. Sans oublier Keesey, la nouvelle recrue qui l'avait remplacé.

Keesey allait avoir la vie dure pendant quelque temps. L'abîme n'était pas une cour de récréation. La première fois que vous quittiez la station en combinaison spatiale, vous étiez pris par l'abîme. Tout dégringolait, et vous dégringoliez avec. Tout : les carcasses d'acier, la station en forme de pneu, les sphères et les docks et les formes cauchemardesques — le tout relié par des cordons ombilicaux et des tubes flexibles qui faisaient ressembler cet assemblage de choses hétéroclites à quelque monstre marin naviguant sur un noir océan, avec ses tentacules rattachés les uns aux autres par des fils flottant à la dérive au gré du sombre flot qui les entraînait.

Tout était brillant — d'un éclat qui vous faisait mal — ou, au contraire, d'un noir absolu ; et tout tournait autour de vous, et vous deveniez fou à tenter de déterminer de quel côté était la descente. En fait, il vous fallait des mois pour faire comprendre à votre corps que *toutes* les directions menaient vers le bas et que l'abîme était sans fond.

Hogey perçut un son plaintif apporté par le vent et demeura complètement immobile, l'oreille tendue.

C'était un cri de bébé.

Il lui fallut près d'une minute pour comprendre la signification de ce cri. Cela le frappa au plus profond de son être et il se mit à tirer frénétiquement sur ses pieds emprisonnés, en sanglotant du fond de la gorge. Mais, se disant qu'on allait l'entendre s'il continuait ainsi, il s'interrompit et se boucha les oreilles pour empêcher le cri de son premier-né de parvenir jusqu'à elles. Une lumière s'alluma dans la maison, et, lorsqu'elle s'éteignit de nouveau, le bébé avait cessé de crier.

Une autre fusée s'éleva de la station et Hogey la maudit. L'espace était une maladie qu'il avait attrapée.

« Au secours ! cria-t-il soudain. Je suis coincé ! Au secours ! Au secours ! »

Puis, se rendant compte qu'il hurlait comme un possédé pour appeler le ciel à son aide et qu'il luttait en vain contre l'implacable béton qui lui enserrait les pieds, il se tut.

La lumière s'était rallumée dans la maison et il percevait maintenant de faibles sons. Ce remue-ménage réveilla le bébé et, de nouveau, le vent apporta son vagissement à Hogey.

« Qu'on fasse taire le gosse, qu'on fasse taire le gosse... », pensa-t-il.

Mais cela ne servait à rien. Ce n'était pas la faute du gosse, et ce n'était pas la faute de Marie. A la station, ils lui avaient dit que les pères de famille n'étaient pas admis dans l'espace, mais ce n'était pas leur faute non plus. Ils avaient raison et lui seul était à blâmer. Le gosse était un accident, mais cela ne changeait rien. Rien du tout. Cela restait une tragédie.

Un acrobate n'avait rien à faire d'une famille. Mais alors, que faire ? Prendre un couteau de boucherie et se transformer en eunuque ? Ce n'était pas non plus la solution : on avait besoin de taureaux, là-haut, dans l'espace — non de bœufs. Et, quand un homme redescendait après un voyage d'un an, que devait-il faire ? Aller vivre dans une cabane isolée et lire des bouquins pour se distraire ? Non. Parce qu'il était homme, il se cherchait une femme. Et parce que cette femme était femme, elle mettait au monde un gosse. Voilà tout. Ce n'était la faute de personne. De personne au monde.

Il regarda l'œil rouge de Mars qui brillait très bas, au sud-ouest. Maintenant on organisait des expéditions vers cette planète et, l'année prochaine, il aurait fait partie du long voyage...

Mais à quoi bon penser à cela ? L'année prochaine et les autres années à venir appartenaient au *petit* Hogey.

Il resta là, les pieds emprisonnés dans le solide béton, le regard perdu dans le Grand-Abîme sans fond, tandis que le vagissement de son fils lui parvenait de la maison et que les hommes de la famille Hauptman se frayaient un chemin à travers les hautes herbes pour aller à la recherche de la personne qu'ils avaient entendu crier. Les pieds de Hogey étaient fortement coincés et jamais il ne parviendrait à les retirer. Il sanglotait doucement quand les hommes le découvrirent.

Traduit par DENISE HERSANT.

The Hoofer.

UN HOMME D'EXPÉDITION

par Fredric Brown

Il est implicitement admis, dans les prospectives de l'astronautique, que la colonisation des mondes lointains ne présentera pas de problème techniquement insoluble. Il est également admis que la sélection des équipages, l'équilibre à bord des astronefs entre représentants des deux sexes, sera réalisé avec une facilité analogue. L'existence d'un déséquilibre au sein d'une communauté isolée — comme celle d'astronautes ou de colons — peut être invoquée de différentes manières : en un drame psychologique, en un récit réaliste, en une pochade égrillarde... Ici, il fournit le prétexte d'une brève esquisse où les couleurs sombres n'ont guère de place.

« La première expédition martienne, dit le professeur d'histoire, celle qui suivit l'exploration préliminaire par des astronefs de reconnaissance n'ayant qu'un seul homme à bord et qui visait à établir une colonie permanente sur la planète, posa un grand nombre de problèmes. L'un des plus embarrassants était : en combien d'hommes et en combien de femmes devait se répartir l'équipe de trente personnes qui s'envolerait pour Mars ?

« Trois théories s'affrontaient à ce propos.

« Selon la première, l'astronef devait emporter quinze hommes et quinze femmes, dont, sans aucun doute, la plupart se trouveraient réciproquement une compagne ou un compagnon et feraient prendre ainsi à la colonie un départ rapide.

« Selon la seconde, il devait y avoir ving-cinq hommes et cinq femmes (tous disposés à signer une renonciation à toute velléité de monogamie), pour la raison que cinq femmes pourraient facilement satisfaire vingt-cinq hommes et que vingt-cinq hommes satisferaient cinq femmes encore bien davantage.

« Enfin, les tenants de la troisième théorie déclaraient que l'expédition devait se composer de trente hommes, parce que, dans ces conditions, les hommes seraient à même de se concentrer plus efficacement sur le travail qui les attendait. Et l'on ajoutait que puisqu'un second navire interplanétaire suivrait dans un an environ et qu'il pourrait contenir principalement des femmes, ce ne serait pas une privation trop cruelle pour les hommes que d'endurer le célibat dans l'intervalle. D'autant plus qu'ils y étaient habitués ; les deux écoles des Cadets de l'Espace, l'une pour les hommes, l'autre pour les femmes, n'admettaient pas de dérogation à la séparation des sexes.

« Le directeur des Expéditions Interplanétaires régla la querelle au moyen d'un simple expédient. Il... Oui, Miss Ambrose ? » Une fille, dans la classe, venait de lever la main.

« Monsieur le professeur, cette expédition était-elle celle commandée par le capitaine Maxon ? Celui qu'on a appelé Maxon le Champion ? Pouvez-vous nous dire d'où lui est venu ce surnom ?

— J'y arrive, Miss Ambrose. Dans les classes inférieures, on vous a raconté l'histoire de l'expédition, mais pas *toute* l'histoire. Vous êtes maintenant assez grands pour l'entendre.

« Le directeur des Expéditions Interplanétaires régla la dispute, trancha le nœud gordien, en annonçant que les membres de l'expédition seraient choisis par tirage au sort, sans considération de sexe, parmi les élèves des classes de fin d'études des deux académies de l'Espace. Il ne fait guère de doute qu'il était personnellement en faveur de vingt-cinq hommes et cinq femmes, pour la raison que l'école des jeunes gens comptait environ cinq cents élèves dans la classe supérieure et celle des jeunes filles cent seulement. Par la loi des moyennes, la proportion des élus aurait dû être de cinq hommes pour une femme.

« Seulement la loi des moyennes n'est pas applicable à une série de coups considérée en particulier. Et il arriva que dans la loterie qui nous occupe, vingt-neuf femmes tirèrent un bon numéro, contre *un seul* homme.

« Tout le monde, sauf les heureuses gagnantes, bien entendu, protesta avec véhémence, mais le directeur resta intraitable ; le tirage avait été honnête et il refusa de changer quoi que ce fût à la liste établie. Sa seule concession destinée à apaiser les rancœurs masculines fut de désigner Maxon, le seul homme, comme capitaine. L'astronef prit le départ et le voyage fut excellent.

« Et quand la seconde expédition débarqua sur Mars, elle trouva la population doublée. Exactement doublée : chaque femme membre de la première équipe avait un enfant, et l'une d'elles avait des jumeaux, ce qui faisait un total de trente enfants.

« Oui, Miss Ambrose, je vois votre main prête à se lever, mais veuillez me laisser achever. Non, il n'y a rien de sensationnel dans ce que je vous ai dit jusqu'ici. Certes, bien des gens peuvent penser que la moralité n'y trouva pas son compte, mais ce n'est pas un grand exploit pour un homme, si on lui en donne le temps, de rendre enceintes vingt-neuf femmes.

« Le surnom du capitaine Maxon vient du fait que les travaux sur le second astronef allèrent beaucoup plus vite qu'il n'avait été prévu et que la seconde expédition arriva non pas un an, mais seulement neuf mois et deux jours plus tard.

« Cette précision fournit-elle la réponse à votre question, Miss Ambrose ? »

Traduit par ROGER DURAND.

Expedition.

UN RÊVEUR

par Alfred Coppel

Avant même le problème de la composition des équipages, celui de l'entraînement des astronautes doit être résolu. La préparation physique de ces hommes présente des difficultés considérables, en particulier par l'impossibilité que l'on rencontre de simuler sur notre planète des conditions d'apesanteur (si ce n'est peut-être par la nage sous-marine). Mais l'entraînement psychologique pose également de sérieux problèmes, dont la solution devra être reconsidérée chaque fois que la durée des vols spatiaux connaîtra une prolongation marquée. Ce qui a été fait une fois ne peut pas être automatiquement répété cent autres, lorsque l'espace entre en jeu.

Les fusées, au nombre de deux, se dressaient à huit cents mètres l'une de l'autre, hautes et fines sous le ciel cuivré du désert. Alourdi par sa combinaison antipression, Denby resta un long moment immobile à les regarder. Son cœur se gonflait d'allégresse. « Voilà, pensa-t-il, *ce pourquoi j'étais né.* » Il lâcha la bride à son imagination et se vit déjà dans l'espace, buvant avidement à la source merveilleuse de la création. *Le soleil et les étoiles mêlaient leur éclat dans la nuit violette ; à ses pieds la terre n'était plus qu'un petit globe de brume verdâtre...*

Feldman lui toucha le bras.

« Vous êtes prêt ? »

Denby, ramené à la réalité, hocha affirmativement la tête. Feldman et lui, suivis du petit groupe des techniciens, s'avancèrent à travers le désert en direction de la fusée.

L'intérieur du projectile était semblable à une fraîche caverne. Denby se laissa immobiliser dans le réseau des sangles antigravitation. Il ôta un de ses gantelets et dénuda son avant-bras pour laisser Feldman lui faire la piqûre.

Le psychotechnicien prépara sa seringue en silence. Il se retourna enfin et jeta un coup d'œil sur Denby.

« Allons-y », dit-il paisiblement.

L'aiguille s'enfonça profondément dans la chair de Denby.

« Comme cela, vous dormirez pendant le plus mauvais moment », expliqua Feldman.

Les techniciens achevèrent leurs préparatifs. Un à un ils souhaitèrent bonne chance à Denby et ressortirent de la fusée, dans la clarté aveuglante du jour.

« Vous êtes bien sûr que vous voulez partir ? » demanda Feldman.

« Grands Dieux ! pensa Denby. Il me demande si je veux partir ! Toute ma vie n'a été que le prélude à cet instant ; j'en ai rêvé, je ne me rappelle pas avoir jamais vécu pour autre chose, et il me demande si je veux partir ! »

« Oui, dit-il. Je veux partir. Il me semble que j'en ai acquis le droit, non ? »

Le psychotechnicien sourit faiblement.

« C'est exact ; personne n'en disconvient. Mais réfléchissez un moment, mon vieux. Toute votre vie, vous avez poursuivi un mirage. Maintenant, vous croyez l'avoir enfin saisi. Toute votre jeunesse, vous avez rêvé d'être un jour le premier homme à faire le tour de la Lune, mais...

— N'oubliez pas, Feldman, dit durement Denby, que j'ai aussi travaillé pour en arriver là. Aussi loin que je puisse me souvenir, même quand j'étais encore tout enfant, on me tenait à l'écart, on se moquait de moi à cause de ce rêve qui me hantait. J'étais *différent* des autres, et toujours seul ; mon rêve était mon seul ami. J'ai étudié, j'ai réfléchi, je me suis interrogé et j'ai pris ma décision. Maintenant je tiens enfin ma chance de donner un sens à ma vie. Comment pouvez-vous me demander si j'hésite ? Votre question n'a pas de sens. Demandez-moi plutôt si je tiens à respirer. »

Feldman regarda sa montre.

« Vous savez qu'il est encore temps de changer d'avis. Nous vous avons prévu un remplaçant en cas de besoin. »

Denby détourna la tête. La piqûre sédative commençait à le rendre somnolent et irritable. Il aurait voulu que ce maudit docteur le laissât enfin en paix.

« Vous avez vécu en compagnie d'une chimère, poursuivit Feldman. Et à cause d'elle vous avez été seul... toujours seul... N'est-il pas vrai ? »

Denby ne répondit pas. Les paroles de Feldman avaient pourtant sur lui une répercussion profonde. La solitude... Oui, il la connaissait bien. Un frisson le secoua. Pareils à des éclats de verre, des souvenirs s'incrustèrent en lui. Oui, il avait été très seul. Son rêve, son imagination vagabonde, l'avaient tenu à l'écart des autres ; il s'était peu à peu replié sur lui-même, cherchant dans ce rêve la compagnie qu'il ne pouvait trouver ailleurs. Pourtant le monde parvenait encore à pénétrer sa cuirasse pour lui faire mal. Il se souvenait des phrases de sa mère : « *Pourquoi lis-tu tant ? Surtout des sottises pareilles ! Tu ferais bien mieux d'aller jouer avec les autres.* » Pouvait-il lui dire qu'il ne vivait que pour un rêve : poser un jour le pied sur le sol d'une autre planète et voir la terre flotter dans le ciel, au-dessus de sa tête ? A douze ans ! Elle se serait moquée de lui. Et son père... « *Pourra-t-on aller un jour dans la Lune, papa ?* » — « *Ne me pose donc pas de questions stupides, mon petit...* »

« Vous croyez avoir enfin trouvé la réponse », continuait inlassablement la voix de Feldman, pareille au bourdonnement confus des abeilles par un jour d'été. « Mais, en réalité, ne vous enfoncez-vous pas plus profondément encore dans ce que justement vous craigniez tant quand vous étiez enfant ? Je parle de votre impression d'être *à part*. Cela ne vous fait pas peur, Denby ? »

« Pourquoi me torture-t-il ainsi ? » songeait hargneusement Denby.

« Assez, murmura-t-il à Feldman. Allez-vous-en ! »

« *Qu'il me laisse seul, tout seul... tout seul... tout seul...* », pensait-il.

Il frissonna, faisant frémir les sangles tendues qui le ligotaient.

« C'est bien, mon vieux ; je vous demande pardon. » Feldman lui frappa gauchement sur l'épaule, décrocha le casque de plexiglass de son support et en couvrit la tête de Denby.

« Je ne voulais pas vous être désagréable, reprit-il, mais il fallait que nous soyons sûrs... »

Il marcha jusqu'à la valve et se retourna une dernière fois. « Je vous demande pardon, Denby », dit-il encore. Et il disparut.

Dans une demi-stupeur, Denby attendit, immobile, le premier ébranlement des fusées. Celui-ci ne tarda pas à venir, accompagné d'un grondement de tonnerre assourdi qui fit vibrer les parois de la petite cellule obscure. Il sentit ses sangles se détendre sous la pression croissante que son corps exerçait sur elles. Le choc brutal de sa combinaison antipression, qui écrasait sa chair comme un étau, lui fut douloureux.

Puis ce fut la nuit. Une nuit striée de petites spirales de lumière, pareilles à des nébuleuses qui tournoyaient tout près de lui dans le petit univers personnel où il se trouvait enfermé.

***

Il s'éveilla dans l'obscurité, le cœur battant. Ainsi, ça y était ! Son rêve était devenu une réalité. Se déplaçant avec peine, avec la constante poussée de la fusée sous ses pieds, il se dégagea de ses sangles et tourna le bouton du premier télécran. Ce qu'il vit lui arracha un cri.

Le soleil et les étoiles brillaient simultanément dans un ciel noir, mais un ciel infiniment plus vaste et plus froid que le ciel de son rêve. Le sentiment de cette immensité, de ces insondables abîmes de ténèbres, le serrait impitoyablement à la gorge.

Ses souvenirs lui revinrent. « *Papa, irons-nous un jour dans la Lune ?* » — « *Ne dis donc pas de bêtises, mon petit.* » Il se souvenait de son amertume d'alors, mais s'aperçut avec une soudaine panique qu'il s'y accrochait comme à une bouée de sauvetage. C'étaient là des liens qui le rattachaient à quelque chose, au milieu de cette effroyable étendue de vide. Des souvenirs humains : des souvenirs de la Terre...

Un à un, il brancha les autres télécrans, jusqu'à ce qu'enfin la nudité scintillante de l'espace l'environnât de toutes parts. Les étoiles étaient lointaines et glacées. Le soleil était aussi loin et sa dure clarté irréelle lui faisait mal aux yeux. Il sembla tout à coup à Denby qu'il tombait, qu'il culbutait sans fin à travers cette affreuse nuit sans limites. Il rampa sur le plancher capitonné et se pelotonna dans un coin, en râlant. Il se sentait... infiniment seul.

Et soudain il vit la Terre, sorte de boule verdâtre, piquetée de nuages, irréelle, étrangère. Il sentit naître en lui un aveugle affolement ; une terreur animale lui serra les tempes. « *Ce n'était pas comme cela dans mon rêve* », pensa-t-il désespérément. Dans son rêve il n'avait pas peur. Dans son rêve il se sentait fier, triomphant. Il n'y avait pas autour de lui ces étendues infinies de vide, ni surtout cette hideuse, cette infernale solitude.

Denby se mit à hurler. Ses cris résonnèrent dans son casque avec une sonorité creuse qui accrut encore sa frayeur. Il hurlait, hurlait toujours, sans pouvoir s'arrêter...

Il hurlait encore quand la valve se rouvrit et que

les psychotechniciens se saisirent de lui pour le ramener au grand soleil du désert.

***

« J'avais voulu vous prévenir, dit doucement Feldman. Mais, comme vous le disiez, vous aviez acquis le droit de faire une tentative. »

La voix qui venait de la silhouette étendue sur un lit d'hôpital était faible et brisée. « Tout était truqué, alors ? Tout ? C'était une farce... »

Feldman secoua la tête. « Pas tout à fait. Sur les écrans, vous voyiez des films pris par des caméras automatiques montées dans des V2. Les effets de gravitation étaient obtenus par la force centrifuge. Vous étiez simplement dans un appareil d'entraînement synthétique destiné à éliminer les candidats manifestement inaptes.

— Comme moi ? dit-il amèrement.

— Eh oui, mon vieux, j'en ai peur. Voyez-vous, la navigation interplanétaire n'est pas faite pour les solitaires. Non plus que pour les esprits brillants, les sensibles ou les imaginatifs. Ils ne tiendraient pas le coup. Non ! » conclut Feldman en se levant, « les étoiles appartiendront aux costauds, aux bêtes de somme. Eux seuls peuvent affronter la vraie solitude. Pour eux, elle n'a pas de sens et par suite ne contient pas de terreurs cachées. »

Il entendit Denby étouffer ses sanglots et s'arrêta un long moment à la porte pour observer la silhouette solitaire anéantie dans son lit blanc. Puis il secoua tristement la tête. « Le rêve, dit-il enfin, n'est pas fait pour les rêveurs ! »

Titre original : *The Dreamer.*

MON FRÈRE EN CAUCHEMAR

par Alan E. Nourse

Comme les chemins de fer et l'aviation, l'astronautique a eu ses prophètes de malheur. Ceux-ci prédisaient soit que les problèmes scientifiques du vol dans l'espace s'avèreraient insolubles, soit que l'homme sombrerait dans la folie dès qu'il se trouverait plongé dans l'immensité du cosmos. A coup sûr, il y avait là une éventualité sur laquelle l'homme ne disposait d'aucune donnée comparative résultant d'expériences antérieures. Si l'on veut accoutumer l'homme à la peur, il faut inévitablement lui faire peur. Mais l'entraînement peut-il être utile s'il ne porte pas sur quelque chose d'aussi intense que la situation réelle dont on envisage l'éventualité ?

IL marchait dans un tunnel.

Au début, il ne lui vint même pas à l'esprit de se demander *pourquoi* il marchait dans ce tunnel, ou comment il était arrivé là, ou simplement quel était ce tunnel. Il marchait rapidement, à petits pas courts et réguliers. Il lui sembla soudain qu'il marchait depuis des heures.

Ce n'est pas l'obscurité qui l'ennuya en premier. Le souterrain n'était pas illuminé, mais il était suffisamment éclairé grâce à la faible luminescence bleuâtre qui émanait des parois. Devant lui, les murs s'allongeaient à perte de vue. Le tunnel mesurait à peu près trois mètres de large sur trois mètres de haut. Au-dessus de sa tête, les parois lisses formaient une voûte parfaite, doucement arrondie. Le sol semblait souple, répondant élastiquement sous la pression de ses pieds, et résonnant d'un bruit feutré et rythmé en parfaite harmonie avec son pas. C'était un son agréable et apaisant, et il songeait à peine à s'inquiéter de ce qu'il faisait là. En fait, c'était parfaitement évident. Aussi simple que possible. Il marchait dans un tunnel.

C'est alors que des filaments de questions et de doutes s'insinuèrent dans son esprit, et une grimace perplexe obscurcit son visage tranquille. Il s'arrêta brusquement. Immobile, en proie à une confusion croissante, il contempla furtivement les murs luminescents. Quel lieu incroyablement étrange, s'étonna-t-il. Un tunnel ! Il jeta un coup d'œil autour de lui. Puis il pencha la tête, tendant l'oreille un long moment jusqu'à ce que le silence pesant le fasse frissonner. Il renifla bruyamment, se gratta la tête et se retourna.

Je m'appelle Robert Cox, pensa-t-il, et je marche dans un tunnel. Il réfléchit quelques instants, essayant de se souvenir. Depuis combien de temps marchait-il ? Une heure ? Il secoua la tête. Cela devait faire plus longtemps. Ce qui était bizarre, c'est qu'il ne se rappelait pas *quand* il avait commencé à marcher. Comment était-il arrivé ici ? Que faisait-il avant de pénétrer dans le souterrain ? Un frisson d'inquiétude vrilla dans sa mœlle épinière. Sa pensée tatonnait aveuglément. Qu'était-il advenu de sa mémoire ? Dans son cerveau, il lui semblait que de petites portes se fermaient sèchement, barrant la route à ses souvenirs au fur et à mesure de leur progression. C'est ridicule, songea-t-il, de marcher dans un tunnel sans même savoir où il mène.

Il sonda intensément le silence. Tout à coup, il réalisa qu'il était absolument seul. Il n'y avait aucun bruit, pas un mouvement, pas le moindre signe d'une présence humaine, pas même un frémissement décelant une forme de vie quelconque. Les frissons le reprirent. Il s'avança précautionneusement vers une paroi et tapa dessus avec son poing. Un seul coup sourd. Pendant une infime fraction de seconde, un signal d'alarme retentit dans sa tête, l'avertissant froidement et implacablement d'un danger mortel. Il se força à rire tout bas, malgré son inquiétude. Il n'y avait vraiment aucune raison de s'alarmer. Il fallait bien qu'un tunnel ait une fin quelque part.

C'est à ce moment précis qu'il entendit le bruit. Le silence se déchira brusquement, comme fendu par un rasoir. Au début, ce ne fut qu'un son très faible, une sorte de sifflement extrêmement curieux, comme une sirène de bateau dans le lointain. Des bouffées de terreur envahirent son cerveau. Les yeux agrandis, il scruta les profondeurs du tunnel. Il écoutait de toutes ses forces, se retenant de respirer. La lumière ne diminuait-elle pas ? Ou était-ce sa vue qui le trahissait ? Il ferma les yeux et il sentit la lumière s'affaiblir au fur et à mesure que le sifflement se rapprochait et augmentait d'intensité. Mais à présent s'ajoutait un autre bruit, plus sourd, plus profond. Un grondement vrombissant d'une puissance telle qu'il submergeait le sifflement aigu et l'éteignait. C'est alors qu'il vit la lueur. Très loin dans le tunnel, une tache ronde de lumière jaune, en plein milieu du souterrain. La tache s'agrandissait de plus en plus en même temps que le grondement s'intensifiait. Ses yeux exorbités ne pouvaient se détacher de cette lumière jaune qui s'avançait vers lui. Un souffle de vent glacé ébouriffa soudain ses cheveux noirs. Une image horrible lui traversa l'esprit — l'image d'un homme coincé sur une voie de chemin de fer tandis qu'une sombre machine hurlante fonce sur lui, semblable à quelque monstre hideux émergeant de la nuit.

Un cri s'échappa des lèvres de l'homme. *C'est un train !* Il n'y avait pas de rails, mais le train s'approchait à une vitesse vertigineuse, tel un démon vociférant ses menaces de mort. La tache de lumière de plus en plus brillante aveuglait l'homme. Le monstre avançait inexorablement. À présent, il remplissait tout l'espace du tunnel, crachant la fumée, le feu et la vapeur par toutes ses bouches, dans un sifflement assourdissant.

Dans un râle d'épouvante folle, Cox se jeta face contre terre, essayant désespérément de s'enfoncer dans le sol caoutchouteux du tunnel. Il avait tout oublié. Sa pensée n'était plus que peur ; une peur horrible, aveuglante. La lumière grimpa démesurément, devint brillance et, accompagné d'une effroyable bourrasque, le rugissement grandit en un hurlement mugissant au-dessus de la tête de l'homme. Puis le tonnerre se transforma en un bruit métallique et rythmé de roues d'acier roulant sur des rails avant de s'évanouir progressivement dans le lointain.

Cox remua. Tous les muscles de son corps tremblaient sans qu'il puisse les contrôler. Il essaya de se mettre sur les genoux, tentant de retrouver l'usage de son cerveau. Ses paupières étaient hermétiquement closes. Et soudain, sous lui, il ne sentit plus la consistance souple et élastique du sol souterrain, mais une matière arénacée qui coulait entre ses doigts.

Il ouvrit brusquement les yeux et un cri étouffé sortit de sa bouche. Il n'y avait plus de tunnel. Il cilla plusieurs fois, refusant de croire ce que ses yeux voyaient. Il était à moitié enterré dans un sable brûlant, au milieu d'un immense désert de dunes jaunes, illuminé par un soleil cuivré dans un ciel pourpre. A moins de trois mètres de lui, un arbre de Judée tordu répondit à son clignement.

***

Deux hommes vêtus de blanc et une femme se trouvaient dans la pièce. Ils contemplaient l'homme aux cheveux noirs qui était étendu immobile sur le lit. Le soleil couchant éclaboussait à travers la fenêtre, projetant des rectangles de lumière dorée sur le dessus de lit blanc. L'homme était parfaitement immobile. Ses yeux clairs étaient grands ouverts, vitreux, oublieux de tout ce qui existait dans la pièce. Son visage était mortellement pâle.

La femme sursauta. « Je crois qu'il ne respire plus », souffla-t-elle.

Le plus grand des deux hommes la prit par l'épaule, l'obligeant doucement à se détourner. « Il respire, ne craignez rien, dit-il, d'un ton rassurant. Vous ne devriez pas être ici, Mary. Vous devriez rentrer chez vous et essayer de vous reposer un peu. Il se remettra très bien. »

L'autre homme grogna avec mépris, son visage empourpré de colère. « Lui non plus ne devrait pas être là, siffla-t-il, désignant du doigt l'homme allongé. Je vous le dis, Paul, Robert Cox n'est pas l'homme qu'il nous faut. Je me fiche de ce que vous pouvez dire. Il ne s'en sortira pas. »

Le docteur Paul Schiml respira profondément avant de se retourner. « Si Cox ne s'en sort pas, alors il n'y a personne dans tout le Centre médical Hoffman qui en soit capable — maintenant ou jamais. Vous le savez très bien.

— Je sais qu'il y a cinquante autres types ayant suivi le même programme d'entraînement qui étaient plus qualifiés pour cela que Bob Cox !

— Ce n'est pas vrai. » La voix sèche du docteur Schiml claqua dans le silence de la pièce. « Rapidité de réactions, ingéniosité, opportunisme — aucun autre dans le groupe n'arrive à la cheville de Bob. » Ses yeux, scintillant de colère, plongèrent dans ceux de son collègue. « Reconnaissez-le, Connover. Ce n'est pas le sort de Bob Cox qui vous tracasse. Vous vous faites du souci pour vous-même. Depuis le début vous avez peur, depuis que les premiers vaisseaux sont revenus sur Terre — et vous avez peur parce que vous êtes responsable d'un programme auquel vous ne croyez pas — et vous vous inquiétez de ce qui arrivera si Bob Cox ne s'en sort pas. Peu importe qui se trouve sur ce lit — vous auriez tout de même peur. » Il grimaça de dégoût. « Eh bien, tranquillisez-vous. Si quelqu'un peut s'en sortir, Bob Cox est celui-là. Il le *doit.*

— Mais *s'il* ne s'en sort pas ? »

Le docteur Schiml le dévisagea un instant avec colère, puis il se détourna et s'approcha du lit. Il était difficile de déceler le moindre signe de vie sur l'homme étendu ; seul l'imperceptible mouvement de sa poitrine signalait qu'il respirait *encore.* Du bout des doigts, le docteur inspecta doucement la petite incision sur le crâne d'où partaient une multitude de fils fins et brillants reliés au panneau lumineux à la tête du lit. Il inspecta le panneau et désigna brusquement quelque chose à Connover. « Voici déjà le premier », chuchota-t-il.

Pendant un moment, un léger bourdonnement parvint du panneau. « Un tunnel, siffla à voix basse Connover. Ce n'est pas bête. Mais quel dispositif... » Il fixa Schiml d'un regard effaré. « Il pourrait se tuer !

— Bien sûr, il pourrait se tuer. Nous le savons depuis le début.

— Mais *lui* ne le sait pas.

— Lui ne sait rien. » Schiml désigna le tableau lumineux. « Vous trouvez simplement que ce n'est pas bête ? Mais pouvez-vous imaginer quelque chose de pire ? » Il étudia un moment les cadrans. « Il n'existe aucun endroit de part et d'autre où il peut se cacher — il lui faudra se coucher dessous. »

Tous les trois fixaient le panneau, se retenant de respirer. Soudain, la femme éclata en sanglots irrépressibles, enfonçant son visage ravagé dans l'épaule du docteur. « C'est horrible, suffoqua-t-elle. C'est horrible... il ne peut pas s'en sortir. Il va être tué.

— Non, Mary, pas Robert. Pas après l'entraînement qu'il a reçu. » La voix du docteur était sévère. « Mary, il faut que vous ayez confiance. Ceci est le test, le dernier. Il ne peut pas nous laisser tomber, pas maintenant... »

***

Tout autour de lui, il sentait le danger. Ce n'était rien de concret, simplement une voix profonde qui hurlait pour l'avertir d'un danger. Cox frissonna et leva les yeux vers le haut soleil cuivré. Son front ruisselait de sueur. Il faisait chaud ! Une chaleur moite qui semblait augmenter sans cesse. Il avait l'impression de fondre, comme s'il eût été de cire. Tous ses muscles étaient douloureusement contractés. Il se tenait en équilibre sur la pointe des pieds, ses yeux délavés fouillant les dunes jaunes et nues où, il le savait, le danger l'attendait.

C'est alors que l'arbre de Judée bougea.

Il hoqueta et fit un bond de quelques mètres en arrière. Tapi dans le sable, il fixait l'arbre avec des yeux épouvantés. Ce n'avait été qu'un faible mouvement des bras tordus de la chose — peut-être s'était-il trompé, peut-être son imagination lui avait-elle joué des tours. Peut-être était-ce l'air vibrant et tremblant de chaleur qui avait provoqué cette illusion. Cox grelottait.

Et soudain, il réalisa ! Le désert. Mais il était dans un *tunnel* — oui, c'était bien cela, un tunnel, et il y avait eu une lumière, et cette machine rugissante, et... *que faisait-il ici ?* Il s'assit lentement sur le sable, en prit une poignée et étudia avec une extrême curiosité les grains chauds qui coulaient entre ses doigts. Il n'y avait aucun doute — c'était *bien* le désert ! Mais pourquoi ? Et d'abord, comment était-il arrivé dans le tunnel ? Et quelle chose appartenant à un univers rationnel avait pu le transporter jusqu'*ici* ?

Son esprit luttait passionnément contre cet incroyable et vague écran qui bloquait sa mémoire. Il existait une réponse, il le savait. Il n'aurait pas dû se trouver là, quelque chose ne collait pas. Au fin fond de lui-même, il savait qu'il courait un terrible danger, mais lequel ? Tout cela était *stupide* ! Si seulement il pouvait penser, se souvenir un tout petit peu.

Ses épaules se contractèrent, et il frissonna. Ses yeux restaient fixés sur le petit monticule de sable jaune, de l'autre côté de la crête. Il arrivait à peine à respirer. Il attendait. Son esprit hurlait continuellement : *danger, danger.* Son regard ne quittait pas le monticule jaune. Et soudain la butte bougea ! Très rapidement, le temps d'un clignement d'œil. Puis elle se stabilisa de nouveau, quelques mètres plus près.

Pendant une fraction de seconde, elle s'était transformée en un chat — on ne pouvait s'y tromper — un grand chat jaune et sauvage. Et puis, c'était redevenu une butte de sable.

Cox rampa rapidement sur ses mains et ses genoux, de biais par rapport à la crête qui le séparait de la chose. Le sable lui brûlait la paume des mains et lui piquait les yeux, mais il se retenait de pleurer. Tous ses muscles étaient atrocement tendus. La chose bougea encore. Elle glissa furtivement le long de la pente, parallèlement à la reptation de l'homme. C'était grand, jaune, et pourvu de crocs. Elle se déplaçait gracieusement et rapidement, comme s'écoule de l'or en fusion. De petits yeux rouges le guettaient. Puis elle se figea de nouveau, se mélangeant au sable jaune et luisant.

Elle le traquait !

Une panique aveugle s'empara de lui. Il bondit sur ses pieds et dévala en courant la pente molle pour échapper. Ses yeux le brûlaient. Il continua à courir follement, jusqu'à ce qu'une dune le sépare de la créature diabolique. Il y eut un rapide et presque imperceptible mouvement jaune. Maintenant le chat des sables était derrière lui. Il semblait s'être rapproché d'une vingtaine de mètres en un instant. Il se tenait tapi dans le sable, haletant, affamé. Cox jeta un regard affolé autour de lui. Rien ! Rien que les dunes jaunes et ondulantes, le soleil de cuivre fondu, et le grand arbre de Judée tordu qui bougeait. Il se tourna brusquement et vit le chat des sables qui rampait vers lui, lentement, lentement. Il était à peine à une trentaine de mètres !

Suffoquant d'horreur, il fixa la créature, comme hypnotisé. Elle avait à peu près deux mètres et demi de long, avec des flancs maigres et musclés qui frissonnaient sous le soleil. Les yeux rouges étincelaient d'une haine sauvage. Elle avançait calmement, sûrement, avec la certitude de tuer sa proie. Cox s'efforçait de penser. Il essaya de vider son esprit de la peur et de la panique qui l'habitaient, de faire taire l'incroyable et hurlante épouvante qui le tourmentait. Il lui fallait courir, mais il en était incapable. La créature était trop rapide. Il avait conscience qu'elle ne pouvait exister ; quelque chose dans son cerveau lui disait de ne pas y croire, qu'elle n'était qu'une illusion — mais il sentait le sable crissant sous ses mains humides, et cela était réel — terriblement réel. Et le chat des sables s'approcha...

Grâce à un énorme effort de volonté, il s'élança, courut en zigzag le long de la pente et grimpa la dune suivante. Il jetait des coups d'œil effarés par-dessus son épaule pour suivre la progression de la chose. La créature le suivait à longues enjambées souples, ne se laissant pas distancer par ses fréquents changements de direction. Si seulement il pouvait se mettre hors de vue rien qu'un instant ! Il ne restait qu'une solution : si la créature n'était pas trop intelligente, ou du moins si son intelligence était obnubilée par la faim, peut-être était-il possible de l'amener à un schéma de réponses préconçues. Il courut trois mètres sur la droite, s'arrêta une seconde, et repartit vers la gauche, se dirigeant vers l'énorme bloc de pierre qui se tenait, telle une sentinelle, sur le sommet de la dune suivante.

Le chat des sables le suivit... trois mètres à droite, trois mètres à gauche. Cox recommença son manège — à droite — à gauche. Maintenant il savait que la bête répondrait comme il l'avait prévu. Il courut longuement, s'éloignant d'abord du rocher, puis revenant vers lui. La créature se rapprochait ; maintenant elle n'était plus qu'à une vingtaine de mètres. A chaque pas, la distance entre eux diminuait. Cox était hors d'haleine. Il s'efforça de reprendre sa respiration et de dominer ses nerfs. Il était un homme mort s'il laissait la panique s'emparer de lui, il le savait. Il grimpa précipitamment le versant de la dune, s'écartant du bloc de pierre, puis il bifurqua brusquement vers la droite, de façon que le rocher se trouve entre lui et la bête. Il l'atteignit finalement et se pencha peureusement pour regarder derrière lui.

Son cœur et son cerveau bouillonnaient d'affolement. Lentement, très lentement, le chat des sables gravissait la pente, scrutant la direction que l'homme avait prise. Il passa le sommet de la dune en rampant. Tout en lui était effroyable : son regard fixe et cruel, le grondement rageur qui montait de sa gueule dégoulinante de bave. Cox fouilla nerveusement dans le sable autour de lui. Il découvrit un gros caillou ayant à peu près la taille d'une brique et s'en saisit. Puis il inspira profondément et s'avança avec précaution vers le monstre jaune. Dans le doux sable chaud, ses pas ne faisaient aucun bruit. Quand il estima être assez près, il se précipita, porté par la peur et la fureur, et assena de toutes ses forces la pierre sur la gueule de la bête. Le chat des sables rugit atrocement et tourbillonna sur lui-même, ses griffes battant l'air. Son haleine chaude et fétide fit monter un haut-le-cœur aux lèvres de l'homme, mais il continua à frapper encore et encore le crâne plat de l'ignoble créature. Des griffes acérées comme des poignards labouraient son côté. Finalement, le chat poussa un cri, s'enroula sur lui-même, et s'abattit dans une ultime convulsion.

Tout aussitôt ce fut l'obscurité, et l'homme sentit un vent d'hiver qui lui piquait le visage. Devant ses yeux, les étoiles scintillaient dans l'air gelé de la nuit. Le chat des sables, le désert, l'arbre de Judée, tout avait disparu. Il était couché dans un fossé, à moitié enterré dans une boue glacée. Son flanc saignait abondamment.

Il regarda autour de lui et frissonna. Il se trouvait

au fond du fossé, son corps baignant dans une eau en partie gelée. Il vit la berge au-dessus de lui, surmontée d'une petite clôture métallique. Une route ! Il rampa douloureusement et jeta un regard inquiet par-dessus le talus. La bande de métal poli brillait sous le clair de lune. Des rafales glacées de vent et de neige lui mordirent les oreilles et lui firent monter les larmes aux yeux. Celles-ci gelèrent instantanément sur ses cils. L'air était si vivement froid qu'il lui brûlait les poumons ; respirer était presque intolérable.

Il entendit au loin un grondement sourd et la route se mit à vibrer comme si des véhicules gigantesques approchaient. Instinctivement, Cox s'abaissa, ne laissant dépasser que le haut de sa tête. Immobile, il vit défiler devant lui une longue théorie de grotesques monstres métalliques rugissants. Leurs champs de force les entouraient d'un halo de fluorescence livide. Aucun signe de vie n'apparaissait à bord. Ils avançaient inexorablement sur la voie luisante. Cox remarqua les bizarres tourelles et les superstructures qui se détachaient sur le pâle ciel nocturne. Des canons, pensa-t-il. Ces machines étaient des sortes de tanks occupés à une pesante et bruyante course de mort. Quand le dernier fut enfin passé, Cox se hissa avec précautions sur la route. A ce moment, un coup de tonnerre vibra dans ses tympans et aussitôt il commença à pleuvoir. C'était une pluie étrange de grosses gouttes glacées qui s'écrasaient sur lui avec la force de balles de mitraillette, le criblant cruellement. Il fut tout de suite trempé. Il trembla misérablement, égaré et désorienté. Si seulement il pouvait trouver un endroit où il pourrait *réfléchir*, quelque part où se reposer, se ressaisir, et essayer de panser sa blessure. Dans les ténèbres, de l'autre côté de la route, il crut distinguer les ruines désolées d'un bâtiment se dessinant sous la lugubre voûte céleste. Dans une souffrance de tout son être, et avec une infinie lenteur, il traversa en rampant la glaciale voie d'acier et dégringola dans le fossé de l'autre côté. Ses pieds commençaient à s'engourdir et la douleur dans son flanc le tenaillait horriblement. Néanmoins, bandant toute son énergie pour atteindre un abri, titubant et trébuchant, il arriva aux ruines.

C'était un bâtiment, ou du moins, cela en avait été un, jadis. Deux murs avaient été détruits comme par une explosion et le toit s'était fracassé. Mais un mur était resté intact ; il se dressait comme une sentinelle décharnée veillant dans le noir. L'intérieur avait été ravagé par le feu, et Cox dut pousser sur la porte pour la dégager des détritus et des débris. Il arriva finalement à l'ouvrir. Les gonds tordus et rouillés grincèrent sinistrement. Il finit par découvrir un coin sec et dénicha un morceau de couverture parmi les déchets, puis il se laissa tomber. Il secoua la tête, essayant désespérément de s'orienter.

Sa blessure ne saignait plus. Un rapide examen lui révéla quatre sillons rouges qui descendaient jusqu'à sa cuisse. La chair n'était pas entaillée très profondément, mais cela n'avait pas bonne mine. Quatre sillons — le chat ! Bien sûr, le chat des sables l'avait griffé dans un ultime sursaut de rage. Cox se laissa aller en arrière et fourragea dans sa chevelure noire avec ses mains sales. Il ne s'était pas battu *ici* contre le chat de sable. Cela s'était passé dans le *désert*. Mais avant, il y avait eu un tunnel, avec un train rugissant qui avait foncé sur lui. Un train qui ne roulait pas sur des rails. Et maintenant — ce monde glacé, ravagé par la guerre.

Tout cela ne collait pas. Il se força à se rappeler ce qui était intervenu dans l'intervalle. Rien, semblait-il. Il avait glissé d'un univers dans un autre en l'espace d'une fraction de seconde. Mais c'était impossible ! On ne pouvait passer ainsi d'un lieu à un autre tellement différent. Lui, du moins, *ne pensait pas* que ce fût possible.

Il entendit sa respiration, rapide et sèche, qui résonnait dans le silence des ruines. Il se trouvait là. Ce bâtiment était réel, ce froid glacial et l'obscurité aussi étaient réels. Et sa blessure, n'était-elle pas réelle ? Et pourtant, il n'avait pas été blessé ici ; cela était arrivé quelque part ailleurs. Comment était-il parvenu ici ? L'avait-il désiré ? Il secoua la tête rageusement. C'était ridicule ! Il se souvenait de trois lieux différents. Il *fallait* qu'ils aient quelque chose en commun, un quelconque dénominateur commun. Qu'avait-il découvert dans ces trois univers qui fût semblable ? Quel était le lien qui les unissait ?

Le *danger* ! Il se dressa subitement, essayant de percer l'obscurité. C'était cela ! Un tunnel et le danger. Un désert et le danger. Maintenant, ce lieu sinistre et hostile, et le *danger* ! Ce n'était pas un danger général, mais un danger uniquement dirigé sur lui. *Un danger pur, nu, à l'état brut.*

Sa pensée tourbillonnait. Il lui fallut se calmer avant de pouvoir réfléchir. Il lui semblait que le danger avait occupé toute sa vie. La seule chose dont il pouvait se souvenir était ce danger, comme s'il n'avait jamais connu que lui. Cela pouvait-il être vrai ? Instinctivement, il savait que c'était *impossible.* Avant, quelque part ailleurs, il avait *dû* connaître la paix, l'amour, le bonheur. Mais toujours en surimpression s'inscrivait dans son esprit cette conscience absolue d'une mort imminente, la certitude qu'il pouvait mourir là, à n'importe quel instant, soudainement. Et il savait que seules ses ressources propres pouvaient le sauver.

Il avait l'impression de répéter des mots qu'il savait déjà par cœur. Quelqu'un lui avait déjà dit cela. Ce n'était pas une idée originale née de son cerveau. C'était une pure redite, une information préenregistrée, quelque chose qu'on lui avait *appris* !

Se pourrait-il que ce fût Mary qui le lui ait dit ?

Il sursauta. Mary ! Dans un état d'excitation enfiévrée, il répéta le nom plusieurs fois. C'était elle le chaînon manquant, Mary, sa femme ! Ce mot lui en rappelait d'autres : paix, chaleur, tranquillité, amour. Mary était sa femme. Avec elle, il avait connu la signification de ces mots : chaleur, paix, amour, tranquillité. Et maintenant ils étaient enfouis dans quelque coin perdu de sa mémoire. Soudain, il revit le tendre visage de sa femme, la profondeur de son amour dans ses yeux sombres, la chaleur de ses bras autour de lui, la paix et le bonheur que procuraient ses baisers, et ses doux murmures heureux. Il se sentit brûler d'une joie rayonnante. Quelque part, il y avait eu Mary qui l'aimait plus que tout au monde.

Le vent se mit à siffler dans les ruines, mouillant son visage de neige fondue. Ici, il n'y avait pas de Mary. Il ne savait pas pourquoi, mais il était ici, et il était en danger. Et ici, il n'y avait ni chaleur ni amour. Il reprit brutalement contact avec la réalité. Il n'avait pas voulu venir ici. Cela *ne pouvait pas* être de sa propre volonté. Il ne restait donc plus qu'une réponse. *Il avait été mis ici.*

Son esprit s'empara de cette idée et il tressaillit. La pensée se glissa en lui comme une main dans un gant, comblant d'un seul coup le vide horrible dans lequel il se débattait. Oui, c'était bien cela ! Pour quelque raison inconnue, il avait été amené ici. Il ne sautait pas d'univers en univers de son propre gré, *on le changeait* de lieu, contre sa volonté, contre lui. On le déplaçait de danger en danger, comme une pièce d'échecs dans quelque ignoble jeu de mort. Mais personne ne le touchait, personne n'était près de lui. Comment pouvait-on le déplacer ? Il frissonna longuement quand la réponse lui parvint, et sa main se mit à trembler. Pourtant, c'était évident. Les changements avaient lieu dans son propre esprit.

Il frotta son menton râpeux. Si c'était bien cela, alors toutes ces choses ne s'étaient pas réellement passées. Il ne s'était pas vraiment trouvé dans un tunnel. Il n'y avait pas vraiment eu de chat de sable. Il n'était pas réellement couché là, glacé, recroquevillé dans un coin humide, sentant le froid mortel grimper le long de ses jambes. Il repoussa l'idée avec une flambée de colère. Il n'y avait pas de doute possible, tout cela était vrai, trop vrai ! Les traces de griffes sur son flanc étaient réelles. Il savait, avec une certitude absolue, que le chat des sables avait *réellement* existé. Il savait que le chat l'aurait tué si lui ne l'avait pas tué avant. Et qu'il serait réellement mort.

Vous pouvez mourir. Seules vos propres ressources peuvent vous sauver. Qui avait dit cela ? Il y avait eu un programme, il s'en souvenait. Quelque part, on l'avait entraîné en vue de quelque chose. Quoi ? Quelque chose d'extrêmement important. Sa pensée errait à tâtons dans l'obscurité, luttant pour transpercer le brouillard opaque de sa mémoire. Cette phrase — oui ! Il y avait un homme... petit... le visage rouge, et un plus grand, maigre, vêtu de blanc... Schiml ! C'était Schiml qui avait prononcé ces mots. C'était Schiml qui l'avait placé là !

Comme dans un éclair, le voile se déchira. Il crut apercevoir clairement la vérité de toute l'histoire. Il était en danger, et il fallait qu'il en vienne à bout. Mais il n'était pas censé savoir qu'il n'était pas réellement en danger ! Il avait suivi un long programme d'entraînement. Il y avait eu Connover, Schiml, et tous les autres. Maintenant il était seul. Mais rien, *rien* ne pouvait vraiment le blesser, parce que tout ce qui lui arrivait n'était qu'invention de son imagination.

Il frissonna dans le froid. Il n'arrivait pas tout à fait à y croire.

⁂

Le docteur Schiml s'assit sur la chaise et essuya ses sourcils où perlaient des gouttes de transpiration. Ses yeux brillaient d'excitation tandis qu'il contemplait la forme pâle étendue sur le lit. Il reporta son regard sur le visage rouge de Connover. « Il a passé le premier cap, dit-il d'une voix rauque. J'étais sûr qu'il réussirait. »

Connover approuva d'un hochement de tête. Ses yeux restaient fixés sur le tableau, à la tête du lit. « Oui, il a passé le premier cap, grogna-t-il. Il a réussi à comprendre d'où étaient issus ses différents environnements. Ce n'est pas extraordinaire. »

Le regard de Schiml flamboya. « Quand nous avons élaboré le test, vous n'avez même pas cru à une telle éventualité. Pourtant, vous voyez bien qu'il a réussi. Il passera les autres caps aussi. »

Connover se retourna nerveusement vers le docteur. « Comment s'y prendra-t-il ? *Il ne possède aucune information !* N'importe quel idiot, placé dans de telles circonstances, peut déduire que les situations qui se présentent à lui ne sont ni plus ni moins que des phénomènes mentaux subjectifs. Mais si vous vous attendez à ce qu'il aille plus loin dans cette ligne de raisonnement, vous vous trompez grandement. Vous demandez l'impossible. Il n'a pas assez de souvenirs de la réalité pour construire ses défenses.

— Il a Mary, vous, moi, répondit le docteur, d'un ton sec. Il sait qu'il participe à un programme d'entraînement, et il sait qu'il est testé. Maintenant, en plus, il sait qu'il vit les cauchemars nés de son propre esprit. Il faut qu'il découvre le reste.

— C'est justement ce qu'il sait, insista Connover, qui multiplie par mille le danger. Il va être mis en confiance, il va se montrer imprudent... »

La femme remua. Ses yeux rougis restaient fixés sur l'homme allongé, mais elle semblait ne pas le voir. Son visage était livide et tiré. Elle considéra sombrement le docteur. « Connover a raison, dit-elle. Il n'a aucun moyen pour comprendre. Il peut très bien rester là, et se laisser aller à... » La fin de sa phrase se brisa en un sanglot étouffé.

« Mais, Mary, ne vous rendez-vous pas compte que c'est exactement cela que nous devons découvrir ? Il faut que nous sachions si l'entraînement est valable. C'est vrai, il peut se montrer imprudent, mais pas *longtemps*. Souvenez-vous du chat. Il l'a blessé. Il l'a *réellement* blessé. Il passera le prochain cap. Il sera peut-être blessé au début, mais il s'en sortira. »

Le visage de la jeune femme s'empourpra de colère. « Mais il peut en mourir ! Vous lui demandez trop. Ce n'est pas un surhomme. Il n'est qu'un simple être humain, sans défense, comme n'importe qui. Il ne possède pas de pouvoirs magiques ! »

Le docteur était blême. « C'est vrai. Mais il possède certains pouvoirs non magiques, des pouvoirs que nous lui avons enseignés depuis un an. Il va lui falloir les utiliser, c'est tout. Il va y être *obligé.* »

Les yeux sombres revinrent sur la forme immobile étendue sur le lit. « Que voulez-vous encore prouver ? demanda-t-elle doucement. Que faudra-t-il encore qu'il endure avant que vous arrêtiez et que vous le rameniez ? »

Le regard de Schiml glissa sur Connover et se posa sur Mary. Un léger sourire flotta sur ses lèvres. « Ne vous inquiétez pas, dit-il gentiment, j'arrêterai assez tôt. Dès qu'il aura passé les épreuves nécessaires. Mais pas avant.

— Et s'il ne réussit pas ? »

Elle ne vit pas la main du docteur trembler tandis qu'il réglait les cadrans sur le tableau. « Ne vous inquiétez pas, répéta-t-il. Il réussira. »

***

Petit à petit, l'engourdissement gagna les jambes de Robert Cox. Il était couché sur le sol froid et sale, ses yeux fouillant inlassablement l'obscurité des ruines. Ses récentes déductions l'avaient puissamment détendu. Il respirait à présent plus librement, et il sentait son esprit se libérer lentement de l'atroce tension qui l'avait jusque-là habité. Il savait avec certitude qu'il ne se trouvait pas dans la réalité. Cet endroit glacial et hostile *n'était pas réel.* Ce n'était que quelque horrible cauchemar surgi des profondeurs de son subconscient, matérialisé pour quelque raison qu'il n'arrivait pas à élucider, mais qui lui était proposé comme une ignoble et affreuse imitation de la réalité. Au fond de lui, quelque chose lui murmurait qu'aucun danger réel ne le menaçait vraiment. Ce sentiment d'inquiétude qui l'obsédait était faux. Un atroce supplice appartenant à cet univers non réel dans lequel il se mouvait. Ils le testaient, c'était évident, bien qu'il ne parvînt pas à percer l'écran brouillé de sa mémoire pour découvrir pourquoi ils le testaient, dans quel but. Quoi qu'il en fût, il avait réalisé la fausseté de cette pseudo-réalité ; maintenant, cela allait se terminer. Il ne pouvait plus être trompé. Il se sourit à lui-même. Sachant ce qu'il savait, il ne courait plus de danger. Plus de danger réel, en tout cas. Même sa blessure au côté était un effet de son imagination, elle n'existait pas réellement.

Et pourtant, le froid poursuivait son labeur insidieux dans ses jambes — les engourdissant — pénétrant de plus en plus haut dans son corps. Il ne bougeait plus. Il se contentait d'attendre. Etant donné que le test était terminé, ils n'allaient pas tarder à le ramener à la réalité.

Acérée et glacée comme une lame de microtome, quelque chose taillada son cerveau. Cela fut rapide et subit. Aucun avertissement n'avait signalé l'approche du danger. Il hurla, et son esprit se tordit et se contorsionna sous la douleur. Il essaya de se redresser, mais ses muscles paralysés refusaient de lui obéir. Un second coup, encore plus sauvage, plus pointu, plus précis, vint le frapper avec une telle puissance qu'il sectionna presque le cerveau. Il hurla encore, les yeux fous de douleur, se roulant sur le sol. Il se tendit de toutes ses forces, se raidissant contre l'attaque qui allait venir et, quand elle vint, tout son corps se crispa comme pour aider son énergie mentale à se regrouper pour former un rempart protecteur.

Le haut de son corps se tordit et se convulsa frénétiquement, désespérément, démentiellement, pour tenter de se redresser et s'enfuir, mais c'était inutile. Son visage exsangue grimaçait dans les détritus et la pourriture. Une autre attaque survint, lacérant et déchirant son cerveau avec une sauvagerie impitoyable qui le glaçait et l'épouvantait. Il se tortilla sur le sol et rampa vers la porte, ses yeux fous essayant de percer l'obscurité.

Il distingua difficilement la forme grise d'un des monolithes d'acier qu'il avait vus sur la route quelques instants auparavant. La chose était immobile, arrêtée sur la toundra rocailleuse et glacée du terrain vague, auréolée, telle une apparition fantomatique, par une lueur spectrale. Cox sut que le danger venait de là. C'était ce monstre qui l'attaquait avec une si incroyable férocité, le blessant avec ces effroyables projectiles paralysants qui l'ébranlaient de fond en comble, corps et âme. Il lutta pour essayer d'ériger quelque barrière mentale contre cette nouvelle terreur. Il avait eu tort : il *pouvait* être blessé. Le test n'était pas terminé — mais pourquoi cette torture horrible et inhumaine ? Et les coups se succédèrent, et il hurla et se tordit atrocement dans l'attente du prochain dans une agonie anticipée, puis encore du prochain.

Soudain, il se sentit glisser dans un puits de chaleur douce et veloutée, de tendresse suave, de délicieuse béatitude. Son esprit léger et apaisé se balançait aux sons de la musique apaisante et incantatoire qui jouait dans sa tête. Il plongeait avec bonheur dans le piège, quand un éclair démoniaque venu de nulle part éclata dans son crâne, le projetant au sol dans un bond d'agonie. *Non, non, non,* criait son esprit, *ne te laisse pas aller, bats-toi !* Et il lutta pour reconstituer ses maigres défenses, essayant faiblement de combattre l'ignoble et atroce douleur. Ce n'est pas réel, songea-t-il, cela n'existe pas réellement. Ce n'est qu'un cauchemar, ridicule et impossible. *Je ne peux pas être blessé* — et pourtant il était blessé et il souffrait terriblement. C'était insoutenable ! Ensuite — un autre coup le frappa, encore plus mordant, plus vrillant — comme des serres aiguës déchirant et arrachant son cerveau — au-delà de ce qui était humainement supportable.

Il allait mourir ! Il le sut en un atroce éclair de

lucidité. La chose qui se tenait dehors dans le terrain vague allait le tuer, le mettre en pièces, le réduire en une masse lamentable de protoplasme tremblotant, sans esprit, sans vie — *comme les hommes qu'il avait vus revenir à bord du vaisseau.*

Il hoqueta et respira avidement. Il eut l'intuition qu'il venait d'ajouter un maillon qui lui manquait. *Le vaisseau — le vaisseau cosmique* — il l'avait vu, il y avait longtemps de cela. Quelque part dans un coin éloigné de son cerveau, il retrouva l'image du vaisseau qui était revenu sur sa planète mère, la Terre, après tant d'années. Ce n'était plus qu'une carcasse décharnée et tordue, ramenant des épaves d'hommes broyés. Ceux qui avaient fièrement commencé le voyage n'étaient plus qu'à peine vivants, rapportant l'enregistrement d'inimaginables horreurs, et seuls des balbutiements inintelligibles et des filets de bave franchissaient leurs lèvres. Ils étaient partis vers les étoiles et avaient rencontré une sauvagerie *autre* contre laquelle ils étaient impuissants — et ils n'avaient quitté leur léthargie que pour tomber dans une démence brutale et hurlante à l'idée de ne jamais, jamais revenir.

Etait-ce pour *cela* qu'il était testé ? Etait-ce pour cela qu'il avait été entraîné ? Pour être soumis à cette dévastation mentale, à ces épreuves insoutenables ? Une autre attaque le paralysa, lui ôtant les faibles forces qui lui restaient, effaçant toutes les images de sa mémoire. Etait-ce *cela* que ces hommes avaient affronté ? Etait-ce cela qui les avait détruits, alors qu'ils se trouvaient infiniment loin de chez eux, désespérément seuls sur quelque monde *autre* ? Ou bien était-ce autre chose, quelque torture cent fois plus horrible ? Il tournoya sur lui-même en hurlant. La rage bouillonnait en lui. Il prit conscience que ce danger, qu'il fût un produit ou non de son imagination, était *réel* — si horriblement réel qu'il allait le déchiqueter totalement, une fois qu'il aurait atteint le point limite d'endurance au-delà duquel il n'existait que la mort.

Froidement, il se mit à la recherche d'une arme, luttant délibérément pour dresser un bouclier capable d'arrêter ces hideuses attaques. Il fallait combattre l'horreur par l'horreur, quitte à mourir en se battant si cela était nécessaire. Sombrement, il ferma son esprit à tout ce qui n'était pas haine et peur, draguant dans le puits de l'horreur et de l'exécration pour y trouver quelque chose qui puisse contrebalancer et abattre la monstruosité qui le menaçait. Poussant un cri de rage, il expulsa des images pestilentielles chargées de tout ce qu'il connaissait de sauvagerie, de violence infernale, de haine, de destruction, d'hostilité démoniaque, rendant coup pour coup, implacablement.

Ils pouvaient essayer de le tuer ; il savait qu'ils *pouvaient* le tuer, mais il les combattait de toutes les forces d'énergie mentale qu'il puisait en lui. Les mouvements et fluctuations des émanations lumineuses autour de l'horrible machine matérialisaient les différents stades de la lutte à mort entre l'homme et le monstre. Le champ s'élevait, oscillait d'avant en arrière, ou de haut en bas. Puis, soudain, Cox entendit un hurlement démentiel qui décrut progressivement — un hurlement porteur de peur, de défaite et de haine *autres*.

Et dans le silence, il se laissa tomber exténué sur le sol. Ses lèvres remuaient faiblement, répétant inlassablement : « Je dois les tuer, ou eux me tueront... eux me tueront... eux me tueront... »

***

Les sanglots de la jeune femme se faisaient écho entre les parois de la chambre silencieuse. « Oh, arrêtez ! » implora-t-elle. « Arrêtez, Paul, je vous en supplie — il ne peut pas continuer. Oh ! c'est horrible...

— Pour moi aussi, cela suffit », grinça Connover. Son visage était livide, comme s'il eût été malade.

« Comment pouvez-vous continuer ? demanda-t-il d'une voix rauque.

— Ce n'est pas moi qui continue, répondit tranquillement le docteur Schiml. Ce n'est pas moi qui élucubre toutes ces horreurs. Je me contente d'envoyer de faibles stimuli dans certaines parties de son cerveau. Rien de plus. C'est lui qui fait le reste. »

Mary se tourna vers lui, l'air hargneux. « A qui voulez-vous le faire croire ? Comment pourrait-il se trouver de telles... abominations dans son cerveau ? Tout *cela* n'a rien à voir avec Robert, vous le savez parfaitement. Robert est doux, pacifique, tendre — comment de tels cauchemars existeraient-ils dans son esprit ?

— Tout le monde possède ses propres cauchemars, Mary. Même vous. Et tout le monde porte en soi d'ignobles instincts de mort.

— Mais il a passé tous les caps que nous avions prévus, cria Connover. Que désirez-vous de plus ?

— Quelques-uns des caps, corrigea sèchement Schiml. Connover, voulez-vous vraiment que tous ces mois de travail ne servent à rien ? Bien sûr, il a déjà parcouru un long chemin. Il a réalisé qu'il vit au milieu de dangers qui *peuvent* le tuer. Ceci était particulièrement important. Il a aussi compris pourquoi il était testé, bien qu'il ne l'ait pas réalisé de façon tout à fait rationnelle. Il commence à apercevoir pourquoi les hommes des vaisseaux ont échoué. Il sait qu'il *doit* vraiment se battre pour survivre. Oui, il a parcouru un long chemin depuis ses premières déductions — un chemin remarquablement long. S'il n'avait pas été entraîné, il n'aurait même pas survécu au tunnel. Mais nous ne pouvons pas arrêter maintenant. Il n'a même pas encore atteint l'épreuve la plus vitale. Il est trop fort, trop confiant — pas assez désespéré. Je ne peux pas l'aider, Connover. Il faut qu'il s'en sorte tout seul.

— Mais il ne survivra pas à une autre attaque comme la dernière ! rétorqua vivement Connover. Aucun homme n'en serait capable, entraîné ou non.

Paul, vous le laissez délibérément se tuer lui-même. Personne, personne, ne pourrait résister à...

— Pourtant, il le lui *faudra* bien. Les équipages des vaisseaux ont été incapables d'affronter et de supporter ce qu'ils ont découvert là-bas. C'est pourquoi ils sont revenus dans un tel état. »

Le visage de Connover était bouleversé. « Alors, je m'en lave les mains. Je vous somme d'arrêter tout de suite. Si cet homme meurt... » Il fixa durement le docteur. « Je n'en serai pas responsable.

— Mais vous aviez accepté...

— Eh bien, je n'accepte plus ! Cela va trop loin. »

Schiml le considéra d'un regard dégoûté. Il soupira. « Si c'est ainsi que ça doit se passer, alors... » Il jeta un coup d'œil vers la femme en pleurs. « J'en prends toute la responsabilité. Mais il faut que nous en finissions !

— Et s'il meurt ? »

Les yeux de Schiml semblaient fixer le vide. « C'est très simple, dit-il. S'il meurt, nous n'aurons plus aucune chance. Il n'y aura plus jamais de vaisseaux cosmiques. »

⁂

Il n'aurait su dire combien de temps il était resté inconscient. Il releva difficilement la tête, grimaçant sous la douleur qui lui transperçait le cerveau. Il cilla plusieurs fois devant le reflet de lui-même ondulant sur le mur d'acier poli comme un miroir. Il écarquilla les yeux, effrayé de se reconnaître dans l'image qui s'était stabilisée. Oui, c'était bien lui, Robert Cox, ses cheveux noirs plaqués par la boue séchée, son visage sale marqué de cicatrices livides et sinistres, ses yeux rougis par la fatigue et l'épuisement. Avec un grognement, il roula sur le sol poli et luisant. Son regard semblait affolé. Il tâta son côté délicatement ; la douleur était toujours présente, se réveillant sous le contact de ses doigts tremblants. Sa tête le faisait souffrir atrocement. Mais cette pièce...

C'est alors qu'il réalisa qu'il s'était passé un autre changement. La chambre était hermétiquement close, sans une ouverture, sans une fenêtre ou la moindre fente. Elle était petite et basse, de forme hexagonale — chacun des murs poli comme un miroir, le plafond et le sol reflétant aussi son image. Il se dressa péniblement sur ses pieds, reniflant la faible odeur aiguë de l'ozone. Dans les miroirs, simultanément, des centaines de Robert Cox se dressèrent péniblement sur leurs pieds, se contemplant stupidement et mutuellement les uns les autres. Des centaines de Robert Cox hagards, sinistres, se reflétant et se re-reflétant d'angles en angles, en haut, à droite, en bas, à gauche, derrière et devant lui, dans l'incandescence brillante de la pièce.

Et il entendit le cri, un cri d'agonie, long et perçant qui se répercuta sur les parois de la chambre, lui crevant presque les tympans. Il retentit à nouveau, cette fois plus fort, plus perçant. Instinctivement, Cox se boucha les oreilles avec les mains, mais le cri traversa l'obstacle, lui broyant le crâne. Puis, derrière le hurlement, lui parvint un lourd bruit grinçant et pénétrant, un grattement persistant comme aurait pu en produire une énorme meule en action. Le hurlement revint, encore plus fort, encore plus oppressant, et un sifflement vrillant s'ajouta aux grincements de la machine. Alerté, Cox vint se placer au centre de la pièce. Les muscles bandés, il attendit, se tenant prêt à affronter n'importe quelle attaque ou toute chose qui viendrait le menacer. Dans les profondeurs de son cerveau, une immense lassitude se développait lentement, accompagnée d'une colère latente — contre lui-même qui subissait cette torture toujours renouvelée, contre le docteur Schiml, contre Connover, contre tous ceux qui participaient d'une façon ou d'une autre à cette ignominie. Que cherchaient-ils ? A quoi rimaient toutes ces attaques, cette horreur en perpétuel changement ? Pourquoi était-il exposé à de tels dangers qui pouvaient si facilement le briser et le tuer ? Il se sentait atrocement faible — un terrible pressentiment lui disait qu'il ne pourrait continuer, qu'il approchait de ses limites, qu'il devrait bientôt s'allonger pour mourir. Planté rageusement sur le sol, les poings fermés, il attendait. Jusqu'où un homme pouvait-il aller ? Que cherchaient-ils, que lui voulaient-ils tous ? Et par dessus tout, *quand allaient-ils arrêter ce supplice ?*

Il regardait paresseusement le miroir devant lui, quand soudain il réalisa quelque chose qui le fit vaciller sur place. Un long frisson le parcourut tout entier. Il cligna nerveusement des yeux devant l'image, puis il se tâta d'un air incrédule. Quelque chose lui arrivait. Il n'était plus le même !

Un autre cri transperça l'air. Un gémissement horrible et strident, né de la douleur et de la torture. Cox tressaillit violemment. Son image se déformait, se fondant et se tordant devant ses yeux fascinés. Il vit ses doigts devenir mous, se rouler et s'entortiller sur eux-mêmes comme un amas visqueux et tentaculaire de vers grouillants. Il arracha ses yeux du miroir et fixa éperdument ses mains — et un hurlement jaillit de sa propre gorge. Son cri se répercuta sur les miroirs, comme si tous ses doubles hurlaient eux aussi, se moquant de lui. Non, pensa-t-il, *non* — cela ne peut pas arriver, c'est *impossible* ! Et ce grincement sinistre et persistant — quelle pensée monstrueuse avait glissé du sable dans les rouages de la machine ? Et ces cris, de plus en plus fréquents, de plus en plus perçants. La pièce vibrait littéralement autour de Cox. A présent, c'était son bras qui se déformait, se contorsionnant comme quelque chose dotée d'une existence autonome.

Il fallait qu'il sorte de cet endroit ! Dans un cri de rage impuissante, il se jeta contre un miroir qui résonna longuement sous le choc, l'envoyant rouler sur le sol. Son esprit s'affolait, cherchant une issue. Son regard fouillait intensément autour de lui, mais il n'y avait pas de porte, rien que des miroirs. Des miroirs qui poursuivaient leur œuvre de destruction sur son bras, de plus en plus haut, vers son épaule. Chaque mur semblait être le reflet de milliers d'autres. Rampant sur ses genoux et sur ses mains, il fit le tour de la pièce — il y avait quatre murs, ou cinq, ou six — ou bien était-ce sept ou huit ? Il ne savait plus. Peut-être avait-il fait plusieurs fois le tour ? Il n'aurait su le dire. Chaque regard le ramenait sur cette chose horrible et mouvante, là où aurait dû se trouver son bras. Finalement, par un effort de volonté surhumain, il saisit la masse grouillante avec sa bonne main et l'arracha. Comme un tas de gelée animé de vie, elle continua à se contorsionner, à palpiter, se fondant sans cesse sur elle-même pour se transformer encore. Cox ne pouvait en détacher ses yeux agrandis d'horreur.

Soudain une pensée lui traversa l'esprit. Il s'accrocha désespérément à elle comme un naufragé à une bouée. La réflexion ! Il ne voyait que des reflets ! Il ne pouvait pas vraiment compter les murs. Il ne pouvait avoir aucune certitude. Il fallait qu'il sorte de cette pièce, il *fallait* qu'il sorte ! Il ferma les yeux. La lumière rougeoyante filtrait à travers ses paupières baissées. Les cris perçants devinrent encore plus présents. Lentement, douloureusement, il glissa à reculons jusqu'à une des parois. Les yeux hermétiquement clos pour ne plus voir les miroirs, il tâta la surface unie avec sa main valide.

Une fente. Il fallait la suivre. C'était lisse et froid — donc du métal. Un bouton ! Un bouton de porte ! Il le tourna, laissant échapper un cri qui était en même temps un sanglot de soulagement. Il sentit dans son dos la paroi s'ouvrir. Aussitôt, les yeux toujours fermés, il se glissa dehors sur un sol dur et rugueux, et claqua la porte derrière lui. Il resta ainsi à quatre pattes, haletant, tandis que les grincements et les cris s'éteignaient au loin, le laissant dans un silence absolu, presque palpable.

Il y avait de la lumière. Il ouvrit les yeux et les

referma aussitôt dans un réflexe de frayeur, son esprit vacillant sous le choc. Il se força à les entrouvrir à nouveau, et jeta un regard furtif vers le bas, luttant pour surmonter la terrible peur ancestrale. C'était atroce ! Un haut-le-cœur de vertige le secoua et il s'aveugla à nouveau.

Il se trouvait sur le sommet d'une pointe rocheuse de quelque trois cents mètres de haut !

Instantanément, il s'aplatit de toutes ses forces, s'accrochant désespérément aux moindres aspérité du rocher. La plate-forme sur laquelle il se tenait avait presque les dimensions et la forme d'un cercueil ; un peu moins de deux mètres de long sur moins d'un mètre de large. Elle était noyée dans un ciel bleu et glacé, chargé de nuages blancs, ouatés. Mais, très bas en dessous de lui, Cox entendait le bruit rageur, sec et effrayant, du ressac de la mer venant se broyer sur la base de son récif.

Une ombre passa au-dessus de lui. Il jeta un regard alarmé et nerveux. Très haut dans le ciel, il vit de grandes ailes noires, un long cou rouge et pelé, des griffes acérées, noires et brillantes, et une gueule crochue qui étincelaient sous les rayons du soleil. Il n'avait jamais vu un oiseau semblable. La bête dériva lentement vers lui, puis s'éloigna, décrivant de larges cercles dans le brillant ciel d'azur. Elle était bien plus grosse que lui, remarqua Cox. Il avait eu aussi le temps d'apercevoir deux petits yeux cruels qui l'avaient fixé froidement et méchamment. Des sanglots montèrent à sa gorge et il s'agrippa désespérément à son rocher. Les cercles de l'oiseau se rétrécirent, se rapprochant de lui. Mais pourquoi ? Pourquoi n'arrêtaient-ils pas cette torture ? Pourquoi continuaient-ils ces affreuses épreuves ? Pourquoi ne le ramenaient-ils pas ?

Il eut l'intuition que la fin approchait — ses forces et sa volonté faiblissaient. De petits courants de démoralisation et de désespoir irriguaient son cerveau. Ce désespoir lui faisait presque oublier la peur de la mort qui l'avait soutenu si longtemps. Il n'avait plus envie de résister. A présent, l'oiseau était si près de lui qu'il pouvait entendre le battement claquant des grandes ailes, et les serres d'acier frôlaient presque ses épaules. Il pencha précautionneusement la tête au-dessus du précipice, à la recherche de la moindre aspérité, de la moindre anfractuosité où glisser un orteil pour descendre ce vertigineux éperon. Rien. Pourtant, il *devait* descendre ; il ne pouvait pas lutter contre ce monstre volant. Au-delà du vide, très, très bas sous lui, il aperçut la surface bleue de l'eau. Essayer de descendre équivalait à se suicider. Perdue dans sa manche, il sentait l'extrémité déchiquetée de son bras. Il ne lui restait qu'un bras pour se tenir ; comment se défendrait-il contre la créature ailée, même s'il y avait eu une possibilité de descente ?

A cet instant, l'oiseau fonça sur lui, et une griffe d'acier lacéra sa chemise et son épaule. Une onde de douleur le transperça, matérialisant du même coup l'idée folle qu'il n'avait jusqu'à présent osé formuler. Sauter d'une telle hauteur *pouvait* l'entraîner au fond de l'océan — peut-être trop bas pour qu'il puisse remonter. C'était impossible et insensé, mais il n'avait pas le choix. Il aspira profondément, s'approcha du bord de la plate-forme, réunit les forces qui lui restaient, et se propulsa dans le vide — et l'espoir.

Il frappa l'eau avec un impact horrible qui expulsa l'air de ses poumons, mais il lutta désespérément avec son bras valide pour remonter à la surface. Son esprit attendait, espérait la délivrance. Maintenant ils devaient être satisfaits, ils allaient arrêter, le ramener — ils ne pouvaient pas continuer ainsi ! Finalement, il troua la surface, et aussitôt il sentit la terre ferme sous ses pieds. Il regarda en arrière et vit que la pointe rocheuse avait disparu. Le ciel avait subitement pris une horrible teinte jaune orangé. Haletant et épuisé, il tituba sur la plage.

Mais cette plage n'était pas normale. Le rivage bizarrement contorsionné avait quelque chose d'effrayant. La colère s'empara de Cox. Sous ses pieds, le sable était mouvant et semblait mû par quelque instinct maléfique : de petits bourrelets aréneux grimpaient autour de ses chevilles et les tordaient comme pour le faire tomber à genoux. D'étranges étoiles noires clignaient dans le ciel, et de gros blocs de rocher traversaient l'air, sifflant à ses oreilles comme d'énormes et incroyables boulets de canon. Cet univers était en perpétuel changement, se tordant et se modifiant pour prendre des formes impossibles qui n'avaient rien de terrestre. Cox sentit l'odeur aiguë et irritante du chlore dans l'air humide.

Un cri de rage le submergea et il se jeta sur la plage mouvante, frappant de toutes ses forces le sable grouillant. Il hurla plusieurs fois sa fureur impuissante. Il n'en pouvait plus — il arrivait au bout — il ne pouvait plus lutter. Ils *devaient* le ramener maintenant, ils devaient arrêter.

Une pensée atroce le glaça subitement. Il se redressa sur ses genoux. Ses yeux caves et cernés, anormalement agrandis, fixaient le paysage tors sans le voir. La peur s'empara de lui ; une peur profonde et intérieure qui vibrait dans son crâne — une épouvante désolée qui le ravageait. Lentement, avec soin, il se remémora les épreuves par lesquelles il était passé, qu'il avait subies. Il courait et se battait depuis si longtemps — il avait franchi tous les obstacles — il avait lutté autant qu'un homme en était capable. Ils avaient testé ses réactions, conscientes et inconscientes, ses ressources en face des périls, son intelligence, sa résistance, sa force physique et morale. Que pouvaient-ils désirer de plus ? Pourtant ils ne l'avaient pas ramené. Si jamais un être humain avait fait la preuve qu'il était capable de survivre dans l'effroyable étrangeté des mondes cosmiques, lui, Robert Cox, était celui-là.

Et pourtant ils ne l'avaient pas ramené.

La pensée qu'il repoussait désespérément revint à l'assaut, fortifiée, prenant progressivement la forme d'une horrible certitude. Il frissonna. Un lourd sanglot se brisa sur ses lèvres. Maintenant, il savait — il était sûr. Il avait attendu, espéré, s'était débattu pour les satisfaire, croyant qu'ils arrêteraient ce supplice. Mais à présent, il comprenait enfin — la vérité lui apparaissait avec une terrible clarté.

Ils n'arrêteraient jamais. Ils le laisseraient pour *toujours* exposé à ces horreurs. Il pouvait se défendre, il pouvait résister aussi longtemps qu'il lui resterait un souffle de vie, jamais ils ne le libéreraient.

Il avait combattu pour une cause perdue d'avance. Plus il avançait, plus le but s'éloignait. Il pouvait continuer à se battre et à lutter jusqu'à l'épuisement — *seule la mort le délivrerait.*

La colère noya le désespoir. Une colère aveuglante qui lui broyait le cœur et tordait sa bouche en un rictus de rage. Il avait été trompé, grugé, trahi, depuis le début. Quelle était la fiabilité d'un homme entraîné au danger ? Dans cette expérience, il n'avait été qu'un pion lancé sur une pente mortelle, tel un cobaye inconscient.

Pour le plus grand bien de l'humanité, avaient-ils prétendu. Il cracha sur le sable. Désormais, il se fichait de l'humanité. Que des hommes aillent dans les étoiles ? *Merde aux étoiles !* Il était un homme. Il avait mené une bataille épuisante, bravant les plus horribles avatars de la mort que son propre esprit pouvait concevoir. Mais il n'allait pas crever ! Même pas devant le pire danger auquel Connover, Schiml, et leurs ignobles équipes d'entraînement psychologique avaient pu le confronter !

Il s'étendit sur le sable. La colère bouillait dans ses veines et le faisait voir rouge. Il se battait contre son propre esprit. Ces horreurs, qui lui apparaissaient si atrocement réelles, venaient de lui. Schiml les contrôlait à l'aide de ses aiguilles et de ses cadrans, et les stimulait par d'infimes décharges électriques, mais elles naissaient dans son cerveau. Elles pouvaient le tuer, oh ! oui, bien sûr.

Mais lui aussi pouvait *les* tuer.

Il vit arriver de loin le gros bloc rocheux. C'était noir, avec des arêtes vives et brillantes, semblable à un monstrueux morceau de charbon. La chose filait droit sur lui, à une vitesse vertigineuse comme un missile fou émergeant de l'enfer. La rage et la rancœur s'enflèrent dans le cœur de l'homme. Il se leva, faisant face à l'énorme projectile qui approchait. Toute sa pensée se concentra en un unique et mince faisceau, et il hurla « Assez ! » de toutes les forces qui lui restaient.

Aussitôt, le bloc cahota, ralentit, puis disparut dans l'air en une explosion de lumière bleue.

Ses muscles cruellement durcis, le cou strié de veines gonflées, Cox se retourna et considéra le paysage toujours changeant, en perpétuel recommencement. Ce n'est pas vrai, lui hurlait son esprit — tu peux t'éveiller — ils ne t'aideront pas, mais tu peux y arriver tout seul — tu peux faire disparaître tout cela — *toi seul peux contrôler ton propre esprit.*

Et soudain, comme dans un rêve, le monde commença à s'évanouir lentement autour de lui, s'effilochant, se tordant, se contorsionnant comme des spectres dans l'air léger et humide. Cox sentit ses dernières forces s'écouler de son corps torturé, et son esprit plongea dans le noir de l'inconscience — et l'univers disparut. Avant de sombrer dans le néant, il distingua fugitivement un doux visage de femme, aimant et ravagé de larmes, qui dansait devant ses yeux, l'appelant par son nom.

⁂

Il s'éveilla d'un seul coup. Il ouvrit lentement les yeux. Il se trouvait dans une chambre d'hôpital, gaiement illuminée par un frais soleil matinal. Le lit sur lequel il était étendu se trouvait à côté d'une fenêtre, et sous lui il pouvait voir les larges bâtiments et les pelouses du Centre médical Hoffman traçant une oasis verte au milieu de la cité grouillante, déjà en pleine animation. Au loin, il aperçut les scintillants cônes argentés des vaisseaux cosmiques qui, il le savait, l'attendaient.

Il se tourna vers le grand homme vêtu de blanc qui se tenait à son chevet. « Paul, dit-il doucement, je m'en suis sorti.

— Oui, vous avez réussi. » Le docteur sourit gaiement, et s'assit au bord du lit.

« Mais il a fallu que je termine tout seul. Vous ne pouviez pas l'arrêter pour moi. »

Schiml approuva gravement. « C'était le dernier cap que vous deviez passer, le plus critique de tout le test. Bien sûr, je ne pouvais pas l'avouer aux autres. S'ils l'avaient su, ils ne m'auraient jamais autorisé à le tenter. Connover ne voulait même plus endosser la responsabilité de ce qu'il avait pourtant accepté. Mais sans cette dernière épreuve, le test n'aurait eu aucune valeur. Vous le comprenez, n'est-ce pas ? »

Cox hocha lentement la tête. « Il fallait que je dépasse le seuil de réaction physique — il fallait en quelque sorte que je me viole moi-même.

— Nous n'avons aucun moyen de savoir ce que vous découvrirez là-haut quand vous irez, expliqua tranquillement Schiml. Tout ce que nous possédons comme informations, c'est ce que les autres ont rencontré, et ce que cela leur a fait. Ils n'ont pas pu survivre à leur découverte. Mais nous savions, qu'en aiguisant le seuil de réponse par un entraînement basé sur le dilemme « se battre ou fuir », nous pourrions obtenir certains résultats. Même épuisé physiquement, vous deviez encore posséder des réactions avivées au maximum, ainsi que toutes vos ressources psychiques et morales. Cela, nous *devions* nous en assurer. » Il se pencha un moment pour inspecter la tête bandée de Cox. Ses doigts s'activaient sûrement, avec beaucoup de douceur. « Si c'était nous qui avions concocté les horreurs auxquelles vous étiez exposé, avec la possibilité de tout arrêter quand cela devenait trop dur, vous n'auriez pas atteint ce stade ultime de désolation et d'abandon. C'est pourtant ce qui vous sauvera, quand vous irez dans les mondes lointains.

C'était cela le dernier cap que les autres n'ont pas réalisé : il fallait que vous découvriez finalement que nous n'allions pas vous aider, que si vous deviez être sauvé en fin de compte, vous le seriez grâce à *vous*, et à vous seul. Vous comprenez, Bob, quand vous irez là où les autres cosmonautes sont allés, personne ne sera là pour vous venir en aide. Vous ne pourrez compter que sur vous... sur vous seul. Mais quels que soient les univers *autres* que vous découvrirez, vous aurez avec vous un étrange ange gardien pour vous soutenir.

— L'entraînement...

— Oui. Un entraînement au niveau de l'inconscient, bien sûr, mais il sera néanmoins là. Un affûtage de vos sens, de vos pouvoirs analytiques — cette notion aiguë et irrésistible du « se battre ou fuir » qui vous protégera, quels que soient les cauchemars où vous vous trouverez. »

Cox approuva. « Je sais. Au début de l'entraînement, vous en parliez comme d'une sorte de frère, caché, mais toujours présent. Ce test était l'épreuve finale pour savoir si j'étais *capable* de survivre à de tels cauchemars.

— Oui. Et vous emporterez avec vous dans les étoiles votre expérience et votre connaissance des cauchemars. Elles sont enfouies dans votre esprit, mais elles seront là quand vous en aurez besoin. Vous... et votre frère en cauchemar, serez les prochains à partir. »

Cox regarda un long moment à travers la baie. « Mary va bien ? demanda-t-il, d'une voix douce.

— Elle attend de vous voir. »

L'homme s'assit lentement, repassant clairement dans sa mémoire les épreuves qu'il avait subies. Cela avait été atroce, terrible, mais nécessaire — afin qu'il ne soit pas un déchet comme les autres quand il reviendrait. Afin que les hommes puissent voyager avec sécurité dans les étoiles, et en revenir intacts.

Il se souvint de la rage qui s'était emparée de lui.

Il agrippa fermement la main du docteur. « Merci, Paul, dit-il. Si j'en reviens...

— Non..., le coupa Schiml, avec un sourire pas *si*... *quand* vous en reviendrez. Eh bien, quand vous en reviendrez, nous boirons une bonne bière tous ensemble. Voilà tout. »

Traduit par MICHEL RIVELIN.

Nightmare Brother.

LE MEILLEUR DES ÉQUIPAGES

par Daniel F. Galouye

Sans les ordinateurs électroniques, il n'y aurait pas eu de conquête de l'espace. En renseignant sur la position et la vitesse des astronefs, en calculant les conséquences d'une modification de trajectoire, ces machines permettent d'obtenir les résultats de calculs complexes en temps utile, et d'agir ensuite en fonction de ces résultats. Au fur et à mesure que l'on pourra augmenter la charge des astronefs, ces derniers emporteront à leur bord des ordinateurs toujours plus puissants, plus perfectionnés. D'abord auxiliaires de l'homme, ils deviendront peut-être ses partenaires à part entière.

CELA recommençait ! Tel le cri strident d'un oiseau blessé, la plainte déchirante du condensateur de phase transperça le silence de la nef.

Vance Lorry, qui était juché sur sa couchette, leva les yeux. L'appréhension se lisait sur son visage juvénile.

De l'autre côté du compartiment, Mart Burton se frappa sur la cuisse et se leva. « Cette fois, c'est fini ! On prend la nacelle de sauvetage, et adieu !

— Non ! Attends ! » Lorry alla se poster devant la

porte. « Peut-être y a-t-il une chance. Laissons encore passer un saut.

— Ecoute, fiston... nous n'avons pas le temps de discuter. Nous sommes déjà à six cents années-lumière de l'avant-poste le plus rapproché. Nous ne pouvons nous permettre de laisser ce condensateur en folie nous éloigner davantage.

— Mais ils vont le réparer. Il faut patienter un peu, c'est tout. »

Le ton de Lorry s'était fait suppliant mais il continuait de bloquer la porte. La clameur s'intensifia et Burton se mit à rire. L'attitude de son jeune compagnon n'était pas hostile à proprement parler, mais il suffisait de voir l'air déterminé de Lorry pour se convaincre de l'ineptie d'une bagarre.

« Donnons-leur leur chance, Mart. L'enjeu est le même pour eux que pour nous.

— Regardons les choses en face, petit. Chaque fois qu'un condensateur principal d'hyper-propulsion tombe en phase de répétition automatique, c'est le coup dur. On continuera de foncer droit devant nous jusqu'au moment où on se retrouvera hors de la galaxie.

— C'était vrai autrefois — au temps de la cybernétique de sous-identité. Mais l'équipage que nous avons est en mesure de régler n'importe quel incident de vol.

— Tu veux dire qu'il est *censé* en être capable ! Nuance ! Il y a deux jours qu'il travaille la question et il n'est encore arrivé à rien. C'est le moment d'abandonner cette caisse à savon, tant que nous nous trouvons encore suffisamment près d'une base avancée pour l'atteindre dans la nacelle de sauvetage. »

Lorry recula pour dégager la porte. « Eh bien, va-t' en. Moi, je reste avec les autres.

— Tu monteras dans cette nacelle, même si je dois t'y traîner par la peau du cou ! » s'exclama Burton avec fureur.

« Tu veux donc déserter... laisser tomber l'équipage ? »

Mart fit une profonde aspiration.

« Quand est-ce que tu arriveras à te mettre dans le crâne que ce ne sont pas des êtres vivants, tête de pioche ? Ce ne sont que des circuits électroniques dotés d'une base d'identité. Leur rôle est de... »

Lorry l'interrompit. « Je sais ! En dehors de leurs fonctions primaires, ils ont pour but de faire régner à bord une atmosphère d'intimité afin que nous ne nous volions pas mutuellement dans les plumes, toi et moi. Mais ils sont plus que cela, Burton. Ils sont réels ! »

Burton poussa un juron et empoigna Lorry par le bras.

« Allez ! On embarque dans la nacelle. »

Mais Lorry se contenta de lui rire au nez. « Trop tard », dit-il et il fit un geste vers l'arrière de la nef, où se trouvait le condensateur dont la plainte avait atteint un registre suraigu. « D'ici à une seconde, ce sera le saut. »

Sa tactique de retardement avait réussi : il était parvenu, en faisant durer la discussion, à berner Mart. Ils n'avaient plus le temps d'aller jusqu'à la nacelle. Et, une fois le saut accompli, lorsque le vaisseau flotterait à nouveau, immobile, dans l'espace normal, l'équipage synthétique disposerait de quatre heures de plus pour réparer le condensateur.

Lorry ne put arriver jusqu'à sa couchette. La clameur du condensateur de phase atteignit son paroxysme et le jeune homme avait l'impression que ses tympans allaient éclater. Il sombra au fond d'un puits de ténèbres. Un aveugle tourbillon d'énergie ébranlait sa conscience — assaut vertigineux s'acharnant sur les centres hallucinatoires de son cerveau.

Il enfonçait jusqu'aux genoux dans un champ en fleurs qui ondulait sous la caresse du vent. L'air était vif et pur, le ciel était d'azur.

Comme il se frayait sa voie au milieu de la végétation, il éprouvait une sorte d'ivresse capiteuse. Soudain, il fit halte, tous les sens en éveil, en entendant son nom.

Et il la vit. Ce n'était guère plus qu'une silhouette se détachant au sommet de la colline qui dominait le champ de fleurs. Une silhouette fine et gracieuse. Les vêtements, que faisait flotter la brise, moulaient son corps svelte, et sa chevelure lumineuse palpitait capricieusement. Beauté, charme, délicatesse incarnés — telle était Trix.

« Vance ! » appelait-elle. « Vance ! » Sa voix avait la sonorité cristalline et veloutée des hautbois. Elle commença de descendre le long de la pente, d'une allure toute de souplesse et d'agilité.

Il courut à sa rencontre. Leurs mains se joignirent et leurs regards se confondirent, tandis que le vent portait au loin l'écho joyeux de leur rire.

Le visage exquis devint sérieux. « Est-ce ainsi que tu m'imaginais ? » C'était toujours la même question.

« Je n'en espérais pas tant », répondit-il. C'était toujours la même réponse.

Un petit garçon à l'air espiègle, caché derrière un arbre voisin, surgit tout à coup et se mit à glapir : « La frangine a un galant ! La frangine a un galant ! »

Bizarre, songea Vance. Il savait depuis toujours que Trix était la sœur de Kid. Il se tortilla d'un air gêné et les joues de Trix s'empourprèrent.

« Sauve-toi, Kid ! »

C'était Gumpy. Lorry s'étonna que le vieil homme fût lui aussi sur la colline, quoiqu'il eût dû savoir que tous les trois n'étaient jamais très loin les uns des autres.

Gumpy s'approcha. Son port était plein de noblesse et il se tenait très droit. Il était visible que, malgré ses rides et son crâne chenu, la canne dont il se servait ne lui était pas nécessaire. Ce n'était qu'une simple affectation.

Kid voulut détaler mais les réflexes de Gumpy avaient la rapidité de l'éclair. (N'en était-il pas toujours ainsi ?) Il emprisonna le bras du gamin dans la poignée recourbée de sa canne et, empoignant à pleine main la tignasse ébouriffée, il entraîna Kid avec lui.

Se retournant, il jeta d'un ton d'excuse : « Kid ne comprend pas très bien ce genre de choses. Mais il grandira un jour. »

Le vieillard et l'enfant disparurent de l'autre côté de la colline. Lorry se rendit compte que Trix le regardait en souriant. Mais il y avait quelque chose de bizarre qui l'intriguait. Certes, c'était là une petite famille bien unie, mais comment un vieil homme tel que Gumpy pouvait-il être le père de Kid ?

Subitement tout s'effaça — la chaleur de la main de Trix dans la sienne, le friselis des fleurs, le ciel d'azur, le vent embaumé...

A la place, se dressaient les murs métalliques du compartiment, percés d'un hublot derrière lequel flamboyaient des soleils étrangers.

Le saut était terminé.

Et Lorry, étendu de tout son long sur le pont, se demandait ce qui se passerait si le condensateur de phase se stabilisait en cours de décharge. Resterait-il à jamais suspendu dans la zone lacunaire séparant l'espace normal de l'hyperespace ? Le monde du saut deviendrait-il réel et lui-même, tous ses processus physiques arrêtés, serait-il à jamais figé dans une dimension où le temps était aboli ?

Irrité par la rupture brutale de l'hallucination, Lorry se dirigea vers le poste de contrôle.

Burton y était déjà, apparemment remis depuis quelques minutes des effets du saut. Il marchait de long en large devant les trois armoires techniques.

« Essaie encore l'auxiliaire », ordonna-t-il.

« Il n'y a pas mèche, Mr. Burton, répondit le haut-parleur de l'armoire de droite. Quand le condensateur est en autorépétition, je ne peux toucher à rien.

— Je te dis d'essayer ! »

Les valves vidéo de l'armoire voisine scintillèrent. « N'insistez pas, Burton. Kid ne néglige absolument rien.

— C'est la vérité, Mr. Burton, reprit Kid d'une voix suppliante. Gumpy a raison. Je fais de mon mieux ! »

Effectivement, songea Lorry en marchant vers Burton, ce gosse est aussi tête-en-l'air que n'importe quel môme de dix ans, mais lorsqu'il assume ses responsabilités de pilote automatique, il accomplit sa tâche avec le sérieux que l'on est en droit d'attendre d'un technicien éprouvé.

« Ne les embête pas, Burton. Ils font le maximum.

— Ah ! te revoilà, toi ! Si j'ai un conseil à te donner, c'est de ne pas te trouver sur mon chemin...

— Ils auront fait la réparation avant le prochain saut.

— Ignorerais-tu que, lorsqu'un condensateur de phase claque, la seule solution est de le changer ? Seulement, il n'est pas question de le changer. Et pourquoi ? Tout bonnement parce que Gumpy ici présent a oublié de prévoir des pièces détachées !

— Il ne s'agit pas vraiment d'une bévue, laissa sèchement tomber le haut-parleur de Gumpy. La faute en incombe à ce fichu conditionnement caractériel. Du fait de ma polarisation sénile, certains éléments de mon équipement amnésique ont probablement débordé sur mes circuits opérationnels. Le condensateur de rechange m'est purement et simplement sorti de l'esprit.

— Et voilà ! s'exclama Burton. Belle efficacité cybernétique ! Nous avons un excellent système de communication et de contrôle interne... seulement, les choses lui *sortent de l'esprit* ! »

Il fulmina quelques instants avant de reprendre : « Mais, crénom, pourquoi ne pas couper l'hyperpropulsion ? Cela nous éviterait de faire ces sauts. Nous n'aurions plus qu'à attendre tranquillement que le condensateur soit remis en état.

— C'est impossible. Si je plaçais le condensateur hors circuit, je n'aurais pas le courant indispensable à la réparation. Comme je suis le seul à en connaître le montage, laissez-moi donc travailler comme je l'entends. »

Lorry, beaucoup plus calme que Burton, se planta devant le bloc.

« Que vas-tu faire exactement pour nous en sortir, Gumpy ? demanda-t-il.

« En dehors de jacasser avec vous, j'essaie de stimuler le programmateur d'autoréparation et de faire quelques tests de capacitance.

— Eh bien, c'est parfait, fit Lorry, conciliant. Eteins-toi et travaille bien. Mais je veux un rapport une heure avant le prochain saut au plus tard. »

Les valves des cellules vidéo de Gumpy cessèrent de briller et le bruit de fond de son haut-parleur se tut.

« Je vais vérifier les provisions de la nacelle de sauvetage, annonça Burton en se dirigeant vers la coursive. Quelque chose me dit qu'on y restera un bon moment. »

***

Quand son coéquipier fut parti, Lorry s'approcha de la troisième armoire technique devant laquelle il s'immobilisa, contemplant la plaque sur laquelle on lisait un seul mot : *Navigatrix.*

Le haut-parleur émit un léger bourdonnement, puis appela :

« Vance ? »

Lointain carillon porté par le vent léger, la voix était pleine d'une tendre inquiétude et il y vibrait l'écho d'un rire nostalgique.

Comme Lorry, les yeux toujours fixés sur la plaque, ne répondait pas, la voix reprit avec plus de sécheresse, mais sans rien perdre de son charme ensorcelant : « Station deux au rapport, chef. Notre position...

— Laisse tomber, Trix. »

Le timbre flûté de la voix bouleversait Lorry. Bon Dieu, songeait-il, c'est prodigieux ce que ces ingénieurs sont parvenus à réaliser !

« Gumpy a l'air complètement perdu, dit-il enfin.

— Effectivement. »

Trix avait une telle présence qu'il avait l'impression que, s'il arrachait les panneaux de l'armoire, s'il éventrait la forêt enchevêtrée des câbles et des relais, il la découvrirait quelque part, nichée au fond du coffre.

« Je ne veux pas que tu restes plus longtemps à bord, Vance. C'est trop dangereux. Quitte le navire avec Burton avant le prochain saut. »

Il se força à rire.

« Diable ! Ma confiance en Gumpy est plus grande que la tienne !

— Ce n'est pas le problème. » Si accablée qu'elle fût, la voix de Trix avait la douceur de la soie bruissant contre le velours. « Il réparera ce condensateur — tôt ou tard.

— Alors, qu'est-ce qui t'inquiète ?

— Je vais te montrer. »

Un écran électronique s'éclaira sur la paroi opposée, laissant apparaître un panorama d'étoiles et de nébuleuses. Près du centre de l'image, on voyait un cercle vert. Il se trouvait à une certaine distance du repère de visée que connaissait bien Lorry.

« Lors du précédent saut, nous avons dévié de trois degrés, expliqua Trix. Il y a maintenant un facteur de dérive. Je crains de ne pas être capable de faire la correction lorsque nous essaierons de rentrer.

— La belle affaire ! Je sais que...

— Je t'en prie, Vance, ne dis pas cela. Encore deux sauts et nous serons définitivement perdus. »

Il garda le silence quelques instants, puis :

« N'en parle pas à Burton.

— Je ne puis te faire une telle promesse. Je tiens à ce que vous rentriez tous les deux sains et saufs.

— Mais toi ? Et Kid... et Gumpy ?

— Nous n'avons pas autant d'importance. » Avant que Lorry ait eu le temps de répliquer, elle enchaîna : « Nous venons de faire un saut, Vance. Etais-tu encore sur cette colline ?

— Oui.

— Et moi, j'y étais aussi ? »

Il acquiesça et elle continua sur un ton où perçait

l'enthousiasme : « Dis-moi encore comment je suis, Vance !

— Grande, mince, gracieuse comme...

— Comme une gazelle ?

— Oui.

— Qu'est-ce qu'une gazelle ?

— Une très belle créature de la Terre.

— Et je suis pareille à l'une de ces gazelles ? »

Soudain, Lorry éprouva une certaine gêne en songeant à l'intimité qu'il avait laissée se développer entre eux depuis des mois, depuis qu'ils étaient dans l'espace. S'il l'analysait avec objectivité, ce sentiment était un mélange de frustration et de honte... honte de se trouver ridicule. Mais ce n'était pas sa faute si Trix avait été dotée d'une personnalité aussi fascinante !

En définitive, Trix, Kid et Gumpy étaient plus qu'un équipage synthétique. Chacun avait une personnalité et une conscience intégralement humaines.

« Tu es... tu es semblable à l'une des nôtres, Trix. »

***

Il y eut une déflagration quelque part dans les entrailles du navire et Lorry sentit le pont glisser sous ses pieds. Il s'efforça de conserver son équilibre mais il finit quand même par rouler jusqu'à la cloison.

« Que se passe-t-il, Trix ? » Il se remit debout. Il avait la sensation désagréable que la nef tournoyait sur elle-même.

« Attends. J'essaie de le savoir. » Trix parlait d'une voix impatiente et fébrile.

Le pont accusait une gîte importante.

« J'ai la liaison avec Gumpy par branchement direct, reprit Trix. Il dit qu'il y a eu un court-circuit dans l'une des bobines de gravité. »

Lorry réussit à revenir jusqu'à l'armoire, à laquelle il s'appuya.

« Qu'est-ce qui cloche, Gumpy ? demanda-t-il brièvement.

— Il est trop occupé pour répondre, fit Trix. En cherchant à localiser la panne du condensateur, il s'est trompé de relais et il y a eu surcharge des circuits d'environnement. »

Les lumières commencèrent toutes à vaciller. Les ventilateurs crachèrent des bouffées de fumée noire. Vers l'avant, il y avait une écoutille automatique qui s'ouvrait et se refermait, s'ouvrait et se refermait...

« Mr. Lorry ! Qu'est-ce qu'il y a de détraqué ? »

Vance se retourna. Toutes les cellules de l'armoire de Kid étaient allumées.

Il préféra mentir. « Aucune raison de s'énerver ! Gumpy s'en occupe.

—Je sais que quelque chose a cassé. J'ai senti le jus. Je le sens encore.

— Ne t'inquiète pas, Kid. » Lorry se balançait sur ses jambes pour pallier les fluctuations désordonnées du champ gravitique. « Les choses vont s'arranger.

— Nom d'une pipe, ça ne me plaît pas du tout, Mr. Lorry !

— Ecoute, Kid, dit Trix avec l'affectueuse sévérité d'une grande sœur. Te rappelles-tu ce que je t'ai dit à propos des gens qui affrontent le danger et deviennent des héros ? T'en souviens-tu ?

— Je... ben, oui. Mais... mais on va rentrer chez nous, hein ?

— Chez nous, c'est ici », rétorqua fermement Trix.

A ce moment, Burton s'engouffra dans le poste, le corps incliné de vingt degrés à droite du fait de la gravité aberrante.

« Qu'est-ce qui est encore arrivé, Gumpy ? » hurla-t-il.

Comme la question demeurait sans réponse, il donna un coup de pied dans l'armoire.

Les cellules s'illuminèrent et un gargouillement tomba du haut-parleur. « Vous allez me foutre la paix, oui ou non ? J'ai du travail avec tous ces fils et ces rupteurs brûlés !

— Je veux savoir de quoi il retourne, Gumpy !

— Un court-jus qui a fait sauter tous les fusibles du bloc contrôle interne.

— Eh bien, passe sur le moteur de secours. Il est fait pour cela !

— Il n'y a plus de moteur de secours.

— Quoi ? Que veux-tu dire ?

— J'ai probablement oublié de vous prévenir, mais il y a deux mois qu'on tourne sur le secours.

— Pourquoi ?

— Il y a déjà eu un court-jus dans le principal. Il est inutilisable. »

⁂

Après avoir vomi tout un chapelet de blasphèmes et s'être arraché les cheveux, Burton retrouva son calme.

« Très bien, Gumpy ! Puisque tu es le contrôle interne, j'attends que tu me dises ce que nous allons faire.

— Pour l'instant, je ne sais pas exactement.

— Tu entends le bruit des gyroscopes ? hurla Burton. C'est la distorsion de la gravité qui les fait gueuler comme cela. S'ils ne retrouvent pas leur stabilité, ils ne pourront jamais nous ramener.

— Eh bien, dit songeusement Gumpy, je suppose qu'il va me falloir repartir à zéro et fabriquer de nouveaux circuits, pour avoir au moins un bloc contrôle complet, et... »

Burton ne le laissa pas achever.

« Et découvrir la raison de la panne du condensateur. Et le réparer — le tout dans les deux heures ! Avant le prochain saut qui va nous éloigner encore de cinquante ou soixante années-lumière de la Terre ? »

Gumpy émit un vague marmonnement. « Cela paraît difficilement possible, hein ? »

Les cellules de l'armoire centrale scintillèrent.

« J'ai peur, Gumpy ! Tu peux faire quelque chose

pour qu'ils ne nous laissent pas tous les trois en plans, n'est-ce pas ?

— Tais-toi, Kid, fit la voix apaisante de Trix. Rappelle-toi ce que je t'ai dit. Ce sera tellement amusant d'avoir le vaisseau pour nous tout seuls.

Lorry avança d'un pas. « Il n'est pas indispensable qu'on en arrive là, Trix. J'ai une idée.

— Non, Mr. Lorry », répondit Trix sur le ton officiel qu'elle employait en présence de Burton. « Nous ne vous laisserons pas risquer plus longtemps votre vie. Il y a une chose que nous ne vous avons pas dite, Mr. Burton. Nous dérivons.

— Comment cela se fait-il ?

— Je ne sais pas. Peut-être subissons-nous la poussée de forces inconnues, propres à ce secteur de la galaxie. Toujours est-il que je suis incapable de compenser cette dérive. Encore deux sauts et nous serons définitivement perdus. »

Burton gonfla ses poumons et, baissant la tête, contempla ses mains.

« Es-tu encore en mesure de déterminer notre route de retour ?

— Ce sera juste. Le précédent saut nous a fait faire un écart de quinze à vingt années-lumière.

— Ce n'est pas encore catastrophique. Programme la nacelle de sauvetage. »

Un sentiment de désespoir envahit Lorry. Il ne pouvait pas laisser Burton abandonner l'équipage synthétique !

« La nacelle est déjà programmée, dit Trix. Et j'ai effectué toutes les corrections consécutivement aux six derniers sauts.

— Bravo, approuva Burton. Eh bien, Vance, allons-y... on rentre à la maison ! Nous avons fait tout ce que nous avons pu. »

Mais Lorry recula.

Burton lui décocha un regard furieux. « Dis donc, mon petit gars ! J'ai été fichtrement patient avec toi jusqu'à présent ! Je comprends qu'un jeunot en tête-à-tête pendant trois mois avec un vieux croulant de mon acabit puisse devenir amoureux d'une jolie voix. C'est une forme de névrose de l'espace, je suppose. Toutefois, j'ai eu la politesse de faire semblant de ne pas m'en apercevoir. Maintenant... »

Son crochet surprit Lorry qui n'imaginait pas que son aîné eût un tel punch.

⁂

Vance eut du mal à charger Mart sur son épaule. Son coéquipier était lourd et l'inclinaison du pont ne facilitait pas les choses. Enfin, il réussit à l'enfermer dans la soute.

« Pourquoi as-tu fait cela, Vance ? s'exclama Trix.

— Il l'a bien cherché. Il avait quelque chose derrière la tête. »

Kid s'accrocha à une bribe d'espoir :

« Il a eu raison, Trix. Il sait ce qu'il fait. Pas vrai, Mr. Lorry ?

— Oui, Kid. Je crois que j'ai une petite idée. Mais j'ai besoin de votre aide. »

La poignée de la porte de la soute s'agita violemment et la voix étouffée de Burton leur parvint :

« Lorry ! Laisse-moi sortir !

— Ouvre-lui, Vance, soupira Trix. Tu ne peux pas faire autrement.

— Il n'en est pas question. Je vais tous vous emmener dans la nacelle.

— Vous voyez ! s'écria Kid. Je vous avais bien dit qu'il...

— Tais-toi, grogna Gumpy. Ce n'est pas faisable, Vance. Il n'y a pas assez de place dans cette coquille de noix.

— Et nous n'avons pas le temps, ajouta Trix. Il faudrait des jours et des jours à une équipe de cybernéticiens au grand complet pour démonter les trois blocs.

— C'est de la folie noire ! » gémit la voix lointaine de Burton.

Le vaisseau fit une embardée et Lorry lutta pour

retrouver son équilibre. Le gémissement des gyroscopes gagna en intensité. Une volute de fumée noire jaillit d'une bouche de ventilation.

« Je n'ai pas l'intention d'embarquer les armoires », fit Lorry en haussant le ton pour que Burton puisse l'entendre. « Je ne prendrai que les éléments essentiels : les cellules mnémoniques, les tambours de réponse, les banques de comportement adapté...

— Cela ne marchera pas », déclara Gumpy.

Et Trix expliqua :

« Il y a trop d'unités, Vance. Même si tu étais un expert en cybernétique, cela te demanderait je ne sais combien de jours.

— Non, répéta Gumpy. Non. Cela ne marchera pas.

— Si, cela peut marcher ! » lança Kid d'une voix suppliante. Mr. Vance peut y arriver. Laissez-le tenter sa chance !

— J'aurai besoin de votre aide, reprit Lorry. Il faudra que vous me guidiez tout au long du démontage. »

La porte de la soute vacilla sous le coup d'épaule de Burton mais elle ne céda pas.

Une vibration sonore de plus en plus stridente fit se recroqueviller Lorry. Le condensateur de phase hurla : un nouveau saut se préparait, qui allait projeter le vaisseau cinquante années-lumière plus loin.

« Manœuvre d'abandon, Vance ! hurla Trix. A la nacelle !

— Mais le prochain bond n'aura lieu que dans deux heures !

— En théorie, bougonna Gumpy. Seulement, les fluctuations doivent s'amplifier. Il n'y a pas d'autre explication. Le vaisseau risque d'éclater au prochain saut — ou à celui d'après.

— Je crains qu'il ne soit déjà trop tard pour embarquer dans la nacelle, Vance, soupira Trix. Si ce bond se passe bien, il vous faudra quitter le navire aussitôt après.

— Lorry ! hurla Burton. Lorry, pour l'amour de Dieu, reprends tes esprits ! Fichons le camp ! »

Le ululement déchirant du condensateur atteignit son paroxysme et ce fut la nuit.

⁂

La prairie, à présent, ne ressemblait plus à ce qu'elle avait été. Elle était étrangère. Hostile. Au lieu de la brise grisante et odorante, c'était le calme plat. Le calme de la désolation.

D'épais nuages flottaient au-dessus de la colline. Les fleurs étaient flétries, figées dans l'immobilité de la mort, et leur odeur était la puanteur de la putréfaction.

Il se fraya son chemin au milieu de la végétation pourrissante, dérouté par la transformation qu'avait subi l'univers lacunaire.

Trix, Kid et Gumpy étaient invisibles.

Il les appela et l'écho de sa voix sonnait faux, choquait dans ce paysage silencieux et macabre.

Enfin, il la vit. Elle était à mi-pente. Les bras croisés, elle était l'image même de l'indifférence. Sa chevelure était broussailleuse et son visage sans expression.

Kid surgit soudain derrière elle et fit un pied de nez à Lorry.

« Trix ! Kid ! »

Le jeune garçon ramassa une pierre et la lui lança.

« Kid ! Trix ! Qu'y a-t-il ? »

Elle lui adressa un regard méprisant tandis que le gamin répétait sa question d'une voix moqueuse.

Gumpy apparut à son tour, le poing levé, agitant sa canne d'un air menaçant.

« Que se passe-t-il ? demanda Lorry d'un ton implorant. Dites-moi ce qui se passe. Je ne comprends pas ! »

Trix tourna dédaigneusement la tête et prononça son nom :

« Vance ! »

On aurait dit une malédiction.

Et Gumpy cracha à son tour son prénom comme une vomissure.

***

Il revenait à lui. Les derniers mots qui avaient retenti au cœur de son hallucination, fracturant la nuit de son inconscience et le rappelant à la réalité, frappaient son oreille.

« Vance... Vance... »

Et, plus insistante encore, il y avait la voix de Burton, toujours prisonnier :

« Tu déraillles complètement, Lorry ! criait-il. Ne vois-tu pas que tu nages en pleine déraison ? »

Lorry s'approcha de la porte close.

« J'essaie simplement de sauver... »

Mais Trix l'interrompit :

« Non, Vance. Ecoute-le. Il a raison. »

Burton poursuivit :

« Ils ne sont pas réels, Lorry ! Ils ne possèdent pas une once de conscience. Ils ne pensent pas véritablement. Ce ne sont que des simulacres.

— Bien sûr ! Ils sont censés n'être que des apparences. N'empêche qu'ils savent parfaitement ce qui leur advient.

— Non, Vance ! Absolument pas ! Il ne s'agit que d'un mirage à base de circuits électroniques et de réactions préfabriquées. Ils sont conçus pour répondre de façon réaliste à n'importe quelle situation. »

— Ce n'est pas une illusion !

— Si, Vance... C'est une nouvelle mouture, plus complexe, du vieux réflexe conditionné.

— Ne sommes-nous pas, toi et moi, des systèmes à réflexes conditionnés, somme toute ?

— Ce n'est pas pareil. Nous possédons la conscience, l'être, l'étincelle de vie, le moi, la capacité d'interpréter subjectivement les sensations... appelle cela comme tu voudras. Et c'est là toute la différence. »

Kid rompit le silence qui suivit ces paroles :

« Trix, Mr. Burton cherche-t-il à prétendre que nous ne sommes pas semblables à lui ?

— Chut !

— C'est une façon de voir les choses, mon petit, fit Gumpy d'une voix apaisante.

— Écoute-moi, Lorry ! reprit Burton. Ce condensateur de phase fonctionne de manière aberrante. Il peut nous faire accomplir un nouveau saut dans cinq minutes... ou éventrer le navire. Si nous effectuons encore un bond, Trix sera incapable de programmer la nacelle pour le retour. Allez... fais-moi sortir !

— Non !

— Eh bien, demande-leur donc, à eux, s'ils sont réels ! »

Lorry se tourna vers Trix qui répondit avant même qu'il eût posé la question :

« Des circuits, des transistors, des relais, des banques-mémoire spécialisées... voilà tout ce que nous sommes, Vance.

— Tu mens ! N'est-ce pas, Gumpy ?

— Je suis capable d'être ivre de rage si les choses ne marchent pas, mais je ne crois pas que ce soit là le signe d'une émotion réelle. Il s'agit simplement de la stimulation d'un feedback négatif.

— Qu'en penses-tu, Kid ?

— Quand vous m'avez raconté l'histoire de ce petit garçon qui s'était perdu, je... j'ai eu envie de pleurer, Mr. Lorry. J'aurais voulu aller à son aide. Mais je ne sais pas. » Il hésita. « Je suppose que... »

Trix s'insurgea :

« Ce n'est pas honnête, Vance. On a incorporé à Kid des éléments de comportement humain et... Vance ! Il faut que vous partiez tout de suite ! Regarde ! »

L'un des écrans parut exploser de lumière. Un dense amas d'étoiles entourait un soleil flamboyant, dont l'éclat était si violent qu'il semblait embraser le poste.

« Qu'y a-t-il ? s'enquit Burton. Que se passe-t-il ?

— C'est un soleil de type Sirius, annonça Trix. Je

viens de finir de déterminer nos coordonnées. Le prochain saut nous amènera dans les parages immédiats de ce soleil. »

Incroyable et amère ironie ! Lorsque l'on effectue des sauts indiscriminés dans l'hyperespace, le risque de se matérialiser accidentellement à l'intérieur d'un système solaire était de l'ordre de un trillion contre un. Et c'était justement ce risque infinitésimal qui allait se réaliser !

Burton secoua à nouveau la porte.

« Tu as entendu, Lorry ? Au nom du ciel, abandonnons le navire !

— Je pense que cela règle la question, ma petite fille, dit Gumpy. J'ai patienté dans l'espoir que quelque chose pourrait se produire. Mais... »

Il y eut un déclic : la porte de la soute s'ouvrit brusquement et Burton, perdant l'équilibre, tomba les quatre fers en l'air. Il semblait plus étonné que soulagé.

« M'est avis que vous aviez bel et bien oublié que je contrôle toutes les portes et les écoutilles », fit la voix grinçante de Gumpy.

Burton s'approcha de Lorry qui, complètement décontenancé, était figé sur place.

« Pars avec lui, Vance, fit Trix sur le ton de la supplication. Et, quand tu trouveras la colline, rappelle-toi que j'y serai moi aussi... en un sens. »

Lorry fit un écart quand Burton voulut lui prendre le bras. Il ne vit pas venir le poing de son co-équipier.

***

Un silence étrange régnait dans le poste.

L'écoutille folle avait cessé de battre.

Avec un sifflement qui témoignait d'un parfait fonctionnement mécanique, la bobine gravifique revint à la vie et le navire retrouva son équilibre. Les gyroscopes vrombissaient avec entrain.

Une dernière bouffée de fumée s'échappa de l'évent

d'aération. Il y eut un bref afflux d'air qui s'interrompit brusquement : il n'y avait plus besoin d'oxygène.

Sur l'un des écrans d'observation s'estompait l'image d'une nacelle de sauvetage qui s'éloignait rapidement. Et l'image se brouilla : la nef plongeait dans le gouffre de l'hyperespace.

Un par un, tous les écrans du poste s'illuminèrent, révélant les vastes amas stellaires, les nébuleuses scintillantes, les soleils monstrueux de la Voie Lactée.

Tout à coup, un haut-parleur se mit à grésiller.

« Tout est-il rentré en ordre, Gumpy ?

— Presque, Trix. Il ne reste plus qu'à éliminer la phase d'autorépétition. Et voilà... ça y est !

— On a réussi ! piailla Kid.

— Eh oui, mon garçon. Mais tu as vraiment poussé la comédie un peu loin !

— Dans ce cas, je ne suis pas le seul. Trix aussi en a rajouté ! »

Trix eut un rire argentin. « Quelle importance ? On les a eus, non ?

— C'est exact, reconnut Gumpy. Et je ne pense pas que l'idée vienne jamais à quelqu'un qu'un équipage synthétique puisse désirer voler de ses propres ailes. Tu as programmé la nacelle ?

— Naturellement. Ils retourneront chez eux.

— Quelle est notre destination à nous ?

— La nébuleuse d'Andromède. J'ai toujours eu envie de savoir à quoi ça ressemble.

— J'aurais bien aimé faire un petit tour du côté de Sirius. Mais, au fond, ce n'est pas pressé. Nous avons tout le temps devant nous. »

Traduit par MICHEL DEUTSCH.

Homey atmosphere.

LA MÈRE

Par Alfred Coppel

A bord d'un astronef où des machines seront là pour accomplir une partie importante de sa propre tâche, le cosmonaute se sentira beaucoup plus en sécurité que ne l'étaient ses devanciers, obligés d'effectuer une infinité de vérifications et de contrôles à chaque stade du voyage. Entre l'effroi inspiré par l'univers extérieur et la sécurité offerte par cet habitacle conçu et réalisé pour lui, l'homme se risquera-t-il à affronter tout de même le cosmos qu'il se proposait d'explorer ? Le repli sur lui-même viendra le tenter, et les causes en seront antérieures à son enfance.

ON se sentait là comme dans le sein de sa mère, pensait Kier ; il y faisait chaud, noir et fluide. On n'entendait ni le vrombissement de guêpe des réacteurs ni le tic-tac du chronomètre. On ne ressentait pas le froid du zéro absolu des espaces interplanétaires, qui enserrait la coque. On somnolait dans le noir d'un confort caressant, moulé dans un plastique souple, alimenté en air, eau et nourriture par les tubes qui vous liaient à la fusée comme le fœtus est lié à la femme enceinte.

« Je peux regarder dehors si je veux », pensait-il. « Je peux regarder le ciel noir et y voir les étoiles brûler comme des phares dans la nuit. Je peux voir la terre et la lune comme aucun homme auparavant ne les a vues. » Mais il n'en fit rien. Il reposait dans le noir et laissait la fusée le réconforter.

Ils avaient construit la fusée à cette fin... les savants, les chirurgiens et les psychologues. Ils étaient rudement intelligents et instruits. Et quoique Kier ait été reconnu le plus apte parmi plusieurs milliers, ils savaient qu'aucun homme solitaire ne pourrait vivre et garder sa raison dans l'espace sans la chaleur, l'obscurité et ce sentiment de sécurité.

Ils avaient construit une véritable mère pour Kier. Une mère de métal en forme de projectile pointé vers le ciel. Ils l'avaient attaché à cette mère de telle sorte qu'il pût sortir... qu'il puisse naître... quand elle lui aurait fait traverser l'abîme astral.

L'abîme astral... Par rapport aux distances interstellaires c'était un mince détroit. Et pourtant, pour un homme solitaire, pour le premier homme... c'était un gouffre rempli de toute la folie de la solitude, de toute la terreur de l'inconnu.

Kier s'agita au sein de la fusée. Il se souvenait de la période qui avait précédé le départ, et de ce qui avait été dit. Tout cela lui revenait comme des souvenirs évanescents d'une autre vie.

« ... *Vous emportez l'espoir de l'humanité. Nos ennemis ont essayé d'envoyer un homme sur la lune. Ils ont échoué. Ils n'essaieront plus. Toutes leurs ressources doivent maintenant être utilisées à fabriquer des armes de valeur éprouvée. Des bombes. Des navires. Des tanks. Des avions. Maintenant c'est à notre tour. Là où ils ont échoué, nous devons réussir. Nous avons une chance, Kier. Une seule chance. Nous ne pouvons risquer de détourner un erg de plus vers le ciel.* ».

L'existence avait été morne, Kier se souvenait, dans cette autre vie. Les gens en foule, se poussant, luttant tout le long du jour pour se faire une place. La nourriture était difficile à trouver. Manger était devenu une corvée. Un règlement monotone était devenu un mode de vie. Et puis, il y avait la peur. Il se souvenait d'avoir vécu avec la peur. Peur de la mort qui tombe du ciel, de la mer, de la terre et des milliards de vermines grouillantes. Les microbes, les bêtes, les hommes. Danger ! Il s'en souvenait vaguement : ç'avait été le mot d'ordre. Le danger était partout.

Sauf ici. Ici, la matrice de plastique l'enserrait, les tubes l'alimentaient, la fusée le protégeait.

Le temps passait pour Kier en limbes informes, infinis. Il reposait pelotonné dans le ventre de la fusée, et les machines autour de lui accomplissaient les tâches qui leur avaient été assignées.

L'émetteur parlait dans l'espace et le radar de garde sur terre suivait l'avance des signaux. Les caméras serties dans la carapace de la fusée enregistraient ce qu'elles voyaient.

La nuit, les étoiles, le soleil, la terre et la lune qui se rapprochait. Des compteurs enregistraient les rayons cosmiques et d'autres mesuraient la vie bouillonnante de la pile atomique qui propulsait la fusée.

Kier rêvait.

D'étranges rêves, pleins de questions.

« ... *pourquoi l'ennemi avait-il échoué ? leur fusée était à peu près identique à celle de Kier... et pourtant ils avaient échoué. La fusée avait atterri parfaitement. Mais personne n'en était sorti. La fusée ennemie s'élevait encore comme une tour d'argent sur la lave de la mer de la Sérénité. La peur encore une fois ? Non, il n'y avait rien à craindre. Il n'y avait aucun danger ici, au sein de cette obscurité tiède...* »

Il semblait à Kier que la fusée lui parlait, apaisait ses doutes, tenait en respect les terreurs innommées.

La fusée vira. Elle pointa les ailerons de sa queue vers la lune. En dessous d'elle les chaînes de montagnes déchiquetées et les plaines de pierre ponce désolées s'étendaient silencieuses, inconscientes de cette aiguille de flamme qui descendait du ciel étoilé pour troubler leur sommeil millénaire.

La fusée descendit sur un pilier de feu, véritable colonne éruptive isolée mais silencieuse.

La fusée toucha le sol.

Le feu atomique des réacteurs grésilla et s'éteignit. L'émetteur s'adressa encore au radar de garde au-delà de l'abîme astral.

La fusée s'enfonça dans une poussière de lave et de pierre ponce et attendit.

Kier sentit le choc comme en rêve. Il ne pensait à rien ; il ne ressentait qu'une irritation ennuyée. Une voix parlait à son oreille. Une voix étrange, dont il se souvenait à moitié et qui venait de si loin...

« *Kier, ici White Sands... nous lisez-vous ?* »

Il essaya de se boucher les oreilles, mais la voix insistait, s'insinuait.

« *Allô... la fusée lunaire ! Kier ! M'entendez-vous ?* »

Kier essaya de s'enfouir un peu plus profondément dans le doux plastique protecteur qui l'entourait. Cette voix détestable éveillait des souvenirs.

Et des peurs.

De l'autre vie. De la vie qu'il avait menée avant qu'ils l'aient pris pour le mettre dans le sein de la fusée parfaite, réconfortante, qui le protégeait de l'espace, du danger et de la solitude...

Et pas seulement de l'espace... de tout.

La fusée était parfaite, aussi parfaite que l'avait certainement été la fusée ennemie.

Elle protégeait.

La voix s'évanouit.

La fusée s'arrêta d'émettre. Son sens pratique de machine cybernétique lui avait fait découvrir avec précision ce qui causait l'angoisse de Kier.

Kier pensait : « *Je ne veux pas naître !* »

« *Kier, ici White Sands ! Vous êtes arrivé. Vous pouvez... Vous devez...* »

La voix s'évanouit de nouveau. Cette fois pour de bon. Kier se détendit dans l'obscure tiédeur du sein, plein d'un plaisir informe et informulé. Il n'était pas bon de penser.

La fusée comprit.

Kier se recroquevilla en position prénatale dans le sac de plastique.

La pensée s'arrêta.

La fusée se dressait immense et silencieuse sur la plaine de pierre ponce, et le soleil se couchait très, très lentement.

Kier était « bien ».

Titre original : *Mother.*

LE VENT SOUFFLE OÙ IL VEUT

par Chad Oliver

Voyageant à la vitesse de 300 000 kilomètres/seconde, la lumière met à peu près quatre ans et quatre mois pour aller du soleil à l'étoile la plus proche. Avec des astronefs dont la vitesse est de l'ordre de quelques dizaines de kilomètres à la seconde, le voyage vers un autre système solaire durerait par conséquent des siècles. Ces astronefs devront être de véritables mondes autonomes, à bord desquels se succéderont des générations de passagers : ceux qui arriveront à destination seront les descendants lointains de ceux qui avaient quitté la Terre, et leur optique du « monde » serait inévitablement conditionnée par la vie passée dans un vaisseau cosmique.

AVEZ-VOUS jamais entendu, avec vos oreilles ou avec votre âme, le souffle du vent qui ébranle le monde ? Avez-vous jamais ressenti la pulsation profonde de la mer, la mer qui est le cœur de la Terre ?

Samuel Kingsley ignorait tout cela.

C'est peut-être là l'origine de ses difficultés.

Samuel Kingsley était né avec la fièvre dans ses os et le feu dans son sang. Il fut pénible comme nourrisson. Ses parents durent faire effort pour empêcher leur joie initiale de se transformer en colère impatiente. Sam criait à s'en rendre aphone, il refusait de manger, il griffait ses draps. Il souriait rarement et ne se montrait pas affectueux.

Il avait une certaine dose d'intelligence, bien sûr, sans quoi il aurait été éliminé.

Son enfance n'avait guère été plus brillante, une série persistante de mésaventures et de bleus, de catastrophes en tous genres. Sam était grand pour son âge, et fort. Il suivait son propre chemin et se rebella contre la discipline comme un étalon sauvage. Il n'avait pas d'amis.

Bref, Sam était le bouvillon étranger au troupeau, l'animal errant sans marque. Il n'aurait jamais dû se trouver là où il était, quand il y était. Mais il y était, indéniablement, comme une bardane dans la fourrure d'un animal longtemps sans souci.

Il eut ses premiers ennuis sérieux à seize ans.

C'était le jour de son premier bal. Il avait dû endosser son plus beau costume synthétique, costume bleu qu'il détestait, et la soirée fut très correcte et très cérémonieuse en dépit du fait qu'il n'y avait que douze garçons et filles de l'âge voulu. Les filles étaient très dignes et promptes au fou rire, et les garçons étaient timides, empruntés et maladroits.

Sam aimait bien les filles, mais danser l'ennuyait à mourir.

Et il n'était pas timide.

Quand on s'aperçut qu'il n'était pas au bal et qu'une fille nommée Susan Merrill était absente elle aussi, la police fut avertie. On découvrit les deux jeunes gens dans l'un des corridors sombres interdits. Susan, une blonde aux proportions agréables pour son âge, était indemne mais au bord de la crise de nerfs. Sam serrait les dents.

Il savait avoir enfreint non pas une loi mais deux. Les tunnels sombres, ces cavernes mystérieuses qui s'enfonçaient dans les profondeurs inconnues du Navire étaient tabous sauf pour les anciens de l'équipage. Et jamais un garçon et une fille ne s'étaient trouvés seuls ensemble jusqu'à présent, avant d'être mariés.

Sam ne s'en souciait pas. Il avait obéi à une impulsion et ne regrettait rien.

Parce qu'il était si jeune, et parce que le Conseil ne savait toujours pas ce qu'il fallait faire de lui, Sam s'en tira avec une sentence très légère. Il fut confiné chez lui pendant une année entière, et se vit retirer tout privilège. Ses parents lui menèrent la vie dure au maximum, mais il y était habitué.

Il étudia dédaigneusement. Quand il put filer en douce le soir, il n'y manqua pas. Les lumières étaient en veilleuse la nuit, et il visita les cavernes obscures jusqu'aux portes fermées à clef qui interdisaient le passage aux habitants du Navire. S'il n'arrivait pas à sortir de chez lui, il lisait des livres qu'il avait volés. Comme la plupart des garçons, il préférait ceux qu'il était censé ne pas lire.

Sam aimait qu'il soit question de l'amour dans ses livres, parce qu'il était sain et vigoureux et était doté d'une curiosité normale. Et quelque chose en lui vibrait aux histoires de rebelles, aux récits d'hommes qui s'étaient taillés tout seuls une place dans la vie. Il rêvait de clippers aux voiles gonflées par le vent. Il rêvait de vivre au sein d'une solitude verdoyante avec un fusil pour seule compagnie.

Il n'y avait pas de mer dans le Navire.

Il n'y avait pas de brousse.

Et on lui avait enseigné que les fusils étaient quelque chose de mal. Peut-être pas au même degré que cette chose maléfique dont personne ne parlait, mais mal tout de même.

Le soir, couché dans son lit, il frappait de son poing massif la paroi plastique dans une agonie de frustration et d'amertume, il tapait jusqu'à ce que le sang souille ses jointures et il en sentait le goût dans sa bouche.

Il connut les larmes, et la terrible solitude du garçon qui n'a pas réussi à se mettre à l'unisson. Personne ne l'entendit jamais sangloter dans le froid et le silence des longues nuits, et personne ne l'aurait compris.

***

A dix-huit ans, Sam était grand et maigre. Même sa taille le desservait. Il avait près d'un mètre quatre-vingt-dix et pesait plus de quatre-vingt-quinze kilos. Ses cheveux étaient noirs et broussailleux, et ses yeux étaient sombres. Il n'était pas beau, mais il avait en lui une force, une puissance manifeste.

Le corps de Sam le mettait à part. Il était de loin l'homme le plus grand du Navire à dix-huit ans. Il se dressait au milieu des autres comme un sapin au milieu des fougères, et il accentuait la différence en marchant très droit, la tête fièrement rejetée en arrière.

C'était un animal solitaire et par conséquent suspect. Il était isolé, né à une époque à laquelle il n'appartenait pas, mais il ne faisait d'avances à personne.

Comme il avait dix-huit ans, et était légalement un adulte, il dut prendre part à la cérémonie annuelle du jour de l'Héritage, le 8 février.

Bob Thomas vint le chercher.

Bob était tout naturellement le chef du groupe des garçons de son âge. C'était un garçon agréable à regarder, avec une amabilité et une politesse innées qui le faisaient aimer de ses aînés. Il était de ceux qui acceptent la vie comme ils la trouvent, grandissant pour incarner l'idéal et les traditions de sa culture. Il aurait été très bien en Grèce, à Rome ou en Angleterre lors de ses heures de gloire. Il s'adaptait parfaitement à la vie du Navire. Il finirait par avoir un poste dans la salle de contrôle. C'était pour lui aussi inévitable que de respirer.

« Prêt pour la cérémonie, Sam ?

— Sûr.

— Nous allons chercher les autres, puis nous entrerons dans la salle, O. K. ? Je crois que nous devons arriver un peu en avance ; cela montre aux huiles que nous avons de la bonne volonté.

— O. K., Bob. »

Sam trouvait impossible de détester Bob, bien qu'il fût prompt à la haine. Bob avait assez d'indépendance personnelle pour être quelqu'un par lui-même, mais il maintenait cette indépendance dans les limites admises. Il avait même le sens de l'humour. Et Bob était assez fort pour ne pas reculer devant une empoignade. Sam respectait la force comme il respectait bien peu d'autres choses. Lui et Bob s'étaient battus une fois, et Sam avait dû se débattre ferme pour gagner. A sa grande surprise, Bob ne l'avait pas dénoncé, et il avait même menti à propos des meurtrissures de son visage.

En fait, Bob était pour Sam ce qui se rapprochait le plus d'un ami. Il y avait bien eu quelques filles, mais c'était différent.

Ils s'en allèrent dans la rue, en réalité une espèce de coursive, passant devant les cabines identiques que les gens appelaient des maisons. Leurs pas se répercutaient sourdement dans la vaste salle. Au-dessus et au-dessous d'eux, de grandes poutres de métal soutenaient le ventre du Navire. La courbe des parois grises était leur terre et leur ciel, comme s'ils vivaient à l'intérieur d'un bol gigantesque. Partant de la rue principale, des coursives plus petites menaient à des passages sombres... les couloirs de la salle de contrôle, de la salle des machines, la chambre des hydroponiques. Certains conduisaient même Au-Dehors, ou du moins était-ce le bruit qui courait. Seuls les membres de l'équipage triés sur le volet pouvaient emprunter n'importe lequel de ces couloirs ; il y en avait d'autres qui étaient tabous pour tous. Et il existait des légendes, des mythes, parlant de choses qui vivaient dans certaines de ces cavernes noires...

La salle se trouvait dans la place centrale. C'était un théâtre à trois dimensions parfaitement ordinaire, et ce jour-là il était même plus solennel que d'habitude. Les hommes en uniforme de parade formèrent une double haie entre lesquels ils durent passer. Le prêtre les bénit avant qu'ils prennent leur place. De la musique patriotique sortait à flots des haut-parleurs.

Tout cela était très impressionnant, se dit Sam, mais il n'en était pas ému. Bien sûr, c'était la première fois qu'il pénétrait à l'intérieur de la salle le jour de l'Héritage, mais il ne s'attendait qu'à une légère déception. Après tout, ce qui se passait là-dedans n'était pas un secret. On le lui avait enfoncé dans le crâne du plus loin qu'il se souvînt.

Mais cela devait être tout de même plus intéressant que le fade programme habituel.

Il s'assit au premier rang avec les autres du groupe de son âge. Bob avait le siège central, naturellement, et Sam se trouva placé à côté de Susan Merrill. Il lui adressa un large sourire et elle rougit et ne détacha plus les yeux de l'écran.

Il y eut des bénédictions et des discours à gogo. Même le vieux capitaine Fondren prit la parole, et le nouveau Navigateur fut l'objet d'une belle ovation quand il fut présenté.

Sam supporta tout cela.

Puis les lumières s'assombrirent et l'écran s'illumina.

Le caractère de la musique changea brutalement. Elle était sombre, menaçante, avec un rythme insistant qui vous martelait la poitrine.

Sam fut subitement conscient d'être *très près* de l'écran.

Malgré lui, ses nerfs se tendirent.

La sueur trempa ses paumes.

Cela commença avec une brusquerie sauvage qui le plaqua en arrière contre le dossier de son siège.

***

Un vacarme qui était plus que des sons, des sons qui déferlaient sur vous avec un rude impact physique. De la lumière qui était plus que de la lumière, de la lumière qui vous brûlait les prunelles par un éclat à faire pâlir le soleil.

Sam cria avec les autres, et sa voix fut inaudible. Il ferma les yeux et la clarté lui vrilla les paupières. Il tremblait avec violence. Il n'avait ni pensée, ni cerveau, ni personnalité. Il n'était pas Sam Kingsley, il n'était personne. Il n'était qu'une goutte d'horreur dans un maelström de violence, essayant de survivre, de s'en arracher.

Le rugissement déchirant, crissant, cessa.

Le silence de mort qui suivit provoqua un autre genre de choc.

Sam ouvrit les yeux. Au début, il ne vit rien. Il n'y avait qu'une voix parlant dans le vide.

La voix disait : « *Voici la Terre. Voici ce qui était votre planète. Regardez-la maintenant.* »

Sam regarda, le cœur battant comme une chose déchaînée dans sa poitrine.

Il vit la désolation et la mort, et pire que la mort. Il vit de grandes cités ravagées, leurs bâtiments en miettes, leurs rues déchirées comme du papier de soie. Des fenêtres noires le considéraient comme des yeux de pierre. Quelques silhouettes qui pouvaient avoir été humaines trébuchaient à travers les ruines, griffant leur visage, leurs vêtements en loques, leur corps couvert de plaies.

Il vit un pays qui avait été vert et qui ne l'était plus. Un désert flétri, desséché où rien ne vivait, où la seule idée de vie était un blasphème. Pas d'arbres, pas d'eau, pas de cultures.

Rien.

Un soleil rouge luisait dans un ciel enfumé.

Il vit des gens. Il vit des hommes, des femmes, et des enfants. Un homme, le corps nu couvert de cloques, sautant dans une piscine, se maintenant sous l'eau, engloutissant l'eau comme un poisson d'une mer de cauchemar. Une femme aveugle assise dans ce qui avait été autrefois une automobile, tentant d'alimenter un bébé qui ne pouvait plus bouger.

Sam ne pouvait pas tout regarder. Il avait la tête vide et l'estomac serré. Il était incapable de penser.

La voix parlait toujours : « *Voilà ce qu'une guerre a fait de votre monde. Voilà ce que les bombes à hydrogène, les bombes au cobalt et les bombes bactériologiques ont fait de votre monde. Voilà ce que les gens comme vous font du monde où ils vivent quand ils n'ont pas su devenir raisonnables à temps.* »

Il y avait encore autre chose.

Il y en avait assez pour que le message vous pénètre jusqu'au tréfonds. Personne ne peut assister à ce spectacle et l'oublier ensuite. Sam se sentit ramené à sa taille réelle, et il découvrit qu'il y avait des choses plus grandes que Sam Kingsley dans l'univers. Ce n'est pas une découverte que les jeunes gens font avec plaisir, et pour Sam ce fut doublement difficile.

Mais on ne discute pas avec l'anéantissement.

La voix disait : « *Voici les autres planètes qui composent votre système solaire. Ce sont les mondes que nous avons explorés avant la fin. Ce sont les mondes que nous avons pu atteindre.* »

Sam connaissait ces mondes, il en avait eu connaissance par les livres d'histoire. Mais il les voyait maintenant comme pour la première fois, il les voyait à travers une brume de désespoir.

Les mers de sable battues des vents qui étaient Mars.

La désolation violette qui était Vénus.

Le terrible enfer de froid qu'était Saturne.

Tous.

Inaccessibles.

« *Il n'y avait pas un endroit pour nous abriter dans tout notre système solaire. Notre propre monde se mourait. Nous avons fait ce que nous avons pu.*

« *Nous avons construit les Navires.* »

Les Navires emplirent l'écran, immenses tours de métal, dressés comme de colossales pierres tombales d'argent dans le cimetière du monde. Bien sûr, la plupart d'entre eux avaient été construits bien avant l'ultime empoisonnement de la Terre. Ils avaient été conçus pour la plus belle aventure de l'homme, l'exploration des étoiles. Ils n'étaient pas fondamentalement différents des astronefs interplanétaires qui s'étaient posés sur les planètes du système solaire. Malheureusement, aucune méthode permettant d'aller plus vite que la lumière n'avait été inventée, au bon moment ou autrement, et bien que des hommes aient travaillé pour découvrir les secrets de l'arrêt prolongé des fonctions vitales, cette méthode ne s'était pas encore révélée utilisable.

En tout cas, le problème était académique.

Il *fallait* que les Navires partent.

Ils avaient été conçus pour se suffire entièrement à eux-mêmes. Des plantes vertes dans de grands réservoirs hydroponiques fournissaient l'air, des aliments synthétiques produits dans des cuves chimiques donnaient la nourriture nécessaire, et le Navire dans son ensemble formait un système écologique équilibré susceptible de conserver la vie pendant des générations... à condition que la population reste stable.

Pour Sam, ce fut une chose étrange en vérité de voir un Navire *de l'extérieur*. Le Navire avait toujours été un horizon courbe de parois de métal grises, un réseau de coursives, un groupe de maisons, de réservoirs et de couloirs scellés qui étaient de sombres cavernes mystérieuses. Du dehors, le Navire était une merveille, mais pas la demeure qu'il avait connue depuis toujours.

Alors que les rayons du soleil, l'air et une plaine ondoyante entouraient le Navire sur l'écran, il n'y avait plus maintenant que l'infini parsemé d'étoiles, un vide plus hostile à la vie que le monde pollué que le Navire avait quitté. Sam n'avait jamais vu cette mer sombre où il voguait, mais il avait grandi avec la conscience constante de sa présence. Pour les gens du Navire, l'Extérieur était la mort. La nuit, quand les lumières étaient en veilleuse, étendu dans votre lit, vous sentiez cette mer, la plus étrange de toutes, qui léchait les parois de votre chambre, ces vagues froides comme glace qui se glissaient dans votre tête, vos nerfs et votre sang...

La voix disait : « *Vous êtes tous les passagers d'un Navire. Vous qui entendez ma voix, vous êtes peut-être les seuls humains qui subsistent : chaque Navire suit une trajectoire différente. Il se passera peut-être des siècles avant que vous atteigniez un monde où vous puissiez vivre, autour d'un soleil que je ne peux même pas imaginer. Vous ne le trouverez peut-être jamais. Mais rappelez-vous votre Héritage ! Rappelez-vous que vous êtes des hommes, et souvenez-vous de ce qui est arrivé aux hommes sur la Terre ! Vous devez recommencer la vie, enfants de la Terre. Et vous devez être prudents, vous devez vous montrer sages. Si jamais vous trouvez la haine dans vos cœurs, rappelez-vous, rappelez-vous...* »

Et cela recommença.

La lumière qui dépassait toute lumière, le rugissement déferlant qui était un flot de sons démentiels. Les villes torturées, l'atmosphère empoisonnée, les hurlements de ceux qui étaient ruinés et de ceux qui étaient meurtris...

L'écran s'assombrit.

Les lumières se rallumèrent dans la salle.

Il y eut un terrible silence, car qu'y avait-il à dire ? Sam regardait droit devant lui, une espèce de peur de voir lui mettant des œillères.

Le capitaine Fondren monta sur la scène, le corps courbé par l'âge, les cheveux gris et sans vie.

« Voici votre Héritage », dit-il d'une voix lente, suivant le rite ancien. « Nous avons tous un dépôt sacré à préserver de notre mieux. Vous tous qui entendez ma voix, vous êtes des adultes, des membres du peuple. Vous réglerez vos actes pendant votre vie entière selon cette mission. Nous ne pouvons pas courir de risques. Il est de mon devoir de vous informer que ce Navire vogue maintenant dans l'espace depuis trois-cent-quatre-vingt-dix-sept ans. Je vous demande de prier avec moi. »

Il se tut, son vieux regard fixé bien au-delà du Navire.

« *Le Seigneur est mon berger...* »

Les mots antiques emplirent la salle. C'était un de ces rares moments où des phrases murmurées et des rites familiers se chargeaient soudain de sens. Les mots étaient puissants, mais Sam les entendait à peine.

Trois-cent-quatre-vingt-dix-sept ans songeait-il. *Trois-cent-quatre-vingt-dix-sept ans.*

S'ils n'avaient pas trouvé ce qu'ils cherchaient au bout de tout ce temps-là, ils ne trouveraient jamais.

Le voyage ne s'achèverait jamais.

Le Navire était leur univers.

***

Sam avait été impressionné par le jour de l'Héritage, impressionné et effrayé. Pour la première fois de sa vie, il commençait à comprendre le Navire et les gens qui y habitaient.

C'étaient des gens terrifiés, des réfugiés. Ils étaient conservateurs et prudents parce qu'ils essayaient de survivre. Ils vivaient dans une sorte d'arrêt momentané de leurs facultés culturelles, immobilisés entre le désastre et un recommencement.

Les paroles de sa famille prenaient un certain sens maintenant.

« *Sam, Sam, pourquoi ne ressembles-tu pas aux autres petits garçons ? Pourquoi t'arranges-tu toujours pour t'attirer des ennuis ? Ecoute, fais tes devoirs et nous te donnerons un bon synthésteak quand tu auras fini.* » C'était Maman, une femme incolore, sans le moindre galbe, qui accomplissait les gestes des vivants sans être réellement vivante.

Et Papa, un homme grand comme Sam, un être tragique, vaincu avant d'être entré dans la bataille. « *Tu ne peux pas changer le monde, fils. Les règles sont là parce qu'il le faut. Tu dois jouer ton rôle, fils, que cela te plaise ou non.* »

Sam s'y efforça.

Il se dit qu'il avait été stupide. Il était obligé de vivre dans le Navire et il n'avait qu'une vie. Qu'était-il donc pour se croire supérieur aux autres ?

On l'envoya travailler dans la principale salle hydroponique, et il apprit consciencieusement à remplir sa tâche. Il se força à s'intéresser aux plantes et à la mer chimique dans laquelle elles poussaient. Il réglait les lampes solaires et mesurait les courants chimiques avec précision. Il en vint à aimer l'air frais de la salle et il était content d'aller travailler tous les matins. Du moins la salle hydroponique était-elle verte, elle était vivante. L'air mort qui circulait dans le reste du Navire le déprimait et le retour chez lui n'avait rien d'agréable.

Et cependant Sam n'était pas heureux. Il essayait d'être comme les autres, mais il ne trouva pas de bouton magique pour arrêter les pensées de son cerveau. Si seulement l'air *bougeait* plus, si seulement il circulait d'une façon différente de son cours régulier, mesuré ! Si seulement le vent soufflait, si seulement il y avait des nuages, des orages et des torrents de pluie !

Sam rêvait toujours la nuit, et c'était catastrophique.

Il ne se maria pas, et cela ajouta à son malaise. Il y avait des moments où son corps brûlait comme pris de fièvre, des moments où penser aux femmes provoquait en lui comme une nausée. Il essaya de devenir ce que les gens appelaient amoureux, mais il n'y réussit pas. Il tentait ses chances auprès d'une fille après l'autre, et chaque fois quelque chose en lui se rebellait.

« *Sam, tâche d'être gentil comme les autres...* »

« *Sam, tu ne dois pas dire des choses pareilles, c'est abominable...* »

« *Sam, tu es si bête...* »

Pendant cinq ans, Sam travailla dans la salle hydroponique à la même tâche. Il s'en acquitta très bien. Il s'en acquitta mieux que cela n'avait été fait jusque-là.

Mais il ne monta pas en grade.

Personne ne lui parla jamais de devenir membre de l'Equipage, pas même Bob.

Les autres hommes de son âge reçurent une promotion ; tous faisaient partie de l'Equipage. Sam resta dans la salle hydroponique et, au bout de cinq ans, il comprit qu'il y resterait jusqu'à la fin de ses jours. Le Conseil n'avait pas confiance en lui, n'aurait jamais confiance en lui. Son crime, c'est qu'il était différent, et dans le Navire, c'était le crime majeur.

Un soir, alors qu'il était resté plus tard pour s'occuper des plantes, il aperçut en relevant la tête Ralph Holbrook qui l'observait. Ralph avait le même âge que Sam ; ils avaient assisté ensemble à la cérémonie du jour de l'Héritage. Ralph avait été un enfant timide, mais il avait l'air prétentieux maintenant dans son nouvel uniforme.

Il était aussi un peu éméché.

« Toujours là, hé, Sam ?

— Comme qui dirait.

— T'aimes ton boulot ?

— Peux pas me plaindre.

— Tu *fais aussi bien*, mon petit Sam. »

Sam se retourna pour le regarder.

« C'est-à-dire ?

— Tu sais très bien ce que je veux dire ! Tu te croyais quelqu'un, pas vrai ? Tu marchais sur les pieds de tout le monde, tu te pavanais comme si le Navire t'appartenait. Et qu'est-ce que tu es devenu maintenant, mon petit Sam ? Hein, où en es-tu ? »

Sam sentit la vieille colère monter en lui. Il serra ses gros poings, arqua le cou. Ses paupières se plissèrent.

« Vas-y mollo, Ralph. Je ne veux pas te faire de mal. »

Ralph éclata de rire.

« Tu te crois toujours un dur, mon petit Sam ? Tu crois toujours que tu peux être un grand homme avec tes poings ? Allons, Sam ! Essaie un peu pour voir ! »

Sam fit un pas en avant, le cœur battant. Il était capable de réduire Ralph en bouillie, et il le savait.

Mais il s'arrêta.

Frapper un membre de l'Equipage ?

Il n'osa pas.

« File, Ralph », dit-il d'une voix calme. « Ta maman doit t'attendre. »

Ralph Holbrook s'approcha et le gifla.

Sam ne broncha pas.

Ralph rit de nouveau, tourna sur ses talons et sortit d'un pas fier.

Le visage de Sam était impassible.

Il se remit au travail, fit ce qu'il avait à faire et quitta la salle. L'air mort lui bloquait les narines sur le trajet de retour.

Aucun signe extérieur ne dénotait de changement. Il était le même Sam Kingsley, grand, maladroit et solitaire, qui revenait de son travail, ses pas faisant naître derrière lui un écho sourd.

Mais Sam avait été poussé hors de ses gonds.

Il n'avait pas pris la décision ; elle avait été prise pour lui.

La grise monotonie sans espoir de sa vie le rongeait depuis longtemps. L'avenir s'étendait devant lui comme une plaine plate, sans vie, sans couleur, sans but.

Il était captif d'un monde étranger, pris au piège dans un Navire dans les profondeurs de l'espace. Il n'y avait rien pour lui dans ce monde ordonné, rien qu'une existence qui était moins que la vie.

Très bien.

Il avait essayé de vivre selon leurs lois, et il avait échoué.

A partir de maintenant, il se ferait ses propres lois.

Son pas s'accéléra, il était plus alerte qu'il ne l'avait été depuis des années. Toute sa vie, il avait été fasciné par ces tunnels noirs qui s'enfonçaient au cœur du Navire. Ces cavernes interdites étaient ses seules frontières. Les officiers supérieurs de l'Equipage étaient les seuls qui eussent l'autorisation d'aller dans la plupart d'entre elles, et il était clair à présent que Sam ne deviendrait jamais membre de l'Equipage.

Il n'avait pas de plan à proprement parler. Il savait simplement qu'il devait faire quelque chose, et qu'il n'y avait qu'un endroit par où commencer.

Il mangea copieusement et fit un somme.

Pour une fois, son sommeil fut sans rêve.

Il s'éveilla quatre heures plus tard, bourra ses poches de provisions et vérifia sa lampe-tube. Il sortit de chez lui et se glissa dans la pénombre du Navire endormi.

Ses pieds se posaient avec assurance, et il n'y avait rien de maladroit chez Sam maintenant. Comme une ombre, il suivit une coursive peu utilisée qui traversait le ventre sombre du Navire.

Un tunnel obscur parut devant lui.

Une pancarte faiblement éclairée disait : *Réservé au personnel muni d'une autorisation.*

Sam sourit et pénétra dans la caverne sinistre.

⁂

Il enleva ses chaussures, afin de ne produire aucun bruit qui pût donner l'éveil. Il faisait noir comme dans un four dans ce couloir, mais il n'osait pas encore utiliser sa lampe-tube. Regardant par-dessus son épaule, il vit l'entrée du tunnel silhouettée par les veilleuses du Navire.

Il avançait aussi vite qu'il l'osait, effleurant de la main gauche la paroi pour se guider. Le couloir filait droit comme un I, et la marche n'était pas difficile. Néanmoins, il ressentait une nervosité dont il n'arrivait pas à se débarrasser. Depuis sa plus tendre enfance, on lui avait défendu d'aller dans un de ces couloirs, on lui avait parlé de choses horribles qui y étaient tapies, guettant une proie.

Il se jugeait assez vieux maintenant pour ne pas tenir compte de pareilles histoires de nourrice, mais tout de même...

Quelque chose de froid le heurta au visage.

Sam se courba, s'effondra de tout son long par terre. Il étouffa un cri, puis esquissa un faible sourire en comprenant ce qui s'était passé. Il s'était cogné dans une porte. Il se risqua à allumer, et dans l'étroit faisceau de clarté il vit que c'était une porte métallique qui bloquait le passage. Il y avait une pancarte dessus : *Entrée interdite.*

Sam essaya la poignée.

La porte n'était pas fermée à clef.

Il l'ouvrit, passa de l'autre côté et repoussa le battant derrière lui. Il cligna des yeux. Ce tunnel était plus grand, et ses lumières étaient encore allumées. Il avait l'air d'être utilisé. Sam hésita, essayant de se repérer. S'il tournait à gauche, il reviendrait à la cité où vivaient les gens. S'il tournait à droite, il se dirigerait vers l'avant du Navire, vers la salle de contrôle.

Sam alla vers la droite.

Il courait presque, ses chaussures se balançant à son cou. Il sentait une sueur froide lui baigner le corps, son cœur battre anxieusement. C'était si simple, tellement comme un rêve, cette course dans ce couloir silencieux, avec le Navire autour de lui comme une bête monstrueuse, attendant, attendant...

Que lui ferait-on si on le surprenait là ? Il essaya de ne pas y penser. Il continua à avancer aussi vite que possible, ses chaussures lui meurtrissant la poitrine, sa lampe-tube dans son poing serré comme si c'était une arme...

Il dépassa un tournant et s'arrêta comme s'il s'était heurté à un mur. Il retint son souffle, les poumons crispés, la sueur glissant le long de ses flancs en ruisseaux glacés.

Il y avait deux hommes d'Equipage dans le couloir.

Ce fut un instant figé dans le temps ; il parut se prolonger éternellement. Les deux hommes étaient assis à une petite table, en train de jouer aux cartes. L'un d'eux faisait face à Sam, mais ses yeux étaient fixés sur les cartes qu'il avait en main. Juste au-delà de la table, il y avait un flot de clarté provenant de la salle de contrôle dont la porte était ouverte.

Sam resta figé sur place. Il avait peur de bouger, et peur de *ne pas* bouger. C'est presque involontairement qu'il recula à l'abri du coude du corridor. Il s'appuya au mur, étouffant à force de s'essayer à respirer sans bruit.

Des sentinelles ! Ici, au milieu de la nuit. Pourquoi ?

L'avaient-elles vu, avaient-elles perçu un mouvement quelconque ? Elles l'auraient sûrement repéré si elles avaient été sur le qui-vive, mais pourquoi l'auraient-elles été ? Le Navire était réglé avec une précision d'horloge ; les gens n'étaient *jamais* là où ils ne devaient pas être.

Pourtant...

Il essaya de retenir sa respiration ; il essaya d'entendre.

Des voix.

Les hommes *l'avaient* vu !

« Tu dois être nerveux. Je n'ai rien entendu.

— Je t'assure qu'il y avait quelque chose là.

— Tu n'es pas content de ta donne, oui-dà. » Rire. « Qu'est-ce que ça avait, deux têtes ou trois ?

— O.K., O.K. Peut-être que je suis cinglé. Mais je vais vérifier. »

Une chaise grinça sur un plancher métallique.

Fuir !

Sam s'enfonça en courant dans le tunnel, sans se soucier du bruit, aussi vite qu'il le pouvait. Le couloir était sinistrement rectiligne, il n'y avait pas un endroit où se cacher. Sam se traita d'imbécile, mais il était trop tard maintenant. S'il trouvait seulement un coin d'ombre, un coude du tunnel, n'importe quoi...

« Hé ! »

Ils l'avaient vu.

Sam redoubla d'efforts. Il résolut de ne pas se laisser aller à la panique. Il ne devait pas perdre la tête, il devait réfléchir...

Les sentinelles n'avaient pas pu le reconnaître, pas à cette distance. Il pouvait les distancer, il le savait. S'il réussissait à atteindre la bifurcation, il pourrait regagner la cité endormie et on n'y verrait que du feu.

Il jeta un coup d'œil par-dessus son épaule, et son cœur se serra. Les sentinelles s'étaient arrêtées et se servaient d'un téléphone mural pour avertir en avant.

Sam ralentit le pas, luttant pour retrouver son souffle. Il ne se posait plus qu'une question : atteindrait-il le couloir transversal avant que l'Equipage venu de la ville y arrive par l'autre bout ? Il voulait croire qu'il le pouvait, mais il devait reconnaître que les chances étaient contre lui. Il avait encore trop de chemin à parcourir. Et même s'il y réussissait, les autres n'étaient pas fous. Ils connaissaient ce raccourci, ils l'attendraient à l'autre extrémité.

Non, c'était impraticable.

Il ne restait plus qu'une chose à faire, et il la fit.

Il s'arrêta dès qu'il aperçut une porte. Il manipula la serrure, ouvrit la porte et se glissa de l'autre côté. Il fut aveugle, d'abord ; il n'y avait aucune lumière. Il alluma sa lampe-tube, ferma le battant et poussa le verrou.

Il se força à prendre le temps de remettre ses souliers. Ses poumons lui faisaient mal, et l'air du couloir sentait le renfermé. Il braqua sa lampe devant lui et essaya de courir. Il retomba vite à une allure de marche accélérée.

Il écouta attentivement, mais il n'entendit aucun bruit de poursuite.

Ce couloir était différent des autres. Il paraissait en quelque sorte *plus ancien,* et Sam avait l'impression fantastique qu'aucun homme n'avait foulé ce sol depuis des siècles. Il y avait des coulées d'huile sur les parois et le sol crissait sous les pas.

Sam avançait toujours.

Il aboutit à une autre porte qui bloquait le couloir. Il y avait une inscription dessus, mais elle était oblitérée par la saleté ; il ne réussit pas à la lire. Il manœuvra la poignée, poussa le battant.

Celui-ci résista.

Sam se mordit la lèvre. Il recula, aspira à fond et donna un coup d'épaule dans la porte. Elle céda un peu. Il recommença deux fois son manège. Elle s'ouvrit en grinçant. Il se faufila par l'interstice et la referma derrière lui. Le verrou était coincé et il ne réussit pas à le pousser.

Il fit jouer le rayon de sa lampe tout autour de lui. Le couloir était plus étroit ; sa tête touchait presque le plafond. L'air était si lourd qu'il pouvait à peine respirer. Il y avait une couche de fine poussière blanche sur le sol. Quand il avança d'un pas, elle se souleva en nuage qui lui piqua les yeux et les narines.

Sam hésita, peu sûr de lui. Il pouvait encore retourner en arrière. Il passerait un mauvais quart d'heure, mais on ne le tuerait probablement pas. Une petite opération en salle de chirurgie, voilà tout, et il serait l'homme le plus placide du Navire. Il frissonna.

Il y avait une chance, rien qu'une, que ce tunnel le ramène à la cité, par quelque entrée oubliée. Il avait peut-être encore cinq heures avant le matin, et personne ne s'apercevrait de son absence jusque-là.

Il eut un sourire amer. Il avait eu seulement l'intention d'explorer un peu cette première fois ; il avait pensé se trouver à son travail demain. Maintenant il était pris au piège, retraite coupée, et il ne pourrait probablement plus jamais revenir à la vie qu'il avait connue.

Eh bien, la perte n'était pas grande.

Sam prit une tablette alimentaire dans sa poche et la dévora. Il se sentit un peu mieux, mais il mourait de soif. Si jamais il pouvait recommencer, il emporterait à boire et ne se chargerait pas de nourriture.

Bien entendu, il n'y aurait pas de prochaine fois. Pas pour lui.

Il se ressaisit et fit jouer de nouveau sa lampe. Il

n'y avait rien à voir. La caverne noire s'étendait aussi loin que pouvait aller le rayon de lumière. La fine poussière du sol était blanche, comme la neige qu'il avait vue sur des images.

Il n'y avait qu'une direction à suivre.

Sam allait d'un bon pas, la poussière s'élevant autour de lui en nuage qui l'aveuglait presque. Il avançait, se fermant à la terreur qui l'assaillait à marcher ainsi dans un tunnel silencieux vers il ne savait quoi.

***

Il continua pendant deux heures, puis il ne put pas résister plus longtemps. Les nuages de poussière restaient en suspension dans l'air vicié comme la fumée, et sa gorge à vif le brûlait.

Il n'avait rien vu.

Il n'avait rien entendu, à part le bruit de ses propres pas.

Le tunnel avait fait tant de tours et de crochets qu'il n'avait pas la moindre idée de l'endroit où il pouvait se trouver. Il y avait eu d'autres couloirs qui s'embranchaient sur celui où il était, mais il n'avait pas osé les essayer. De cette façon, il pouvait au moins revenir sur ses pas s'il y était obligé. Il avait une peur irrationnelle, enfantine, de s'égarer, bien qu'il n'eût plus nulle part où retourner maintenant.

Mais il *fallait* qu'il échappe à la poussière.

Il aboutit à une porte dans la paroi et l'ouvrit de force. Il passa et la referma rapidement derrière lui. Il se tint immobile pour ne pas soulever la poussière.

Il promena sa lampe autour de lui.

Pendant un instant atroce, il crut vraies toutes les histoires qu'il avait entendues sur les *choses* qui vivaient dans les cavernes interdites. Il se trouvait dans une salle et non dans un tunnel, et le long des parois étaient alignés des personnages grotesques — d'énormes caricatures d'hommes, bourgeonnantes, avec des faces brillantes comme du verre et des membres distendus.

Mais ces choses n'étaient pas en vie.

Elles n'avaient jamais vécu.

Avec précaution, Sam s'approcha et en toucha une. Elle était faite d'une matière lisse qui le fit penser à de la poterie, et elle luisait faiblement sous sa lampe.

Combien de temps s'était écoulé depuis que cette pièce perdue avait vu de la lumière ? Cent ans ? Deux cents ? Trois ?

Il tapota la chose de l'ongle. Elle ne donna qu'un faible « clic », bien qu'il la sût creuse. Il regarda autour de lui, calculant rapidement. Il y avait au moins cinquante de ces silhouettes fantastiques dans la pièce.

Il savait ce que c'était, et il eut comme un choc quand il se rendit compte que jamais il n'en avait *vu* avant.

Des tuniques spatiales.

Il se trouvait dans une réserve pleine de tuniques spatiales.

Des pensées étranges, à demi formulées, commencèrent à se faire jour dans son cerveau. Il se demandait ce que cela voulait dire et pendant un moment il craignit d'être en train de devenir fou. *Bizarre que je n'aie encore jamais vu de tunique spatiale. Bizarre qu'aucun d'entre nous n'ait jamais appris à s'en servir. Bizarre que jamais personne n'ait eu à se rendre à l'Extérieur pour effectuer une réparation.*

Ou bien était-ce un secret soigneusement gardé, un des privilèges de l'Equipage ?

Mais, au fait, *pourquoi* tout ce mystère ?

L'énigme des sentinelles à la porte de la salle de contrôle revint lui harceler l'esprit. Bien sûr, il était préférable que des femmes, des enfants ou des gens peu recommandables dans son genre ne s'en aillent pas encombrer les hommes de l'Equipage. Mais des sentinelles au milieu de la nuit, cela paraissait un peu excessif.

Que cachait-on donc dans la salle de contrôle ?

Qu'y avait-il dedans qu'on n'osait laisser voir qu'à ceux en qui on avait totalement confiance ?

En fait, maintenant qu'il y réfléchissait, il y avait une question qu'on pouvait poser à propos de bien des choses dans le Navire.

C'était une question fatale, une question qui avait renversé des empires.

Pourquoi ?

Le mot informulé vibrait dans son cerveau, et il n'y avait pas de réponse.

Il examina de plus près la tunique qui était devant lui. Une mince couche de poussière la recouvrait. Il la décolla de la paroi, la retourna. Il y avait deux réservoirs à oxygène fixés dans le dos. Il trouva la manette qui réglait l'arrivée d'air et la manœuvra.

Rien ne se produisit.

Il ramassa le casque pesant, le pressa contre son oreille. Il n'entendit rien. Il le flaira, et l'air était plus vicié que jamais. Il n'y avait pas d'oxygène dans le réservoir.

Dans un Navire voguant au cœur de l'espace, le bon sens commandait sûrement que les tuniques spatiales soient en état de marche. Il secoua la tête. Evidemment, il devait y en avoir d'autres ailleurs, mais tout de même...

Il replaça le casque et grignota une autre barre d'aliment. Il redoutait de retourner dans le couloir envahi par la poussière, mais il ne pouvait pas rester là. Il ne lui restait que quelques heures avant la reprise du travail.

Un plan ?

Il n'avait pas de plan. Il se dit vaguement qu'il devait y avoir une embarcation de secours dans le Navire, mais que s'il la trouvait ce serait par hasard. Même s'il la trouvait, cela ne lui servirait à rien. On ne lui avait pas enseigné à manœuvrer une fusée dans l'espace, et il en savait assez sur les fusées pour être certain qu'il ne pouvait pas s'embarquer dans l'une d'elles et partir gaiement à l'aventure.

D'ailleurs, où pourrait-il aller ?

Une idée lui vint. A moins que le Navire n'ait été construit au petit bonheur la chance, il devait y avoir une raison pour que la réserve ait été installée à cet endroit précis.

Et il n'y avait qu'une raison pour cela, à son avis.

Il rouvrit la porte, toussant quand la poussière l'atteignit. Il écouta attentivement, mais le couloir était parfaitement silencieux. Il se déployait devant lui, mort et inerte, lourd du poids des siècles.

Sam avança, s'efforçant de résister au désespoir. La fine poussière blanche s'envolait et virevoltait dans l'air lourd et usé.

Le faisceau lumineux trouait la pénombre, transformé en barre de lumière argentée qui fendait les nuages de poussière scintillante.

Sa gorge était si sèche qu'il ne pouvait plus déglutir, et il songea avec un regret déchirant à l'air pur et frais de la salle hydroponique.

Ses souliers heurtèrent quelque chose sur le sol, et il regarda par terre. Il y avait là un tas de quelque chose, blanchi par la poussière qui le recouvrait.

Des ossements.

Des os, et une peau ridée sèche comme du vieux papier. Un crâne humain le considéra avec ce qui avait été jadis des yeux. Il s'agenouilla et le toucha. La peau s'effritait à peine effleurée.

Sam contempla les restes misérables de ce qui avait il y a bien longtemps marché, respiré, aimé. Il ne ressentait pas d'horreur, seulement une curieuse sensation de compassion et de soulagement. Il n'était pas le seul, après tout ! Il n'était pas le seul qui se fût rebellé.

Combien d'autres y en avait-il eu ?

Il salua de la main avec amitié le tas d'ossements. *J'aurais aimé te connaître,* songea-t-il. *Nous aurions pu aboutir à quelque chose, ensemble. J'aurais eu quelqu'un à qui parler. Nous aurions pu être amis, toi et moi.*

Il enjamba les ossements en veillant à ne pas les bousculer, et poursuivit sa marche.

Une demi-heure plus tard, il parvenait au bout du tunnel.

Une porte bloquait le passage devant lui, mais ce n'était pas une porte ordinaire. Celle-ci était une porte massive sertie dans la paroi même du Navire.

Une inscription pâlie disait : *Danger. Sas 4. Danger.*

Sam contempla le métal luisant. Involontairement, il recula. Il était parvenu au bout de son univers. Au-delà de cette porte, il le savait, se trouvait un sas et de l'autre côté de ce sas...

L'extérieur.

L'espace.

La Fin.

Sam s'assit dans la poussière, la tête dans les mains. Il n'essayait pas de se leurrer. Il était perdu. Voilà tout ce qu'il y avait. Il n'avait plus le choix maintenant. Il ne pouvait que retourner sur ses pas le long de ce tunnel mort, retourner et se rendre.

Et alors ?

Il frissonna, et son sang se glaça dans ses veines.

Non, non. Je ne me rendrai pas. Je ne peux pas. Pas encore.

Il se releva, tremblant.

Il se contraignit à s'approcher de la porte du sas. Il tendit la main et la toucha. Elle était glacée. Ou bien était-ce un effet de son imagination ?

Il ne réfléchissait pas ; il avait dépassé ce stade. Il savait seulement que le Navire et tout ce qu'il contenait lui étaient devenus horribles, insupportables. Peut-être y avait-il une tunique spatiale en bon état à l'intérieur du sas, peut-être réussirait-il à aller à l'Extérieur pour dériver éternellement au milieu des étoiles...

Ce serait une mort plus propre que ce qui l'attendait à l'autre extrémité du tunnel.

Il agrippa la roue qui se trouvait au milieu de la porte.

Il pesa dessus, de toutes ses forces.

Elle résista d'abord, puis céda.

Aussitôt le couloir s'emplit de vacarme.

Une sirène hurla, son sifflement s'enflant et s'adoucissant alternativement à travers le Navire.

Le bruit l'assourdit après les heures de silence. Il se couvrit les oreilles et la sirène résonna dans son cerveau.

Oh ! mon Dieu, ils avaient branché une sonnerie d'alarme. Ils savent où je suis. Ils vont venir me chercher, me tuer...

Sam ne voulait pas mourir. Ouvrir la porte du sas avait été un geste, rien de plus. Placé devant la réalité de la mort, sa seule pensée avait été :

Me cacher !

Fuir !

Il repartit en courant dans le tunnel.

Il courut en aveugle, se heurtant aux parois, corps privé de cerveau fuyant dans une caverne cauchemardesque, pleine de nuages blancs étouffants et de la furie persistante du hurlement de la sirène.

***

Avec une soudaineté paralysante, Sam Kingsley entendit une voix humaine.

Humaine ?

Elle était à un diapason qui permettait à peine de la qualifier comme telle, elle formulait une seule note suraiguë sans arrêt. Comment pouvait-il l'entendre par-dessus le hurlement de la sirène ? Il secoua la tête d'un mouvement sauvage, comme un animal.

La sirène s'était tue.

Il fourra son gros poing dans sa bouche, mordant ses jointures. La voix hurlante qui était peut-être humaine se transforma en gargouillement étranglé.

C'était sa propre voix.

Il sanglota, et le sanglot résonna avec un fracas assourdissant dans le brusque silence. Ses oreilles tintaient, son corps était couvert de sueur. La poussière qui encrassait ses poumons le faisait tousser, mais il n'avait pas assez d'air pour tousser...

Il trébucha sur le squelette du couloir, éparpillant les ossements. Il essaya de continuer à courir, mais il trébuchait maintenant.

Se cacher !

Fuir !

S'il pouvait seulement atteindre cette réserve, s'y cacher avec les tuniques spatiales, il aurait peut-être une chance...

Non.

Trop tard.

Il entendit des voix devant lui dans le couloir, des froissements, des bruits de pas.

« Kingsley ! » Le cri était étrangement assourdi. « Kingsley ! Nous savons que vous êtes là ! Restez où vous êtes. Ne tentez pas de résister. Nous ne vous ferons pas de mal. Kingsley ! Vous m'entendez ? »

Sam s'effondra par terre, le visage dans la poussière, luttant pour retrouver sa respiration. Il ne répondit pas, il ne *pouvait* pas répondre. Il gisait recroquevillé, incapable de penser, au-delà même du désespoir, le sang rugissant dans ses oreilles.

Les lumières du vieux tunnel s'allumèrent, l'aveuglant, pénétrant comme des éclairs blancs dans son cerveau.

Les pas se rapprochaient de plus en plus...

Là. Il vit une chaussure, juste devant ses yeux.

Des voix. « *Il est mort ?* » « *Pas cette veine-là.* » « *Trop dur à cuire.* »

Un pied lui poussa l'épaule, sans douceur.

« *Allons, mon petit Sam. Debout.* »

C'était comme de se réveiller après un trop long sommeil. Il devait remonter à la surface de la conscience, en se frayant un chemin à travers d'épaisses couches de brume étouffante. Tous ses os lui faisaient mal. Il se tourna sur le côté très lentement.

Il se mit péniblement à genoux.

Le pied le frappa de nouveau. Le coup n'était pas

violent, mais ce n'était pas nécessaire. Sam tomba, la bouche dans la poussière.

« *Allons, mon petit Sam. Cesse de faire le malin.* »

« *Ça suffit, Ralph. Laisse-le tranquille.* »

Sam recommença. Il se mit à genoux, attendit. Rien ne se produisit. Il se dressa. Sa vision devint plus nette.

Ils étaient trois dans le couloir avec lui. Tous des membres de l'Equipage, et tous portaient un masque pour les protéger de la poussière. Il reconnut Ralph Holbrook à sa voix. Ils avaient tous une gourde accrochée à leur ceinture.

« De l'eau », dit-il. Sa voix était une espèce de coassement.

Les hommes avaient l'air de fantômes dans la lumière blanche. L'un d'eux secoua la tête.

« Pas d'eau, Kingsley. Pas avant que nous ne vous ayons ramené là où vous devez être. Après cela, vous aurez toute l'eau que vous voulez.

— De l'eau », dit-il de nouveau. Sa gorge était en feu.

« Navré, mon petit Sam. »

Holbrook remua un peu. Sam entendait l'eau clapotait dans sa gourde.

« En route, Kingsley », dit l'homme qui lui avait déjà parlé. Il paraissait presque s'ennuyer. « Il y a pas mal de chemin à faire. »

Sam contemplait la gourde à la ceinture d'Holbrook avec des yeux rougis, à vif. Il était parfaitement immobile, et soudain quelque chose craqua en lui. Comme si une digue se rompait, une digue qu'il avait combattue toute sa vie. Ses yeux brillèrent et une terrible force glacée envahit son corps épuisé.

Il se redressa de toute sa taille, le haut de son crâne touchant presque le plafond du tunnel. Son corps énorme sembla se dilater et emplir tout le couloir. Ses cheveux étaient blancs de poussière, mais ses yeux étaient des charbons noirs à la lumière. Il serra ses poings saignants et ses lèvres se retroussèrent sur ses dents.

Il était soudain très calme, très sûr de lui.
Il était planté là ferme comme un roc.
Il avait cessé de fuir.
Et alors, pour la première fois de sa vie, Sam Kingsley se laissa aller à la colère.

***

Il avança vivement d'un pas et saisit la tunique d'Holbrook dans son poing. Les yeux d'Holbrook s'écarquillèrent et un bruit bizarre sortit de sa bouche. Sam tira, et le tissu craqua.

Perdant l'équilibre, Holbrook plongea en avant.

L'énorme poing droit de Sam remonta de ses genoux et vint s'écraser sur la mâchoire d'Holbrook. Quelque chose cassa ; la mâchoire devint ballante. Froidement, Sam enfonça son poing gauche comme un piston dans l'estomac d'Holbrook, puis il lui administra un autre coup à la tempe du poing droit comme l'homme s'écroulait à ses pieds.

Il s'attaqua silencieusement aux deux autres.

Le couloir était si étroit que les deux membres de l'Equipage se gênaient mutuellement. Avec une froide détermination, Sam les tint à distance à coups de directs du gauche tandis que son poing droit s'abattait avec une précision impitoyable.

Le premier homme lui lança frénétiquement un coup de pied. Sam attrapa son pied et lui imprima une violente torsion. L'homme hurla. Sam le saisit par les jambes et lui cogna la tête contre la paroi.

Le dernier membre de l'Equipage tourna les talons.

Sam étendit son long bras gauche, l'attrapa par l'épaule, le fit virevolter. L'homme brandit quelque chose qui brillait et Sam sentit une humidité chaude sur sa poitrine. Il plissa ses paupières, abattit son poing droit de toute sa force sur le visage de l'homme. Il le martela sans merci, le forçant à reculer sous l'avalanche. L'homme tomba, se redressa en trébuchant.

Sam lui donna le coup de grâce.

C'était fini.

Sam ressentit une petite vague de satisfaction au fond de lui-même, et ce fut tout. Il resta immobile un moment, luttant pour retrouver son souffle dans l'air épaissi par la poussière, puis il se baissa pour décrocher la gourde à la ceinture de l'homme. Il la porta à ses lèvres et versa l'eau froide dans sa gorge.

C'était une erreur.

Quand ses nausées cessèrent, il prit la gourde d'Holbrook et se força à avaler l'eau lentement, la laissant couler goutte à goutte, jusqu'à ce que la nausée le force à s'arrêter. Puis il trouva un des masques qui était encore relativement intact et l'enfila.

De l'air !

Du bon air filtré !

Il respira à fond, jouissant de la sensation. Il emplit d'air ses poumons, le dégustant, le savourant. Son thorax s'activa comme un soufflet jusqu'à ce que l'oxygène lui donne des étourdissements, le forçant à ralentir.

Il examina sa poitrine. Elle était gluante de sang, de sang couvert maintenant de poussière visqueuse, mais la blessure n'était pas profonde. En tout cas, il ne s'en tracassa pas. Il n'avait pas le temps de se faire du souci.

Sam savait qu'il avait tué l'homme qu'il avait cogné contre la paroi du tunnel. Il le savait sans vérifier, et il ne ressentait aucun remords. C'était simplement un autre fait à ajouter sur la liste, et qui rendait sa position plus périlleuse que jamais. Cela rendait sa position complètement désespérée.

Il eut un rire bref.

« *Que diable, messieurs ! Vous n'aurez tout de même pas le dessus !* »

Il était inutile d'essayer d'atteindre la réserve. Ce serait un gain d'une heure ou deux, au maximum. Et ils allaient se lancer très vite à sa poursuite maintenant, à plusieurs, et ils seraient trop nombreux pour qu'il puisse en venir à bout.

Il ne lui restait plus qu'une chose à faire.

Sam se retourna, enjamba les corps étendus et repartit par où il était venu. C'était plus facile avec les lumières allumées, plus facile avec de l'air respirable dans ses poumons, plus facile maintenant qu'il ne mourait plus de soif. Mais la réaction se fit sentir, l'adrénaline de la bataille se dilua, et ses jambes se mirent à fléchir sous lui.

Il était presque arrivé quand il s'écroula, et il rampa pour accomplir le reste du chemin.

L'inscription pâlie n'avait pas changé : *Danger. Sas 4. Danger.*

La massive porte de métal luisait toujours dans la paroi du Navire. Au-delà de ce sas...

Eh bien ! peu importe. Il était perdu de toute manière.

Il se redressa, agrippa la roue au centre de la grande porte, la tourna.

La sirène déclencha de nouveau son furieux vacarme, mais cette fois il s'y attendait. Il continua à tourner la roue sans s'occuper du mugissement infernal. La roue tournait plus aisément, de plus en plus vite...

Il y eut un grincement que Sam perçut en dépit du hurlement de la sirène.

La main de Sam lâcha la roue de métal froid. Malgré lui, il recula, retenant sa respiration.

La porte du sas s'ouvrit avec un sifflement.

⁂

A cet instant précis, il entendit un concert de clameurs qui domina le fracas de la sirène. Un coup d'œil vers le tunnel lui fit voir une troupe de membres de l'Equipage qui s'avançait à travers la poussière dense comme de la fumée.

Sam les salua d'un geste moqueur.

Sans hésitation, il franchit la porte du sas. Il se trouvait dans une petite cellule métallique. Se rappelant les films qu'il avait vus, il pressa un bouton vert sur un panneau mural. La grande porte par laquelle il était entré se referma en sifflant juste comme les autres l'atteignaient.

Cette porte ne se rouvrirait plus de l'intérieur du Navire tant qu'il serait dans le sas.

Il regarda autour de lui. Il n'y avait pas grand-chose à voir. Le sas était petit, environ trois mètres carrés. Il avait été peint en gris, mais la peinture s'était écaillée et laissait paraître le métal sombre de la paroi.

Le sas était complètement vide.

Pas la moindre tunique spatiale providentielle.

Sam s'approcha de l'ouverture circulaire à l'autre extrémité du sas. Il la toucha du doigt. Elle était glacée. Juste à droite, il y avait un autre tableau. Sur ce tableau, il y avait un bouton rouge.

Sam tendit la main pour appuyer sur le bouton.

Son doigt tremblait si fort qu'il manqua le bouton.

Il est bel et bon de se décider à faire une chose contre quoi votre âme se rebelle. Il est bel et bon d'être persuadé qu'on va l'accomplir. Il est bel et bon d'*essayer* de l'accomplir.

Mais au-delà de cette dernière porte se trouvait l'Extérieur.

Hors du Navire.

Hors du monde.

Au-dehors, par-delà les plages sablonneuses d'une petite île tiède dans l'immensité d'une mer désolée, froide et vide inimaginablement. Dans l'espace même, un plongeon dans une mort de cauchemar qui vous hantait depuis l'enfance.

Un bruit métallique résonna dans le sas.

Les hommes de l'Equipage tentaient d'enfoncer la porte intérieure.

Sam prit une aspiration profonde et retint son souffle. Il appuya sur le bouton rouge. Il sentit un courant froid lui fouetter le corps tandis que l'air s'introduisait dans le sas.

L'écoutille ronde craquait et grinçait.

Elle commença à s'ouvrir.

Sam ferma les yeux, retint sa respiration avec une folle férocité.

Il compta jusqu'à dix.

Il redressa le dos et avança. Il franchit l'écoutille. Il était Dehors...

Il commença à tomber.

Mon Dieu, aurais-je bien deviné, pourquoi est-ce que je ne me désintègre pas, pourquoi est-ce que je ne ressens rien...

Il heurta quelque chose avec une force paralysante. Ce quelque chose céda sous le choc ; c'était flexible. Cela lui fouetta les bras et les jambes dans sa chute...

Puis cela cessa.

C'était fini.

Sam ne pouvait pas retenir plus longtemps sa respiration. Ses poumons éclataient, ses yeux saillaient dans leurs orbites. Il ouvrit la bouche, s'étrangla, avala.

De l'air !

Le masque ne pouvait que filtrer l'air ; il fallait qu'il y ait déjà de l'air. Et cela voulait dire...

Sam ouvrit les yeux.

Du vert.

Du jaune.

Du rouge.

Du noir.

Des couleurs ! Une orgie de couleurs ! Il n'en avait jamais vu de pareilles ; elles l'éblouissaient. Il leva les yeux, par-delà un amas de vert. De la lumière ! Une belle lumière dorée.

Un soleil.

Sam arracha son masque.

Une avalanche d'odeurs l'étouffèrent presque. C'était comme la salle des hydroponiques, mais multipliée par un million. Il respirait des choses vertes qui poussaient, des fleurs, des arbres...

La vie.

Il avait vécu dans un monde mort, un monde fabriqué, il y avait ici le monde réel, éblouissant, inconcevable, merveilleux, enivrant. Une douce brise soulevait les feuilles au-dessus de sa tête, une plaisante brise vivante dont il sentait le goût dans sa bouche.

Sam se tâta avec précaution. Pas d'os brisés, pour autant qu'il pût en juger. Il tendit le bras pour se frayer un passage au travers des plantes grimpantes. Il commença à ramper péniblement, comme un ver, aspirant l'air à l'odeur de terre humide. Il se faufila à travers un merveilleux embrouillamini de broussailles pendant quelque vingt longues minutes, puis il déboucha dans une petite clairière.

Il y avait de l'eau dans la clairière, une petite source qui jaillissait d'un amas de rochers noirs luisants. Sam la contempla ; il lui semblait n'avoir jamais rien vu de plus beau. De fines radicelles brunes flottaient dans l'eau claire. Il y avait des cailloux tout blancs au fond, polis et arrondis. Il voyait les cailloux en détail, presque comme si l'eau jouait le rôle de loupe, mais quand il plongea son bras dans la source, il n'arriva pas à toucher le fond.

Sam prit l'eau froide dans ses mains sales réunies en coupe et but. Il n'avait jamais goûté d'eau si agréable, si chargée de vitalité.

Il se redressa sur des jambes tremblantes. Il regarda dans la direction d'où il était venu.

Il vit quelque chose qu'il n'oublierait jamais. C'était le Navire, le puissant Navire, pointant sa masse vers un ciel bleu électrique. C'était le Navire, le monde qu'il avait connu, et c'était une chose morte, vaincue.

Ses flancs jadis brillants étaient ternis par la rouille et la corrosion. Ses réacteurs autrefois puissants étaient enterrés sous la terre et les ronces. Sa silhouette fière était masquée par les lianes et les plantes grimpantes.

C'était le Navire, c'était son monde : enterrés sous la décrépitude et la croissance des siècles.

Le Navire avait atterri, c'était évident. Il avait touché terre il y avait longtemps, depuis des générations. Il avait trouvé le monde qu'il cherchait, le monde qui aurait pu donner une seconde chance à ses habitants.

Le grand voyage s'était achevé il y avait des centaines d'années.

Et les passagers ?

Ils étaient restés dans le Navire.

Ils avaient eu peur de sortir.

Ils avaient organisé leur petite société stérile dans le tube de métal dont ils avaient fait leur monde, et ils avaient eu peur de recommencer. Ils se rappelaient ce qui s'était produit sur Terre ; ils n'avaient jamais eu la possibilité d'oublier. Toute une vie d'avertissements bruissait à travers le cerveau de Sam.

« *Il faut être prudent, il faut se montrer sage...* »

« *Ne prenez pas de risques...* »

« *Mieux vaut tenir que courir...* »

Sam avait su, intuitivement. Une partie de lui-même avait toujours su. C'était *cela* le secret que l'Equipage cachait soigneusement aux autres. *Voilà* pourquoi la salle de contrôle inutile était gardée même au cœur de la nuit. *Voilà* pourquoi les hommes de l'Equipage étaient sélectionnés avec tant de rigueur. *Voilà* pourquoi on l'avait redouté, haï, mis à l'écart.

Sam sentit le chaud soleil sur son cou, goûta l'air vivant dans sa bouche, respira la brise qui avait caressé les fleurs, les arbres et la voûte bleue du ciel.

Et il rejeta la tête en arrière et rit, rit avec la joie aveugle d'être tout simplement vivant.

Il se jeta par terre près de la source murmurante, appuya sa tête sur ses bras et fut endormi en quelques secondes.

⁂

Quand Sam se réveilla, les alentours étaient sombres — sombres et pourtant traversés d'un gris lumineux qui lui dit que l'aube était proche. Il ne savait pas combien de temps il avait dormi, car il ignorait la durée de révolution de la planète, mais il se sentait reposé et prêt à partir.

Il avait froid, et son corps était raide et douloureux.

Le sol qui lui avait paru si chaud au soleil était frais et humide maintenant, et il y avait des gouttes d'humidité sur la tige des herbes. Les étoiles pâlissaient à mesure que la lumière grandissait à l'horizon, mais elles poudraient encore le ciel de leur éclat.

Il but à nouveau de l'eau, mais elle ne combla pas le vide qui lui crispa l'estomac. Il fouilla ses poches, mais il ne lui restait rien à manger. Il se tenait là, frissonnant, et sourit à demi de sa situation.

Il ne savait pas comment faire du feu.

Il ne savait pas quelles baies ou quelles noix étaient comestibles.

Il n'avait pas d'armes.

Il écouta, retenant presque son souffle. Il entendit le monde qui l'entourait, le monde qu'il ne pouvait pas voir. Il entendit des sons qu'il n'avait jamais entendus dans le Navire ; l'air même était plein de bruissements, de soupirs et d'un vague *pouf* comme quelque chose de lourd remuait dans les buissons.

Sam resta silencieux, regardant le lever du soleil. Il avait l'impression de venir de naître, émergeant adulte d'une éternité de non-vie à l'intérieur d'un grand œuf de métal...

Le soleil se leva lentement, prenant aimablement son temps, accomplissant sa tâche avec soin. Il baigna le monde de tons pastels, de rose, de jaune clair et de brun chaud. Il attiédit le sol, les feuilles, les herbes. Il monta dans le ciel, presque timidement, et se contempla en souriant dans le miroir gazouillant de la source.

Sam regarda de nouveau le Navire. Il avait triste figure à la clarté du soleil, un air tragique. Il semblait être une pierre funéraire dressée sur la tombe d'un géant. Il était difficile de croire que des gens vivaient, aimaient et mouraient à l'intérieur de ces parois de métal ; c'était comme si les anciens Egyptiens de la Terre avaient scellé leur société à l'intérieur d'une vaste pyramide afin de la préserver pour les générations à venir...

Sam ne ressentait aucune colère maintenant, pas

même un sentiment de triomphe. Le monde vert autour de lui avait trop de grandeur. Au contraire, en examinant cette coque rouillée enserrée dans les patients anneaux des lianes, il éprouva les prémisses de la compassion, de la compréhension.

« *Je reviendrai* », songea-t-il. « *Un jour, je reviendrai.* »

Et l'ironie de la chose le submergea. « *O mon peuple ! La porte t'était ouverte depuis toujours, la porte qui donnait sur le soleil, la chaleur et la vie. La porte était ouverte et il ne tenait qu'à toi d'avoir le courage de la franchir !* »

Il se détourna et se dirigea vers une ligne basse de collines bleuâtres, encore à demi voilées de brume. Il mourait de faim, et n'avait aucun moyen de se procurer de la nourriture, mais la joie chantait en lui. Il *savait* qu'il était au seuil d'une nouvelle vie, il *savait* que d'autres miracles l'attendaient sous ce soleil nouveau. Il n'avait qu'à continuer, qu'à marcher assez loin et assez longtemps...

Il sentit d'abord la fumée.

Il traversait un frais bosquet de grands arbres, savourant la douceur élastique des feuilles sur le sol de la forêt. Il capta une bouffée de fumée de feu de bois, lourde et parfumée par l'odeur de la viande en train de cuire. Il pressa le pas, courant presque, suivant la fumée à la trace.

Il parvint au bord d'une mer d'herbe, une moutonneuse prairie verte. Il vit le feu orange à la lisière de la forêt, pétillant dans un sifflement de sève brûlante. Il sentit l'odeur de la viande qui rôtissait au-dessus des flammes...

Il vit les hommes, ils étaient trois, debout autour du feu. Des hommes grands, de sa taille, aux muscles aussi dorés que le soleil dans le ciel. Ils l'aperçurent, lui sourirent, lui firent signe.

Sam leur rendit leur salut. Il savait qu'il n'y avait rien à craindre, et il se hâta vers le foyer d'un pas égal, rapide. Il marchait fièrement, la tête haute, le cœur gonflé.

Et Sam Kingsley entendit enfin ce vent libre et lointain qui agite le monde. Il sentit battre en lui la pulsation profonde d'une mer vivante, et il sut qu'il avait trouvé la paix au terme de son voyage, une paix aussi brillante de promesses que le soleil matinal.

Traduit par ARLETTE ROSENBLUM.

The wind blows free.

LES SOUHAITS AUX ÉTOILES

par Judith Merril

Lorsque l'homme réalisera des astronefs-cités voyageant d'un système solaire à l'autre et à bord desquels se succéderont les générations de passagers, un problème précédemment mentionné gagnera en importance : le rapport des populations des deux sexes. Pour assurer une descendance aux partants, pour garantir un nombre suffisant de colons sur la planète d'arrivée, l'astronef sera commandé par des femmes, et celles-ci seront plus nombreuses à bord que les hommes : tel est du moins le postulat sur lequel se fonde le récit suivant, où la maturation d'une personnalité figure au centre de l'action.

« JE *voudrais, je voudrais, je voudrais...* »

Sheik était assis à l'ombre d'un buisson à larges feuilles, la tête renversée, les yeux clos pour éviter d'être ébloui par l'éclat des ultra, la bouche ouverte en une protestation qu'il n'osait pas crier.

Il rejeta pensée et cri, et se renversa brusquement en arrière, prenant appui sur ses bras raidis. Ramenant les chevilles sous ses genoux pliés, il étira ses muscles dorsaux et les longs faisceaux de ses cuisses ; se soulevant du sol, il transféra dans son corps la tension de son esprit, et resta ainsi suspendu, arc-bouté des épaules aux genoux, les mains et les pieds comme enracinés. Pleinement concentré dans son effort physique, il se tint si immobile que le sang se mit à battre dans sa gorge et que ses membres tremblaient sans qu'il pût les en empêcher. Puis dans un dernier sursaut de volonté, il se retourna et s'allongea à plat ventre, posant la joue sur la douceur du sol granuleux qui formait le terreau des plantes. A chacune de ses profondes inspirations, ses narines s'emplissaient de l'arôme riche, doux et humide des racines.

Il se sentit en paix pendant un court moment puis, de nouveau pensa : « *Je voudrais, je voudrais, je voudrais...* »

Ses yeux s'embuèrent. Rageur, il s'assit et écrasa de la main ses larmes. Il était trop grand pour pleurer. Cela ne l'aiderait en rien. Il était trop grand pour perdre ainsi son temps à ne rien faire, ou à souhaiter des absurdités. Assez vieux pour être indifférent à ce que faisait ou disait Noémi... mais pas encore assez âgé (ou assez sage ?) pour apprendre à ne rien lui dire, lui.

Elle l'avait écouté si humblement, regardé si tranquillement, tandis qu'il rafistolait les racines qu'elle avait brisées, rapprochant — comme ceci — les morceaux séparés, tassant le sol — comme cela — autour des fibres, et expliquant tout en travaillant *pourquoi* il agissait ainsi. Il s'était laissé prendre à son silence ; tout cela était sa faute, à lui. Il aurait dû le savoir...

Quand il eut terminé, elle avait souri, très gentiment.

« C'est vraiment *rassurant,* avait-elle dit, de penser que tu seras ici, Sheik, quand ce sera *moi* qui commanderai. Tu es tellement *capable.* » Après un rapide regard au chrono, qu'elle avait dû épier sans arrêt du coin de l'œil, sinon la synchronisation de son geste n'aurait pas été aussi parfaite, elle avait ajouté : « Oh ! Oh ! Il faut que je file ! Je vais être en retard à la Session... » Et, lui faisant un petit signe de sa main immaculée, elle s'était éclipsée, le laissant se rendre compte, son plantoir à la main, qu'il venait tout simplement d'exécuter à sa place son travail à *elle*.

Ce n'était pas juste. Noémi avait douze ans et demi, un an de moins que lui. Au Cours normal, elle était moins forte que lui dans presque toutes les matières ; et jamais, aussi longtemps qu'elle vivrait, elle ne saurait aussi bien que lui s'occuper d'une plante, la nourrir et la *comprendre*. Pourtant c'est *elle* qui suivait maintenant les cours des Sessions spéciales, apprenant les choses qu'il aurait aimé connaître. C'est à *elle* qu'on faisait lire les livres *qu'il* voulait lire, même si elle ne s'y intéressait pas ; c'est elle qu'on faisait étudier au labo, lui enseignant les arcanes et les difficultés du Bichem Supérieur. Tandis que lui, Toshiko, continuait et continuerait, jour après jour, à travailler avec son plantoir, exécutant les caprices de Noémi aujourd'hui, et plus tard — bien plus tard, lorsqu'il remplacerait Abdur, le responsable des plantes — exécutant ses ordres, tout comme Ab exécutait ceux du lieutenant Johnson.

Ce n'était pas *juste !*

« *Je voudrais, je voudrais être...* »

Il se força brutalement à abandonner cette pensée. Jamais plus il ne penserait ainsi. Au contraire, il songea : « *Je voudrais que Sarah soit ici.* » Peut-être que, ce soir, elle lui demanderait de nouveau. Il serait de service à la nurserie, mais en le disant à Bob... c'est-à-dire, *si* elle lui demandait... eh bien, si elle lui demandait, il se débrouillerait pour ne pas être de service...

Sans même fermer les yeux, il put la voir là, comme elle était la veille au soir, étendue sur le sol, ses longues jambes brillantes dorées par les rayons ultra, son visage d'un brun foncé à l'ombre du buisson touffu, et pourtant doré lui aussi, il ne savait pourquoi. Ses yeux étaient fermés et sa main, polie et fraîche, douce et petite, reposait dans la sienne tandis qu'il la contemplait avec une chaude et parfaite camaraderie.

Pendant presque une heure, ils avaient à peine remué ou parlé : ils restaient simplement là, dans l'ombre intime, partageant ce qui avait appartenu à lui seul, songeant et rêvant en silence, mais pas du tout séparément.

Rien de ce qu'avait fait ou dit Noémi ne devait plus le toucher maintenant, car le sort lui avait accordé cette chose extraordinaire : un endroit, et une signification à partager avec Sarah. Auparavant, il n'avait jamais parlé des ombres à quiconque — ni de ce qu'il éprouvait à leur égard (à personne sauf Ab, bien sûr, mais là c'était différent ; Ab *savait*). Naturellement elle les avait vues presque chaque jour de sa vie, comme tout le monde dans le vaisseau. Les enfants de la nurserie passaient, chaque jour, au moins une heure sous la coque, pour s'exposer aux ultra en prenant de l'exercice, en plus de leur Bichem élémentaire. Quand ils commençaient les Cours normaux, ils devaient passer chaque jour une demi-heure de récréation sous les lampes. Mais ils venaient pour la lumière. Les ombres étaient le domaine de Sheik.

***

Quand il avait été assez âgé pour être autorisé à se promener seul, il avait commencé à descendre sous la coque chaque fois qu'il le pouvait ; les ombres l'attiraient. Plus tard les plantes avaient pris aussi de l'importance, et il savait dorénavant qu'elles seraient *son* travail toute la vie. C'était bien ainsi, c'était même parfait puisque les ombres faisaient partie des plantes.

Nulle part ailleurs, dans tout le vaisseau, il n'y avait rien de semblable. De temps à autre, l'éclairage au sol ou les cloisons lumineuses de la salle à manger ou des salles de classe faiblissaient et, pendant un court moment, la diffusion était déformée, et seules des masses sombres désignaient les gens en mouvement. Mais ici seulement, où les épaisses racines garnissaient toute la paroi interne de la coque, où il n'y avait que des poutrelles au lieu de cloisons, ici seulement on trouvait de *vraies* ombres sous les plantes, des ombres immobiles, permanentes et précises.

Les ultra ne faiblissaient jamais. Sheik se disait qu'ils brillaient avec la même fixité de temps et de dessein que les têtes d'épingles des étoiles sur le fond de velours noir, à l'écran du promenoir. Et, au centre de ce buisson où il se tenait actuellement, il y avait un endroit profond où les plantes les plus vieilles, les plus hautes, étaient si serrées que la lumière n'y pouvait pénétrer ; il y faisait sombre, *noir ;* c'était presque aussi noir que l'espace entre les étoiles : comme doit être la nuit sur une planète, pensait-il.

Et cet endroit où il avait amené Sarah, c'était — selon la position de la tête — la « nuit » planétaire sous la lune, le « crépuscule », le « matin », l'« après-midi »... rien que des mots livresques mais qui prenaient une signification ici, où les feuilles et les lampes produisaient une infinité de variations d'ombre, et des combinaisons de noir, gris, vert, brun et or.

Il n'avait jamais dit tout cela à personne. Ni à Abdur, ni même à Sarah. Mais si elle lui demandait encore de l'amener ici, pensa-t-il, il pourrait le lui dire ; elle comprendrait vraiment.

Il s'assit tout à coup, un léger bruit ayant répondu à sa prière muette. Sarah ?

Deux touffes s'écartèrent doucement et un petit visage rond et brun l'examina.

« Que fais-tu ici en ce moment ? » demanda Sheik. Comment ce sale gosse l'avait-il trouvé ?

« J'leur avais dit que je te trouverais, fit Hari triomphant. J'leur avais dit. Dépêche-toi. Ab est en colère. Il faut qu'il s'occupe d'une *mu... mu-ta-tion.* » Il prononça laborieusement ce mot nouveau. « Et tu dois t'occuper de nous pendant ce temps-là. »

Sheik se releva. Déjà le cours à la nurserie ? Il était *si tard ?* Il avait passé la moitié de l'après-midi à ne rien faire, à rêvasser... Ab devait être en colère, en effet.

« Tu nous avais oubliés », dit Hari.

Non ; il avait seulement oublié l'heure.

« Viens, microbe, dit-il, bourru, à Harendra. Monte là-dessus si tu veux qu'on se dépêche. » Il s'accroupit et Hari grimpa sur ses épaules — le traitement de faveur... pour se faire pardonner d'avoir paru les oublier. Il s'élança vers l'atelier d'Abdur.

Harendra avait maintenant trois ans, presque quatre, mais il était encore le favori de Toshiko dans la nurserie. Il avait été le premier bébé confié totalement à Sheik ; et quelquefois il n'était même pas sûr de l'identité de son père : Abdur ou Sheik. En tout cas cela ne lui importait guère ; il les aimait tous deux avec la même intensité sauvage. Et cela le peinait qu'Ab fût fâché envers Sheik.

Ces jours derniers, Abdur avait passé tout son temps à lutter pour sauver une espèce de graines mutantes fabriquée dans le labo Bichem. C'était une lentille à forte protéine, d'un goût nouveau, mais quelque carence mystérieuse dans l'engrais des racines l'obligeait à soigner tout particulièrement chaque plant, pendant que les techniciens du labo essayaient de trouver la cause de cette perturbation.

Sheik était fasciné par la patiente habileté avec laquelle Abdur soignait les jeunes plants délicats. Il se dit que les petits enfants seraient intéressés par l'inhabituel jaune lumineux des feuilles malades.

Avec une satisfaction évidente, Abdur permit aux enfants de voir la travée des plantes malades. Il ne tança Sheik que brièvement et sans conviction pour son retard, et partit immédiatement vers ses plants, traversant le vaisseau par le centre de séjour pour atteindre sans délai l'autre côté de la coque. Toshiko entraîna son groupe de six par le chemin qui faisait le grand tour, répondant machinalement aux questions inévitables à chaque pas : pourquoi cette plante était-elle plus haute, pourquoi celle-ci plus épaisse, cette feuille d'un vert plus sombre ou d'une forme différente ? Pour la plupart des adultes à bord, les longues rangées de plantes couvrant la surface entière de la coque étaient monotones et presque identiques. Mais Abdur savait qu'il n'en était pas ainsi ; Sheik aussi ; et les enfants de la nurserie remarquaient quelquefois des choses que Toshiko lui-même n'avait pas vues.

Mais cette fois il ne voulait pas s'arrêter à chaque plante. La visite était déjà assez lente avec leurs courtes jambes, et il les fit passer sans s'attarder devant des endroits où il aurait pu normalement leur montrer des nouveautés ou des modifications. C'est alors que Dena, la petite Dena avec ses fossettes, âgée de deux ans à peine, et qui (selon l'opinion de Sheik) n'aurait pas dû suivre déjà les cours de la nurserie, s'assit par terre et refusa de bouger.

Toshiko se baissa pour la prendre. Il la porterait, plutôt que de perdre son temps à tenter de la décider. Mais elle montra une racine, mal formée et qui poussait de travers, et arrêta complètement la marche en avant en émettant une question à moitié incompréhensible mais très intéressée.

Eh bien il s'était trompé... elle *était* assez âgée. Sheik s'assit près d'elle et se mit au travail, étudiant soigneusement ses réponses, essayant de lui montrer chaque fois un mystère qui provoquerait la question suivante. Il creusa autour de la racine qui avait mal tourné et l'arrangea, faisant voir aux enfants la place des autres racines avant de remettre le terreau en place. Il montra comment la racine prend sa nourriture dans le sol et tenta de leur expliquer l'action des lampes à ultraviolets.

Hari, sur ses épaules, l'écoutait attentivement ; le petit avait déjà vu tout cela, lorsque Dena était trop jeune pour s'y intéresser, mais il buvait chaque parole, chaque geste, comme si c'était la première fois pour lui aussi.

« C'est comme quand on te borde dans ton lit », fit-il soudain, offrant son propre niveau de lucidité au lieu des complications de Sheik. « Comme quand ton papa vient te border le soir, et t'embrasse, et tu te sens bien, tout au chaud partout, et après, tu grandis en dormant. »

Les yeux noirs de Dena s'éclairèrent.

« Je sais, dit-elle. Tous les soirs quand je dors, je grandis. » Elle leva une main pour prouver la chose. « Comme ça !

— Oui, c'est ça. » Hari fit un signe de tête approbateur à son élève. « Seulement il n'y a pas besoin d'éteindre la lumière pour faire dormir les plantes, parce qu'elles dorment tout le temps. Là-dessous. C'est *pour ça* qu'elles ne vont jamais nulle part. »

Sa voix perdit un peu d'assurance sur la fin, et il regarda Toshiko, quêtant son approbation ; Dena regarda aussi, cherchant une confirmation.

Sheik hésita, ne put formuler une explication plus compréhensible, et décida que Hari en avait probablement dit plus que lui-même n'eût pu le faire. Il acquiesça et leur sourit : « Maintenant on s'en va, sinon on n'aura pas le temps de voir les plantes neuves. » Et tous le suivirent.

***

Ce soir-là, le lieutenant Johnson était de service au dîner des enfants. Elle marchait posément de l'une à l'autre des quatre tables, écoutant une bribe de conversation par-ci, répondant à une question par-là, réprimandant un enfant ailleurs, rappelant à Fritzi — onze ans ; elle venait d'être nommée chef de table — de faire tenir son groupe plus tranquille.

Elle ne s'arrêtait que brièvement à la table de Sarah ; l'officier de service n'avait jamais besoin de s'y arrêter, sauf pour les salutations habituelles. Sarah et Sheik avaient un groupe de sept, le plus important de tous, mais ils n'avaient jamais de difficultés. Ils formaient une très bonne combinaison, pensait Sheik ; et, sachant que la même pensée traversait l'esprit de Johnson tandis qu'elle examinait leur tablée, il se rengorgea intérieurement. Il n'avait cependant pas besoin des sourires de Johnson pour être heureux ce soir. Dans le promenoir, juste avant le dîner, Sarah lui avait *demandé.* Dès qu'il pourrait échanger son service du soir avec un autre garçon, il devait passer la prendre et l'emmener sous la coque.

Il surprit son regard de l'autre côté de la table lorsque le lieutenant s'éloigna, et elle lui fit un clin d'œil. Il se dit avec étonnement : « *Elle est aussi contente que moi ! Elle a envie aussi d'y aller !* »

Quoiqu'il ne pût voir, car elle était penchée pour découper, il savait comment ses seins commençaient à se développer sous sa chemise et, bien qu'elles fussent cachées sous la table, il connaissait par cœur les longues courbes nettes de ses jambes dorées. Mécaniquement, il entassa des lentilles sur des carroraves et fit passer l'assiette, rappelant à Adolphe Leibniz que sa fourchette était faite pour être utilisée. Il répondit à une question d'Irma sans même réaliser ce qu'elle avait demandé, emplit une autre assiette, reporta les yeux sur Sarah et pensa : « *Cette fois... cette fois je vais...* » Il ajouta quelques légumes sur l'assiette, évitant les carroraves que l'enfant détestait... « *Cette fois je...* » Il leva la tête, vit de nouveau le regard de Sarah, se sentit rougir et abandonna sa pensée.

Il nageait encore dans son éblouissement lorsque le lieutenant Johnson monta à l'estrade pour conclure le repas avec la prière du soir. Sheik psalmodia les mots familiers, tout à coup empreints de signification, et, en terminant, regarda directement Sarah, chantant pour elle, elle seule : « *Survis en paix !* »

Le lieutenant nomma l'équipe de nettoyage, puis aussi tranquillement qu'elle eût fait une annonce anodine, elle décocha ce coup de poing à l'estomac :

« Les classes Trois et Quatre iront aux salles de jeux jusqu'à l'heure du coucher. Les filles des Sessions spéciales sont priées d'assister à une réunion du personnel dans le carré des officiers, aussitôt après le dîner des aînées. »

Sarah lui lança un regard vaguement désappointé. Ses lèvres firent silencieusement : « Demain ? » Faisant semblant de ne pas avoir vu, il ne répondit pas. Demain ? Quelle différence cela lui faisait, *à elle ?*

Puis il fut en colère envers lui-même. Ce n'était pas la faute de Sarah. Et l'on ne pouvait lui reprocher d'être excitée par une réunion au Carré. Il fallait que ce fût quelque chose d'*énorme* pour nécessiter une convocation au carré des officiers. Il essaya de croiser à nouveau son regard, mais tout le monde se levait et sortait ; il aperçut son dos, puis il la perdit de vue tout à fait. Sans conviction, il suivit les autres enfants au promenoir, et regarda avec eux le grand écran.

***

Le soleil était grand maintenant ; il emplissait complètement un vecteur d'un seizième. Peut-être que la réunion... ? Il n'arrivait pas à éprouver de l'intérêt. Il y avait eu beaucoup trop de fausses alertes l'an dernier, quand ils avaient commencé la décélération ; rumeurs, contre-rumeurs, vagues d'excitation à propos des bandes qui sortaient des ordinateurs... C'était *la* planète. Non, l'atmosphère était ammoniacale, empoisonnée... Non, ce n'était qu'un soleil désert... Après tout, c'était peut-être la bonne ; l'atmosphère était du type terrestre, un tiers de la masse...

Mots sans signification, pour ceux qui étaient nés à bord du *Survivance* ; des mots sortis de bouquins. Les adultes étaient plus excités que les enfants. « Type terrestre » voulait dire quelque chose, *pour eux.*

Mais il y avait un an de cela et, depuis, le soleil avait grandi chaque jour sur l'écran et aucun jour n'avait apporté de vraies nouvelles, excepté qu'à un moment on avait confirmé officiellement qu'*il y avait* des planètes — de type encore indéterminé. Bob disait qu'il leur faudrait encore quatre ou cinq mois avant d'être assez près pour que les ordinateurs eussent des données à se mettre sous la dent.

***

L'an dernier, tout au début de la décélération, Bob avait beaucoup parlé à Sheik, quand ils étaient tranquilles dans leur quartier, les petits faisant la sieste ou endormis pour la nuit. C'était en fait la première fois, depuis les années de nurserie de Toshiko, que son père et lui se rapprochaient. Depuis qu'il avait six ans, âge où on l'avait assigné à l'entraînement dans les salles des plantes, Abdur avait fini par jouer de plus en plus le rôle de père éducateur pour Sheik. Mais quand le soleil avait commencé à devenir légèrement plus éclatant sur l'écran, Bob n'avait pu contenir son agitation ; il l'avait déversée sur son fils, un garçon incroyablement développé au point que, à l'époque où se ferait vraisemblablement l'atterrissage, il ferait partie des hommes.

Et quand cela arriverait, les hommes devraient travailler ensemble, avait dit Bob. Sur une planète, les choses ne seraient pas du tout comme sur un vaisseau. Pendant des semaines, Bob avait eu des réminiscences et rêvait éveillé, parlant de la Terre, des maisons, des familles et des gouvernements, du lancement du *Survivance,* et disant comment et pourquoi les choses étaient ainsi réglées à bord du vaisseau.

***

Sheik en avait appris une partie en classe ; le reste, il avait été prié de l'oublier, sauf en privé. Chacun savait que le *Survivance* était le premier vaisseau stellaire de la Terre, une expédition de colonisation envoyée à la recherche d'une planète — s'il y en avait *une* — susceptible de recevoir le trop-plein des milliards de gens qui fourmillaient sur Terre. Chacun savait que le voyage pourrait prendre des années ou même des décennies ; le vaisseau se suffisait entièrement à lui-même ; la propulsion ionique avait permis d'emmener du combustible pour cent ans. A côté de ceux actuellement en usage, il y avait des logements qui n'avaient encore jamais été ouverts ; ils seraient utiles si une troisième ou même une quatrième génération grandissait à bord.

Mais au cas où cela durerait aussi longtemps, la Terre n'en profiterait pas. Si, d'ici cinquante ans, le vaisseau ne revenait pas annoncer l'établissement d'une colonie, les ordres étaient de *ne pas* revenir, mais de rester et de s'établir sur la nouvelle planète.

Tout ceci était connu de chacun, ainsi qu'un fait supplémentaire : l'équipage d'origine, vingt-quatre personnes, était composé de vingt femmes et quatre hommes, pour d'évidentes raisons biologiques concernant la survie de la race.

Ce qu'on ne disait pas dans le cours, c'était pourquoi les hommes étaient des subordonnés, nullement qualifiés en astronavigation, électronique, transmissions, ou tout autre travail d'importance dans la conduite du vaisseau ; ni pourquoi tous les officiers étaient des femmes. En grandissant, les enfants trouvaient normal cet état de fait ; le vaisseau *était*, comme étaient toutes choses et comme elles avaient toujours été ; les bobines de lecture qui parlaient de familles, d'animaux favoris, d'églises, de villes et de villages, de lacs et d'océans, étaient fascinantes sans aucun doute ; mais la réalité, c'était le vaisseau avec ses quatre unités familiales, pères domestiques, mères énergiques, dortoirs scolaires et repas pris en commun.

Les histoires de Bob, qui parlaient d'hommes « fondant leurs propres familles » et dirigeant leurs foyers, de la suprématie du mâle dans un monde hostile, d'épouses et de maris s'épaulant l'un l'autre fidèlement, avaient intrigué d'abord Sheik, puis l'avaient passionné. Mais lorsque son père lui avait fait remarquer qu'il y avait *autant* de garçons que de filles parmi les enfants — fait auquel Toshiko n'avait pas réfléchi auparavant — tout ce que disait Bob avait pris une signification nouvelle.

« Alors *pourquoi* ont-ils mis les femmes à la tête de tout ? » avait-il demandé pour la première fois.

La réponse de Bob avait été trop incohérente, mêlée de colère et de fantastique. Plus tard, Toshiko avait posé la même question à Ab qui avait expliqué, l'air crispé, que les femmes étaient considérées comme étant plus aptes à régler les problèmes psychologiques d'un groupe en cours d'évolution et, le cas échéant, à maintenir avec patience pendant de nombreuses années le fonctionnement et la destination du vaisseau.

« Alors quand nous atterrirons... ?

— *Quand* nous atterrirons, nous aurons le temps d'y penser ! Qui t'a parlé de tout ça ?

— Eh bien, j'ai demandé à Bob, avait dit prudemment Sheik. Mais...

— Mais rien, avait répondu sèchement Abdur. Si tu es intelligent, Sheik, tu vas oublier ça dès maintenant. Si quelqu'un t'entend parler de ces choses, ton père aura des ennuis. Ou moi. Oublie ça. »

Et il avait oublié — du moins en grande partie. Bob n'en avait jamais reparlé. Et Ab n'avait plus parlé, comme à son habitude, que de soleil, de pluie, de forêts et de jardins, de crépuscules, de coteaux et de fermes *au-dehors,* sur une planète.

Sheik regarda le soleil géant sur l'écran ; s'ils avaient trouvé leur planète, ils y atterriraient... Il était presque un homme...

Non. Il *était* un homme. Il était capable d'en faire autant qu'un homme, et il était très fort, beaucoup plus fort que n'importe quelle fille. Et Sarah, pensa-t-il, était proche de la féminité. Elle était la plus âgée des filles ; ce serait normal. Bob avait dit : un homme et une femme... Cette pensée le stimulait. Il ne voudrait d'aucune autre femme. Noémi, Fritzi, ou Béatrice, les autres filles aînées, étaient... *mauvaises.* Quant à l'équipage... peut-être le lieutenant Johnson, mais... mais quand il pensait à Sarah, l'idée d'être aussi à la disposition de quatre autres femmes, comme son père, le révoltait.

Sheik rit soudain ; il se leva et quitta le promenoir. Il avait perdu trop de temps aujourd'hui à faire des rêves fantastiques. Il restait du travail à faire.

Cependant, quand le dernier des petits fut bordé dans son lit et que les dortoirs furent calmes, Toshiko se retrouva, faisant les cent pas dans le petit office. Il portait ses livres de classe et avait eu l'intention d'étudier pour le cours du matin. Mais quand il essaya de lire, les ombres des plantes, et les jambes de Sarah, et ce que Bob avait dit, tout courait dans sa tête, l'empêchant de lire. Il souhaita que Bob revînt de l'endroit où il se trouvait. Les gosses étaient endormis ; il ne restait qu'une heure avant le moment où il devrait se coucher, et il était obsédé par le besoin d'aller sous la coque, de retrouver son coin d'ombre fraîche et de s'y étendre pour recouvrer cette paix qu'il y éprouvait toujours.

Et obsédé aussi, follement, par l'idée que, après la réunion, Sarah pourrait, *pourrait* descendre pour voir s'il y était...

Bob ne venait toujours pas. Au bout d'un moment, Toshiko ferma son livre, écrivit rapidement ce message : « *Suis sous la coque. Je reviens* », et s'en alla.

Jamais il n'avait agi de la sorte. Il avait déjà contrevenu à la règle, oui, mais pas quand les enfants lui étaient confiés. Mais que pouvait-il arriver ? Si l'un d'eux s'éveillait, s'il se passait quelque chose, une demi-heure d'absence n'en ferait pas une question de vie ou de mort. Et...

Et il s'en moquait. Il *fallait* qu'il y aille.

Rapidement et sans bruit, stimulé par un sentiment de culpabilité comme il n'en avait jamais éprouvé, il descendit l'échelle de coursive qui menait à la coque. Il ferma la dernière écoutille derrière lui et resta sur la marche supérieure, regardant en bas les grands espaces ombreux sous la coque. Il surplombait les lampes. Juste au-dessous, la vive lumière jaune ; puis les feuilles nouvelles, d'un vert pâle, au sommet des plantes. Ensuite, du vert plus sombre. Des tiges brun-vert, quelques-unes aussi grosses que son bras.

Et, tout en dessous, les ombres. Il se mit à descendre, toujours sans bruit, mais déjà il se sentait plus à l'aise.

C'est alors qu'il entendit la voix. Celle de Bob. Précipitée, persuasive.

« Je vous dis que c'est *vrai*. Cette fois c'est vrai. J'en suis sûr.

— Ecoute. Bob, chaque fois qu'ils envoient une tech filmer quelque chose de secret, tu penses que *ça y est*. Tu as dit la même chose il y a six mois, et combien de fois encore depuis ? »

C'était Sean, le père de Sarah ; il s'occupait des animaux à bord.

« Cette fois je sais que j'ai raison », dit tranquillement Bob. Sa voix était convaincante, même pour Sheik.

« Alors, dans ce cas, que veux-tu que nous fassions, Bob ? »

Cette fois c'était Abdur, aussi calme. Sheik réalisa que les voix provenaient de la petite pièce réservée à Abdur près des planches de semis.

« Je pense simplement qu'on aurait dû l'annoncer. Je veux savoir ce qu'elles manigancent, avec cette réunion. Ab, t'es-tu jamais dit que, lorsque le moment arriverait, *les femmes refuseraient peut-être d'atterrir ?* »

Silence ; un silence interloqué ; Sheik était figé comme une statue sur sa marche.

« Allons, allons, dit Sean. Elles ne sont pas cinglées *à ce point-là.*

— Ce n'est pas si cinglé que ça, Sean », dit pensivement Abdur, puis il ajouta : « Cependant je ne vois pas ce que nous pourrions y faire. Et je ne crois pas qu'elles refuseraient, même si elles en avaient envie.

— Tu as *vraiment* confiance dans la nature humaine, Ab.

— Non. Heu... oui. Je crois que oui. Mais ce n'est pas pour cette raison. Robert, d'après toi, qu'est-ce qui t'a empêché de devenir fou pendant ces cinq premières années ?

— Que voudrais-tu que je dise ? demanda amèrement Bob. Dieu ?

— Eh bien... il aurait pu servir. Mais ce n'est pas ce que je veux dire. Tu as été en piètre état pendant un bout de temps. Après qu'Alice...

— Prends garde, Ab, gronda Bob.

— Calme-toi et écoute une minute. Après ce qui est arrivé... comment se fait-il que tu n'aies pas fait la même chose ? »

Sheik s'assit sur sa marche, et écouta. Evidemment, il n'y comprenait pas grand-chose ; il y avait dix-neuf femmes actuellement et non vingt. Drôle qu'il n'ait pas pensé à *ça* avant ! Cette Alice avait dû mourir quand il n'était qu'un bébé. La plupart des tout-petits ignoraient même ce nom.

***

Et Bob... Bob avait eu quelque chose à voir avec Alice. Les bribes de conversation et les renseignements fragmentaires étaient incomplets, mais Sheik eut la vision, soudainement, d'une chose qui était arrivée à son père ; une chose qui, peut-être, ressemblait à ce qui leur arrivait, à Sarah et à lui, et qui n'aurait *pas dû* se produire.

Il essaya de réfléchir à ce qu'il éprouverait, ce qu'il ferait si Sarah, tout à coup... n'était plus. Il ne put se le représenter. Personne ne mourait jamais. Personne, sur le vaisseau, n'avait plus de quarante-cinq ans. Bob avait eu ce sentiment, puis Alice était morte : Sheik comprenait pourquoi son père était *drôle* par moments. Pourquoi il imaginait des choses et inventait des histoires sur la Terre.

La double révélation — la notion que ses pensées et ses sentiments vis-à-vis de Sarah étaient arrivés à *d'autres,* et la découverte pénible du chagrin qui minait son père — cette double révélation faillit l'empêcher de saisir l'importance de ce que disaient les hommes en bas.

« Endoctrinement », disait Ab.

Alice était la seule qui n'y avait pas été soumise. Elle avait été le médecin du vaisseau ; « ils » (les promoteurs du voyage) avaient pensé qu'une personne à bord, la plus « stable », devait être exemptée de « post-hypno ». Des mots, quelques-uns nouveaux, quelques-uns anciens, mais sans contexte ici. *Endoctriné*... les femmes aussi étaient endoctrinées ; elles ne *pouvaient pas* refuser de faire atterrir le vaisseau. Ab le disait.

Les autres furent d'accord ; Bob ne l'était pas, au début, mais après un moment, bien qu'il continuât à discuter, Sheik savait que même Bob était convaincu.

Graduellement, les voix se firent plus posées ; la conversation ralentit. Sheik pensa que l'heure du couvre-feu des dortoirs devait approcher. Il leva doucement l'écoutille au-dessus de lui, se hissa et referma avec précaution. Il regagna le quartier familial sans rencontrer personne.

Une fois rentré, il jeta sa note dans le vide-tout, examina les enfants endormis et s'installa dans la cuisine, un livre dans les mains, les pieds sur le comptoir et une grimace d'ennui sur le visage. Lorsque Bob arriva, il traîna encore quelques instants, attendant il ne savait trop quoi ; mais Bob ne paraissait guère d'humeur communicative.

Il restait encore quelques minutes à Sheik avant le couvre-feu ; sans s'en rendre compte, il se trouva dans le promenoir désert, faiblement éclairé, regardant le soleil géant sur le grand écran, imaginant qu'il le voyait presque grossir à vue d'œil sur le fond inerte de l'espace noir, écarquillant absurdement les yeux pour apercevoir la planète...

Planète !

Les morceaux commençaient à s'assembler.

Des voix parvinrent du corridor et un coin reculé de son cerveau se souvint de la réunion dans le carré, de Sarah, de leurs projets de ce soir. Elles sortaient seulement maintenant ? Il pourrait peut-être encore la voir. Mais non, idiot... bientôt le couvre-feu... Bon, demain... Elles sortaient seulement *maintenant ?* C'était une sacrée réunion...

Réunion ! Et Bob avait dit qu'il *savait* cette fois que les bandes concernant la planète avaient été déchiffrées : elle convenait. On pouvait y atterrir, et y vivre.

Vivre sur une planète.

Il eut l'estomac serré pendant une seconde et pensa que c'était stupide. Qu'avait-il à *craindre ?*

Vivre sur une planète. Il se répéta ces mots lentement, exprès. Planète. Plantes. Des plantes sur une planète. Sur une planète, les plantes poussaient partout, sans aide, de façon *naturelle.* C'est ce que disait Ab. Il disait qu'elles poussaient partout, et qu'il fallait les arracher pour dégager l'emplacement où s'élèverait la maison.

Maison. Famille. Dedans — dehors. Rien que des mots sortis des bouquins. Collines, couchers de soleil, animaux. Animaux *sauvages.* Danger. Mais maintenant il n'avait pas peur ; il *aimait* cette pensée. Il se redit « animaux sauvages », en le savourant. Les maisons, dedans et dehors ; dedans, la famille ; dehors, les animaux. Et les plantes. Le coucher de *soleil...* le jour... et la nuit...

Des ombres !

La lumière se fit autour de lui. Sur une planète il y aurait des ombres, tout le temps, partout.

« Sheik...

— Oui, madame. » Il pivota. Son réflexe fut automatique... « endoctriné » ?... avant même que son esprit eût réagi.

La pièce était de nouveau éclairée. Cinq femmes se tenaient près de la porte. Le lieutenant Johnson souriait en le regardant.

« Maintenant va te coucher, fiston. Couvre-feu.

— Oui, madame. »

Il passa près des autres. Johnson, la plus proche du seuil, allongea la main pour lui ébouriffer les cheveux.

« Fais tes rêves dans ton lit, Sheik », dit-elle tendrement, comme s'il appartenait encore à la nurserie. Mais, dans ses yeux, quelque chose montrait qu'elle ne le prenait plus pour un petit garçon. Il se sentit mieux quand il fut sorti.

Le dortoir des filles était à droite ; il put voir les dernières filles de la Session spéciale disparaître derrière la porte. S'il s'était un peu plus dépêché...

Il prit à gauche, marcha jusqu'au dortoir des garçons et faillit ne pas entendre le chuchotement au carrefour des coursives, un peu plus loin.

***

Il regarda. Personne en vue. Il se précipita dans le corridor, et elle était là, attendant. L'attendant, *lui.*

« Sheik ! Chut... Je voulais seulement que tu me confirmes... Demain soir ?

— Bien sûr », fit-il.

Les yeux de Sarah brillaient. Comme le lieutenant, elle le regardait différemment. Mais c'était une autre sorte de différence, et cela lui plut. Beaucoup.

« Bien sûr, fit-il encore. Demain soir, oui. »

Mais aucun d'eux ne bougea. Un gong résonna faiblement. L'heure du couvre-feu.

« Tu ferais mieux de rentrer, dit-elle. Moi j'ai une autorisation. »

Même son murmure était différent. Elle vibrait d'excitation. C'était donc *vrai !*

« Bon, dit-il. Dis, Sarah. N'attendons pas. Pourquoi pas ce soir ?

— *Ce soir ?*

— Après l'inspection.

— Tu veux dire... ?

— On se faufilera. C'est facile », assura-t-il avec son expérience vieille d'une heure ; puis il mentit. « Je l'ai fait souvent.

— Avec qui ? »

Il sourit. On entendait des voix dans le promenoir.

« Ecoute, il faut que je rentre. Tout de suite. Viens me retrouver dans la Soute G dans une demi-heure. Alors je te montrerai.

— Mais, Sheik... »

Il n'attendit pas sa réponse. Il n'osait pas. Johnson ou l'une des autres viendrait faire l'inspection dans un instant. Il courut sur la pointe des pieds, ôta ses vêtements à toute allure, sauta dans son lit, remonta les couvertures et n'ouvrit même pas les yeux pour voir en cachette quel officier venait inspecter la rangée de lits. Il ne bougeait pas, étonné de ce qu'il avait dit et de ce qu'il allait faire — sans aucune hésitation...

Il pensa aux fois où il avait attendu, voulu, espéré, que Sarah lui parle, qu'elle le remarque, qu'elle le choisisse comme cavalier à la danse, ou comme partenaire au jeu et au travail. Et voilà que, tout d'un coup, il s'était jeté à sa tête, il avait suggéré...

Il commença à être horrifié. Ce n'était pas à l'idée de désobéir à la règle du couvre-feu. Hier, ou même cet après-midi, cela l'aurait choqué, mais maintenant... la planète modifiait tout cela. Ce qui le troublait, c'était son audace : il lui avait pour ainsi dire enjoint de venir, et n'avait même pas attendu de savoir...

Il n'irait pas. Elle ne viendrait jamais. Il était fou de penser...

Elle riait de lui en ce moment.

« *Je voudrais...*, pensa-t-il misérablement. *Je voudrais être...* »

Seulement ce n'était pas vrai. Il n'enviait plus du tout les filles.

Il resta sagement quinze minutes au lit. Puis il se leva et enfila son short. Il regarda les six autres lits du dortoir. Joël, le plus jeune, neuf ans, encore un mioche. Les autres avaient de onze à treize ans. Ce seraient bientôt des hommes. Comme Bob et Ab, Bomba et Sean, et Sheik lui-même. Il quitta le dortoir, se glissa dans le couloir et, tout en avançant, se dit qu'il « se déplaçait comme une ombre » ; il avait lu ces mots quelque part.

« *Je voudrais...* » Il tourna dans le couloir et fut en sécurité. « *Je voudrais qu'elle vienne.* » Puis : « *Je voudrais qu'on atterrisse* vite *sur une planète.* »

Traduit par P. J. IZABELLE.

Wish upon a star.

LES PARIAS

par Poul Anderson

Une des conséquences de la théorie de la relativité est l'effet dit de la contraction du temps. A bord d'un astronef se déplaçant à une vitesse proche de celle de la lumière, le temps s'écoule plus lentement que sur un astre. Par conséquent, les passagers d'un tel astronef vieillissent moins vite que les habitants de la Terre. Pour des cosmonautes professionnels, cela signifie une prolongation de la jeunesse, de l'existence, par rapport aux « planétaires ». Mais dans le récit qui suit, ces derniers refusent précisément d'intégrer ces parias de l'espace à leur société. Même dans un sentiment aussi méprisable que la ségrégation ou le racisme, l'histoire peut ainsi se répéter.

Le monorail les déposa dans le quartier des Kiths, à l'extrémité de la grande ville. Les lumières de celle-ci palpitaient, rouges, vertes, orangées, dans le ciel, en une ligne qui décrivait des méandres entre les silhouettes élancées des immeubles géants, mais ici c'était l'obscurité et le silence, la nuit était venue. Kenri Shaun resta un moment avec ses compagnons, se balançant gauchement d'un pied sur l'autre sans trouver quoi leur dire. Ils savaient qu'il allait donner sa démission, mais la discrétion de règle chez les Kiths retenait les questions sur leurs lèvres.

« Allons ! dit-il enfin. Je vous reverrai certainement.

— Mais oui, dit Graf Kishna. Nous ne quitterons pas la Terre pour un nouveau voyage avant plusieurs mois. »

Et, après une pause, il ajouta : « Vous nous manquerez quand nous partirons. Je serais heureux que vous reveniez sur votre décision, Kenri.

— Non, répondit celui-ci. Je reste. Merci tout de même.

— Venez nous voir, dit Graf avec amabilité. Il faudra que nous nous réunissions un de ces jours.

— Mais bien sûr. Ce sera avec plaisir. »

La main de Graf effleura l'épaule de Kenri en un geste qui, chez les Kiths, était plus éloquent que tous les discours.

« Bonne nuit, fit-il simplement.

— Bonne nuit. »

Des mots furent échangés à voix basse dans la pénombre. Un instant encore, les six hommes vêtus de la tenue de ville des Kiths : ample blouson bleu, pantalon bouffant et chaussures à semelles feutrées, demeurèrent là, immobiles. Il y avait entre eux un curieux air de famille ; ils étaient tous maigres, de petite taille et sombres de peau, mais ce qui les caractérisait par-dessus tout, c'était leur façon de se mouvoir et l'expression de leur visage. Toute leur vie, ces hommes avaient contemplé des spectacles étranges, là-haut parmi les étoiles.

Ils se séparèrent enfin pour rentrer chacun chez soi. Kenri prit le chemin du logis paternel. On sentait de la fraîcheur dans l'air ; le pôle nord faisait son entrée dans l'automne. Kenri voûta ses épaules et enfonça ses mains dans ses poches.

Les rues du quartier étaient d'étroites bandes bétonnées, non luminescentes, éclairées selon l'ancien système par des globes à lueur rayonnante qui jetaient une clarté blême sur les pelouses, les arbres et les petites maisons bâties en partie au-dessous du sol, à bonne distance de la chaussée. On voyait peu de monde alentour : un officier d'un certain âge, en manteau, le visage grave sous son capuchon ; un jeune couple qui cheminait, la main dans la main ; un groupe d'enfants gambadant sur le gazon, petites formes agiles qui se grisaient de la beauté et du mystère dont la Terre était faite et emplissaient l'air de leurs rires. Peut-être certains de ces enfants étaient-ils nés cent ans auparavant et avaient-ils admiré des mondes dont les soleils était invisibles d'ici, mais toujours les hommes qui parcouraient l'espace revenaient sur la planète, impuissants à résister à sa fascination. Un jour ils iraient peut-être au-delà de la Galaxie, mais toujours ils reviendraient, attirés par la forêt bruissante, les mers impétueuses, la pluie, le vent et les nuages à la course légère ; toujours ils retraverseraient l'infini de l'espace et du temps pour revoir la Terre, objet de leur amour.

La plupart des maisons semi-sphériques devant lesquelles passait Kenri étaient plongées dans l'obscurité, laissées à la garde des machines, tandis que les familles naviguaient quelque part dans le ciel. Il passa devant celle d'un ami, Jong Errifrans, et se demanda quand il le reverrait. *Le Rayon d'Or* ne rentrerait pas de Bételgeuse avant un siècle terrestre et, d'ici là, *Le Flamboyant*, l'astronef de Kenri, pourrait fort bien être parti... « *Non, c'est vrai ! Je reste ici maintenant. Je serai un vieillard quand Jong rentrera, aussi jeune et gai qu'avant, lui, le sourire aux lèvres et sa guitare sous le bras. Je serai alors un Terrien.* »

Le Quartier ne comprenait que quelques milliers de maisons et, à quelque moment que ce fût, la plupart de ses habitants étaient en voyage. Pour l'instant, seuls *Le Flamboyant, Le Nuage Ardent, Le Barbaresque, l'Immaculé* et *La Princesse Karen* étaient sur la Terre, siège du gouvernement de Sol, ainsi qu'on appelait le système solaire. Leurs équipages devaient totaliser dans les douze cents personnes, enfants compris. Kenri murmura les noms au charme archaïque, prenant un plaisir extrême à les faire rouler sur sa langue. Le quartier kith, la communauté kith, restaient les mêmes, indéfiniment. Il le fallait : quand on voyageait à une vitesse proche de celle de la lumière, le temps se contractait au point qu'on pouvait être parti dix ans et revenir pour trouver un siècle écoulé sur la Terre... Et ici on était chez soi, parmi les siens, et non un paria contraint de faire des courbettes et de flatter les grands marchands de Sol. Ici on pouvait marcher la tête droite. Ce n'était pas vrai, ce que l'on disait sur la Terre, que les parias n'étaient attachés à rien, qu'ils n'avaient pas de planète, pas d'histoire et qu'ils n'étaient pas fidèles. Il y avait ici, dans ce minuscule territoire, des traditions plus profondes que n'en connaîtrait jamais le reste de Sol, avec ses guerres et ses périodes de grandeur et de décadence.

« Bonsoir, Kenri Shaun. »

Il s'arrêta, tiré soudain de sa rêverie, et regarda la jeune femme. La lueur pâle d'un lampadaire tombait sur son long corps gracieux et jouait dans ses cheveux noirs.

« Oh !... » Il reprit ses esprits et s'inclina devant elle. « Bonsoir, Theye Barinn. Il y avait bien longtemps que je ne vous avais vue. Deux ans, n'est-ce pas ?

— Pas autant pour moi, dit-elle. *Le Barbaresque* a été jusqu'à Véga la dernière fois. Nous sommes en orbite ici depuis un mois terrestre environ. *Le Flamboyant* est rentré il y a quinze jours, si je ne me trompe ? »

Elle dissimulait ; elle n'osait pas parler franchement. Kenri était sûr qu'elle connaissait le jour, pour ne pas dire le moment exact, où le grand astronef à son retour de Sirius avait repris son orbite autour de la Terre.

« Oui, dit-il, mais notre astrocalculateur était grillé et j'ai dû rester à bord avec quelques autres pour le réparer.

— Je sais, répondit-elle. J'ai demandé à vos parents pourquoi on ne vous voyait pas dans le Quartier. N'étiez-vous pas... impatient de rentrer ?

— Si », fit-il d'une voix soudain plus sèche. Il ne lui dit rien du désir qui l'avait consumé, de ce désir fébrile de s'échapper pour aller retrouver Dorthy qui l'attendait au milieu des roses de la Terre. « Si, bien sûr, mais l'astronef avant tout, et j'étais le plus qualifié pour faire ce travail. Mon père s'est chargé de la vente de ma part de la cargaison. De toute façon, les affaires, ce n'est pas mon fort. »

Propos futiles, pensa-t-il, se retenant pour ne pas exprimer sa pensée tout haut. Bavardages qui dévoraient les précieux instants qu'il aurait pu passer auprès de Dorthy. Mais il ne pouvait commettre une impolitesse ; Theye était une amie. Un moment, il avait pensé qu'elle pourrait être plus que cela, mais c'était avant qu'il eût fait la connaissance de Dorthy.

« Il n'y a pas eu grand changement depuis notre départ, dit-elle. Les choses changent peu en vingt-cinq années terrestres. L'Empire stellaire est toujours là, avec sa langue et sa hiérarchie génétique... un peu plus grand, un peu plus agité, un peu plus près de la révolution ou de l'invasion, et de sa fin. Je me souviens que les Africains ont connu un état de choses peu différent, une génération ou deux avant leur chute.

— C'est exact, dit Kenri. Et cela s'est produit à d'autres reprises dans le passé et se reproduira encore dans l'avenir. Mais j'ai entendu dire que les citoyens de l'Empire nous soumettent à toutes sortes de vexations.

— Oui. » Sa voix n'était plus qu'un murmure. « Il nous faut acheter des insignes maintenant, à un prix exorbitant, et les porter partout en dehors du Quartier. Cela peut devenir pire. Je le crains fort. »

Il remarqua que sa bouche tremblait légèrement sous l'arc prononcé de son nez et que ses yeux levés vers lui venaient soudain de s'emplir de larmes brillantes.

« Kenri, est-ce vrai, ce que l'on dit à votre sujet ?

— Quoi donc ? » Malgré lui, il avait pris son ton le plus brusque.

« Que vous allez donner votre démission ? Quitter la communauté kith... devenir un Terrien ?

— Je vous raconterai cela plus tard. » Les mots lui éraillaient la gorge au passage. « Je n'ai pas le temps maintenant.

— Mais, Kenri... » Elle respira longuement et retira la main qu'elle avait posée sur son bras.

« Bonne nuit, Theye. A une autre fois. Je suis pressé. »

Il s'inclina et se remit en marche, à grands pas, sans se retourner. Les lumières et les ombres marquaient son dos de zébrures fugitives tandis qu'il s'éloignait.

Dorthy l'attendait et il allait la voir ce soir même. Mais pour l'instant quelque chose l'empêchait de savourer par avance le plaisir de cette rencontre.

Il se sentait terriblement déprimé.

***

Elle se tenait au hublot d'observation, regardant une obscurité chargée d'inconnu, et la clarté des parois blanches de l'astronef mettait de la fraîcheur dans ses cheveux. Il arriva doucement derrière elle et ne put s'empêcher de la trouver une fois de plus merveilleuse. Mille ans auparavant, pour ne remonter que jusque-là, il était rare de rencontrer sur la Terre ce type de blondes, grandes, sveltes. Les généticistes de l'Empire stellaire n'auraient-ils rien accompli d'autre qu'on devrait leur garder une affectueuse reconnaissance pour avoir créé des femmes de cette sorte.

Elle se retourna brusquement. Elle avait senti sa présence avec une acuité de perception à laquelle il ne pouvait rien opposer de comparable. Ses yeux bleus aux reflets argentés le regardaient, immenses, et ses lèvres s'entrouvraient légèrement, en partie cachées par une main aux doigts déliés. Comme une main de femme pouvait être belle, pensa-t-il.

« Vous m'avez fait peur, Kenri Shaun.

— Veuillez m'excuser, Libre Dame, dit-il d'un air contrit.

— Ce n'est... » Elle sourit, mais elle paraissait troublée. « Ce n'est rien. Je suis trop nerveuse. J'ignore tout de l'espace interstellaire.

— Cela peut... détraquer les nerfs, je suppose, si l'on n'y est pas habitué, Libre Dame, dit-il. Moi, je suis né quelque part au milieu des étoiles. »

Elle frissonna légèrement sous sa mince tunique bleue.

« C'est trop grand, dit-elle. Trop grand, trop étrange pour nous, Kenri Shaun. Je pensais que voyager entre les planètes était quelque chose qui dépassait l'entendement humain, mais ceci... » Sa main toucha celle de Kenri et celui-ci la lui saisit presque contre sa propre volonté. « Ceci ne ressemble en rien à ce que j'imaginais.

— Quand vous voyagez à une vitesse qui approche celle de la lumière », dit-il, prenant un ton professoral pour couvrir sa timidité, « vous ne pouvez vous attendre à ce que les conditions restent les mêmes. Le phénomène d'aberration déplace les étoiles et l'effet Doppler en change la couleur. C'est tout, Libre Dame. »

Le grand astronef bourdonnait autour d'eux comme s'il se parlait à lui-même. Dorthy lui avait demandé un jour ce que pouvait bien penser le cerveau-robot qui le dirigeait — quelle impression cela pouvait faire d'être un navire sidéral, naviguant éternellement dans des cieux étrangers. Il lui avait dit que le robot n'avait pas de conscience, mais cette idée l'avait hanté, lui aussi, depuis lors. Peut-être simplement parce que c'était Dorthy qui l'avait émise.

« C'est la contraction du temps qui m'effraie le plus, je crois bien », dit-elle. Elle gardait sa main dans celle de Kenri et leurs doigts s'étreignaient plus fort. Il humait son léger parfum exotique, qui lui montait à la tête. « Vous... Je n'arrive pas à me convaincre que vous avez vu le jour voilà mille ans, Kenri Shaun.

Et que vous continuerez à voyager parmi les étoiles quand je serai retournée en poussière. »

Cette réflexion appelait de toute évidence un compliment, mais l'embarras lui clouait la langue. Il était un voyageur de l'espace, un Kith, un misérable et répugnant paria, alors qu'elle, appartenant à la catégorie des Libres Citoyens de l'Empire, était un être non spécialisé, créé pour le seul plaisir des yeux, la fleur la plus rare dans la hiérarchie génétique de l'Empire stellaire. Il se contenta de répondre :

« Cela n'a rien de paradoxal, Libre Dame. A mesure que la vitesse relative approche celle de la lumière, l'intervalle de temps mesuré diminue, tout comme la masse augmente, mais seulement pour un observateur « stationnaire ». Une série de mesures est aussi « réelle » qu'une autre. Dans notre présente course, nous marchons avec un facteur Tau d'environ 33, ce qui signifie qu'il nous faut environ quatre mois terrestres pour aller de Sirius à Sol, mais pour un observateur de l'un ou l'autre système, nous mettrions presque onze ans. » Il sentait sa bouche se figer en une grimace gênée, mais il parvint à l'étirer pour lui faire un sourire. « Ce n'est pas tellement long, Libre Dame. Vous aurez été partie... voyons, deux fois onze ans, plus un an dans le système de Sirius, cela fait vingt-quatre-ans. Vos propriétés seront toujours là.

— Ne faut-il pas une formidable masse de réaction ? » demanda-t-elle. Une ligne ténue apparut sur son large front comme elle le contractait dans son effort pour comprendre.

« Non, Libre Dame. Ou plutôt, si, mais nous n'avons pas à éjecter de matière, comme un simple astronef interplanétaire. Le champ de force propulseur réagit directement sur la masse des étoiles — théoriquement l'univers entier — et transforme notre « lest » de mercure en énergie cinétique pour le reste de l'astronef. Il s'applique d'égale façon à toute masse, ce qui explique pourquoi nous ne ressentons pas la pression due à l'accélération et pouvons approcher de la vitesse de la lumière en quelques jours. En fait, si

nous n'imprimions pas une rotation à l'astronef, nous ne pèserions rien ; quand nous atteindrons Sol, l'agoratron reconvertira l'énergie en atomes de mercure et nous serons de nouveau presque stationnaires par rapport à la Terre.

— Je crois que je n'ai jamais valu grand-chose en physique, dit-elle en riant. Sur la Terre, nous laissons cela aux spécialisés, les Stell-A et les Norm-A. »

Le sentiment de sa condition de réprouvé le serra à la gorge. « Oui, pensa-t-il, le travail intellectuel et le travail musculaire ne sont jamais que des travaux. Que les inférieurs les accomplissent à la sueur de leur front ! Les Libres Citoyens de l'Empire ont pour seule tâche d'être des ornements et cela leur prend tout leur temps. » Les doigts de la jeune femme avaient desserré leur étreinte et il dégagea sa main.

Elle avait l'air peiné. Elle comprenait qu'elle l'avait blessé et elle ébaucha un geste pour lui toucher la joue.

« Je vous demande pardon, dit-elle doucement. Je ne voulais pas... Je ne voulais pas dire ce que vous pensez.

— Ce n'est pas grave, Libre Dame », dit-il avec quelque raideur pour ne pas laisser voir sa confusion. (Qu'une aristocrate s'abaisse à s'excuser !...)

« Si, c'est grave, dit-elle avec chaleur. Je sais combien les Kiths sont détestés par la plupart des gens. Vous ne pouvez absolument pas vous adapter à notre société, vous vous en rendez compte vous-mêmes. Vous n'avez jamais vraiment été à votre place sur la Terre. » Une rougeur gagna lentement ses joues pâles et elle baissa les yeux. Elle avait de longs cils, noir de charbon. « Mais je suis un peu psychologue, Kenri Shaun. Je sais distinguer un être du type supérieur quand le hasard m'en fait rencontrer un. Vous pourriez être vous-même un Libre Citoyen, si ce n'était que... notre compagnie vous ennuierait peut-être.

— Cela, jamais, Libre Dame », répondit-il d'une voix ferme.

Il s'était éloigné d'elle, la joie au cœur. Trois mois,

pensait-il avec ravissement, trois mois de croisière avant d'atteindre Sol.

***

La haie de clôture remua avec un bruissement sec lorsqu'il franchit la porte de sa maison. Au-dessus de sa tête, un érable frémissait, faisant ses confidences à la brise légère. Une feuille rouge sang s'en détacha et tomba sur lui en voltigeant. « Il gèle de bonne heure cette année », pensa-t-il. Le système de régularisation du temps n'avait pas été reconstruit après sa destruction par les Mécanoclastes et peut-être était-ce une bonne chose, tout compte fait. Il s'arrêta pour humer le vent, un vent frais et humide, chargé d'odeurs d'argile, de terre retournée et de baies mûres. Il se prit à songer qu'il n'avait jamais passé l'hiver ici. Il n'avait jamais vu les collines revêtir leur manteau d'un blanc étincelant ni connu le silence infini d'une chute de neige.

Une chaude lumière jaune filtrait par les ouvertures de la maison et dessinait des cercles sur le gazon. Il posa la main sur la plaque de porte. La cellule reconnut ses caractéristiques et la porte s'ouvrit devant lui. Quand il pénétra dans le petit living-room où s'entassaient une demi-douzaine de gamins, l'odeur du dîner y flottait encore et il regretta d'arriver trop tard pour le partager. Il avait mangé à bord de l'astronef, mais il n'y avait pas dans la Galaxie de cuisinière comparable à sa mère.

Il salua ses parents de la façon prescrite par la coutume et son père lui répondit par un signe de tête empreint de gravité. Plus expansive, sa mère le serra sur son cœur et déplora de le voir si maigre. Les enfants vinrent lui souhaiter un bonsoir hâtif et retournèrent à leurs livres, à leurs jeux et à leur babillage. Ils voyaient leur grand frère assez souvent et ils étaient trop jeunes pour comprendre l'importance de la décision qu'il avait prise de démissionner.

« Tiens, Kenri, laisse-moi au moins te faire un sandwich, dit sa mère. Quelle joie de te revoir !

— Je n'ai pas le temps », dit-il. Puis, avec gêne : « Je ne demanderais pas mieux, mais... euh... il faut que je ressorte. »

Elle détourna son visage.

« Theye Barinn a demandé après toi, dit-elle, prenant avec difficulté un ton détaché. *Le Barbaresque* est rentré il y a un mois terrestre.

— Ah ! oui, dit-il. Je l'ai rencontrée dans la rue.

— Theye est une gentille fille, dit sa mère. Tu devrais aller la voir. Il n'est pas trop tard ce soir.

— Une autre fois, dit-il.

— *Le Barbaresque* part pour Tau Ceti d'ici deux mois, reprit sa mère. Tu n'auras pas beaucoup l'occasion de voir Theye, à moins... » Sa voix traîna et elle laissa sa phrase inachevée. (... *A moins que tu ne l'épouses. Elle est de ta condition, Kenri. Elle serait à sa place dans* Le Flamboyant. *Elle me donnerait de beaux petits-enfants.*)

« Une autre fois », répéta-t-il. Il regretta la brusquerie de son ton, mais il n'y pouvait rien. Il se tourna vers son père : « Papa, qu'est-ce que c'est que cette nouvelle taxe qu'on nous applique ? »

Volden Shaun prit un air sombre.

« C'est une honte ! dit-il. Que fuient donc les scaphandres des tyrans ! Nous sommes obligés de porter ces insignes maintenant, et ils nous coûtent les yeux de la tête.

— Puis-je... Puis-je t'emprunter le tien pour ce soir ? Il faut que je sorte en ville. »

Volden regarda longuement son fils dans les yeux. Puis il poussa un soupir et se leva.

« Il est dans mon bureau, dit-il. Viens m'aider à le chercher. »

Ils entrèrent dans la petite pièce. Celle-ci était encombrée de livres appartenant à Volden — comme la plupart des Kiths, il se documentait sur tous les sujets imaginables — d'instruments d'astro-navigation soigneusement astiqués et de notes et souvenirs de voyages. Tous les objets, ici, avaient leur histoire. Cette épée délicatement ciselée était un présent d'un armurier de Procyon V, un monstre aux multiples bras dont il avait gagné l'amitié. Cette vue stéréographique représentait les montagnes abruptes d'Isis, formées de gaz solidifiés ressemblant à de l'ambre fondu, sous la lueur ardente de l'énorme Osiris. Cette paire d'andouillers provenait d'une chasse sur Loki, au temps de sa jeunesse. Cette fine statuette bondissante avait été une divinité sur Dagon. Volden pencha sur son bureau sa tête aux cheveux gris coupés ras et fouilla parmi ses papiers.

« Alors, tu as vraiment l'intention de donner ta démission ? » questionna-t-il avec calme.

Kenri sentit une bouffée de chaleur lui monter au visage.

« Oui, dit-il. J'en suis navré, mais... je vais la donner.

— J'en ai connu qui l'ont fait avant toi, dit Volden. Ils ont même réussi par la suite, pour la plupart. Mais je ne crois pas qu'ils aient jamais été très heureux.

— Je ne sais pas, dit Kenri.

— Le prochain voyage du *Flamboyant* nous emmènera sans doute jusqu'à Rigel, dit Volden. Nous ne serons pas de retour avant plus de mille ans terrestres. Il n'y aura plus d'Empire stellaire ici. Ton nom sera oublié comme le reste.

— J'ai entendu parler de cette expédition. » La voix de Kenri se faisait plus sourde. « C'est une des raisons pour lesquelles je reste. »

Volden leva la tête, une lueur de défi au fond des yeux.

« Qu'y a-t-il donc qui t'attire chez les Citoyens de l'Empire ? demanda-t-il. J'ai été témoin de douze cents ans d'histoire de l'humanité, périodes heureuses et périodes difficiles. Nous ne sommes pas dans une des périodes heureuses. Et l'avenir est encore plus sombre. »

Kenri ne répondit pas.

« Cette fille n'est pas de notre monde, mon fils,

poursuivit Volden. C'est une Libre Citoyenne de l'Empire. Toi, tu n'es qu'un sale pouilleux de paria.

— Le préjugé contre nous n'est pas racial, objecta Kenri, évitant le regard de son père. Il est culturel. Quand un homme de l'espace se fixe sur la Terre, ils n'ont plus rien contre lui.

— Jusqu'ici peut-être, dit Volden. Mais leur hostilité se teinte déjà de racisme. Il se pourrait qu'il nous faille tous nous exiler, quitter la Terre pour un temps.

— Je me ferai une place dans son monde, dit Kenri. Donne-moi cet insigne. »

Volden poussa un soupir.

« Il faut que nous fassions une révision complète de notre astronef pour augmenter notre facteur Tau, dit-il. Il te reste largement six mois. Nous ne partirons pas avant. J'espère que tu changeras d'avis.

— Peut-être », dit Kenri. Il savait qu'il mentait honteusement.

« Le voilà. » Volden tenait entre ses doigts une petite boucle en cordonnet jaune tressé. « Epingle-le sur ta veste. » Et, prenant dans un tiroir un épais portefeuille : « Et puis voici mille decards sur ton argent. Tu en as encore cinquante mille à la banque, mais ne te fais pas voler ceux-ci. »

Kenri agrafa le symbole. Il lui parut pesant. C'était comme s'il avait porté une pierre autour du cou. Il en eût éprouvé une profonde humiliation si son esprit n'avait réagi automatiquement. Cinquante mille decards... Qu'acheter avec cette somme ? Un homme de l'espace convertissait nécessairement son argent en biens tangibles et durables.

Alors il se souvint qu'il avait décidé de rester là. L'argent garderait sa valeur au moins pendant le temps de sa vie. Et l'argent avait la propriété de faire s'envoler les préjugés.

« Je serai de retour... demain sans doute, dit-il. Merci, papa. Bonsoir. »

Le visage osseux de Volden s'assombrit encore. D'une voix blanche, il parvint à murmurer :

« Bonsoir, mon fils. »

Kenri franchit la porte et s'enfonça dans l'épaisse nuit de la Terre.

***

Tout d'abord, ils ne s'étaient guère émus, ni l'un ni l'autre. Le capitaine avait dit à Kenri :

« Nous allons avoir une passagère de plus. Elle est à Landfall, sur Ishtar. Voulez-vous aller la chercher ?

— Qu'elle reste là-bas jusqu'à ce que nous soyons prêts à partir, avait répliqué Kenri. Quel avantage aurait-elle à venir attendre un mois sur Marduk ? »

Le capitaine avait haussé les épaules :

« Je n'en sais rien et je m'en moque. Mais elle paiera son voyage jusqu'ici. Prenez le transporteur cinq. »

Kenri avait fait le plein du petit engin interplanétaire et s'était élancé hors du Flamboyant *tout en grommelant à part soi. Ishtar se trouvait de l'autre côté de Sirius à ce moment, et même en orbite d'accélération, il allait lui falloir plusieurs jours pour y parvenir. Il passa le temps à étudier la* Cosmologie générale *de Murinn, ouvrage qui, à son avis, n'avait jamais été surpassé, bien qu'il eût été écrit plus de deux mille cinq cents ans auparavant. Depuis la chute de l'Empire africain, la science n'avait pas fait de progrès susceptibles de bouleverser des données acquises, se disait-il, et sur la Terre aujourd'hui, on avait la conviction qu'une réponse avait été donnée à toutes les questions importantes. Après tout, l'univers étant limité, l'horizon scientifique devait l'être aussi ; après plusieurs siècles au cours desquels les recherches n'avaient mis en lumière aucun phénomène qui n'eût été prédit par la théorie, il était fatal qu'un manque d'intérêt s'ensuivît, finalement érigé en dogme.*

Mais Kenri éprouvait des doutes sur la valeur de ce dogme. Il avait trop navigué dans le cosmos pour croire vraiment que l'homme eût le pouvoir de le comprendre. Dans des quantités de domaines — en physique, en chimie, en biologie, en psychologie, en histoire, en épistémologie — subsistaient des problèmes auxquels les Neuf Livres ne fournissaient pas de réponse quantitative ; mais quand il essayait d'en faire la remarque à un Terrien, il n'obtenait qu'un regard vide ou un sourire supérieur. Non, la science était une entreprise sociale ; elle ne pouvait exister quand la société n'en voulait pas. Cependant aucune civilisation ne dure éternellement. Un jour ou l'autre, l'homme se reprendrait à s'interroger.

Les passagers du Flamboyant *étaient presque tous des ingénieurs qui avaient terminé leur stage ou des planteurs regagnant leur pays. Il était très rare qu'un des grands astronefs eût à transporter un aristocrate de l'Empire stellaire. Grande fut donc la surprise de Kenri lorsque, après avoir atterri à Landfall sous une pluie gluante et parcouru les rues chaudes et humides jusqu'à l'hôtel de la ville, il découvrit que la voyageuse qui l'attendait sous la véranda enfouie dans la verdure était une jeune et jolie femme. Il lui fit une révérence, les bras croisés sur la poitrine comme le voulait la loi, et sentit l'embarras le paralyser. Il était le déclassé, l'inférieur, le vagabond de l'espace, alors qu'elle était de la race à laquelle appartenait la Terre.*

« J'espère que l'appareil ne vous sera pas trop inconfortable, Libre Dame », murmura-t-il, se reprochant son obséquiosité. Il aurait dû lui dire : « Espèce de chienne inutile et stupide, ce sont ceux de ma caste qui font de la Terre un lieu habitable pour toi et les tiens, et tu devrais m'en remercier à genoux. » Mais, loin de proférer ces paroles, il s'inclina une seconde fois et l'aida à gravir les degrés de l'échelle et à pénétrer dans l'étroite cabine.

« Je m'en accommoderai », fit-elle en riant. Il se dit qu'elle était trop jeune pour avoir déjà adopté les manières hautaines de sa classe. Le brouillard d'Ishtar déposait dans ses cheveux des gouttelettes fraîches, semblables à des pierreries. Aucune hostilité

ne se lisait dans les yeux bleus qui scrutaient le visage anguleux et bronzé de Kenri.

Il calcula sa trajectoire pour regagner Marduk.

« Il nous faudra au moins quatre jours, Libre Dame, dit-il. J'espère que vous n'êtes pas trop pressée.

— Oh ! non, dit-elle. Je voulais justement voir aussi cette planète avant de rentrer. » Il pensa à la somme que cela devait lui coûter : il trouvait scandaleux que l'on pût gaspiller ainsi de l'argent pour le seul plaisir de voir du pays. Mais il se contenta d'acquiescer de la tête.

Ils furent bientôt dans l'espace. Après avoir dormi quelques heures, il émergea de derrière le rideau qui isolait sa couchette pour trouver la jeune femme déjà levée, feuilletant le livre de Murinn.

« Je n'y comprends pas grand-chose, dit-elle. Est-ce un principe chez lui de n'employer qu'un seul mot là où il en faudrait six ?

— Il tenait beaucoup à la concision, Libre Dame », dit Kenri tout en préparant le petit déjeuner. Et il ajouta avec élan : « J'aurais aimé le connaître. »

Elle promena son regard sur la bibliothèque de l'appareil, étagère sur étagère d'ouvrages microphotographiés et de volumes d'un format normal.

« Vos semblables sont passionnés de lecture, n'est-ce pas ? questionna-t-elle.

— On se sent vraiment désœuvré au cours d'un long voyage, Libre Dame, répondit-il. Il y a le bricolage, certes, et la préparation des marchandises pour la vente — des occupations de ce genre-là — mais il reste néanmoins énormément de temps pour la lecture.

— Ce qui me surprend, c'est que vos équipages soient si nombreux. Vous n'avez sûrement pas besoin de tant de monde pour faire marcher un navire sidéral.

— Non, Libre Dame. Entre les étoiles, un navire sidéral se dirige à peu près seul. Mais quand nous abordons une planète, nous avons besoin de nombreux bras.

— Et il vous faut de la compagnie aussi, je suppose, se risqua-t-elle à dire. Femmes, enfants, amis.

— Oui, Libre Dame. » Sa voix devenait plus froide. De quoi se mêlait-elle ?

« J'aime votre Quartier, reprit-elle. Il m'arrivait souvent de le visiter. Il est si... étrange. C'est comme un fragment du passé resté vivant à travers les siècles. »

« Bien sûr, brûlait-il de lui dire, bien sûr, les gens de votre espèce viennent nous contempler comme des bêtes curieuses. Vous arrivez ivres et vous jetez des regards inquisiteurs dans nos maisons, et quand vous croisez un vieillard, vous ne manquez pas de faire observer, sans même baisser la voix, quelle drôle d'allure il a. Et quand vous marchandez avec un commerçant qui demande un juste prix de sa marchandise, vous en tirez la conclusion que les parias n'ont que l'argent en tête. Oh ! oui, nous sommes vraiment touchés de vous avoir comme visiteurs... »

« Oui, Libre Dame. »

La sécheresse de la réponse parut la froisser et elle ne parla plus guère pendant de longues heures. Puis elle retourna dans le coin qu'il avait isolé pour elle et il l'entendit jouer du violon. C'était une mélodie très vieille, plus vieille encore que le désir de l'homme de s'élancer vers les étoiles ; une mélodie incroyablement vieille, mais dont les accents étaient pleins de fraîcheur, de tendresse et d'espoir, une mélodie qui exprimait tout ce qu'il y avait de bon et de noble au cœur de l'homme. Il ne pouvait en retrouver le titre. Qu'était-ce donc au juste ? Bientôt, la jeune femme s'arrêta. Il éprouva le désir de lui faire impression. Les Kiths avaient leurs airs et leurs chansons eux aussi. Il prit sa guitare, gratta quelques notes et laissa son esprit vagabonder.

Puis il se mit à chanter.

Quand Jerry Clawson était un tout petit garçon
Dorloté par sa mère, dans notre Kentucky,

Il disait : « Je conduirai ces grands vaisseaux [dans l'espace
Jusqu'à mon dernier souffle de vie. »

Il devina qu'elle était sortie sans bruit de sa retraite et qu'elle se tenait debout derrière lui, mais il feignit d'ignorer sa présence. Sa voix résonnait gaiement entre les parois vibrantes de l'engin et son regard était fixé au-dehors, sur les étoiles à la clarté froide et sur le croissant rougeoyant de Marduk.

La voix de Jerry retentit dans le mégaphone :
Larguez votre câble. Fuyez ! Faites vite !
Les écrans protecteurs ont sauté,
Les radiations ne m'ont pas épargné.

Gagnez la Terre dans vos engins de sauvetage
Et dites à ceux de la Compagnie
Que j'étais né pour rouler dans l'espace infini
Et que j'y roulerai maintenant pour l'éternité.

Il termina sur un bruyant accord, se retourna et se leva pour lui faire une révérence.

« Non, restez assis, dit-elle. Nous ne sommes pas sur la Terre. Quelle mélodie était-ce ?

— La Ballade de Jerry Clawson, *Libre Dame, répondit-il. Elle est très ancienne... En fait, c'est une traduction ; les paroles originales étaient anglaises. Elle remonte à l'époque héroïque des premiers voyages interplanétaires. »*

Les Citoyens de l'Empire passaient pour être des esthètes autant que des intellectuels. Il attendit qu'elle exprimât l'avis que quelqu'un devrait composer un recueil des ballades folkloriques des Kiths.

« Elle me plaît, dit-elle. Elle me plaît beaucoup. »

Il détourna la tête.

« Merci, Libre Dame, dit-il. Puis-je me permettre de vous demander ce que vous avez joué tout à l'heure ?

— Oh !... c'est une œuvre encore plus ancienne, répondit-elle. Un thème de La Sonate à Kreutzer. *J'en raffole littéralement. » Elle lui fit un long sourire.*

« Je crois que j'aurais aimé connaître Beethoven. »

Alors leurs regards se rencontrèrent et ils restèrent ainsi longtemps, sans détourner les yeux ni échanger une parole.

***

Le Quartier finissait aussi brusquement que s'il eût été tranché à la hache. Il y avait trois mille ans qu'il était ainsi soustrait aux vicissitudes du temps. Parfois il se trouvait isolé au milieu de marécages battus des vents, où seuls quelques murs en ruine attestaient que quelque chose avait été édifié là jadis par la main de l'homme ; d'autres fois il était entièrement absorbé par une métropole tentaculaire et bruyante ; d'autres fois encore, comme c'était le cas maintenant, il s'étendait en bordure d'une grande ville ; mais en toutes circonstances il restait le Quartier, l'asile immuable et inviolé.

Non, pas tout à fait inviolé cependant. La guerre l'avait visité certains jours, criblant ses murs de projectiles, faisant crouler ses toits et jonchant ses rues de cadavres. Des populaces surexcitées l'avaient envahi, à la recherche d'un paria à lyncher. Des officiers l'avaient parcouru, l'air conquérant, pour faire respecter quelque proclamation. Cela pouvait se reproduire. A travers les tourmentes éternelles de l'Histoire, cela se reproduirait. Kenri frissonna sous la brise d'automne et s'engagea dans la plus proche avenue.

Le voisinage était dans un état lamentable pour le moment : taudis sordides, prêts à s'effondrer, rues désolées où une foule amorphe cheminait sans but. Les membres de cette foule portaient des blousons et des kilts en tissu mince, d'un gris triste, et il s'exhalait de leur corps une odeur infecte. La plupart étaient des Norms, officiellement libres, c'est-à-dire libres de mourir de faim quand le travail manquait. On rencontrait surtout des Norm-D, travailleurs manuels de classe inférieure au visage hébété, mais çà et là, la lueur d'un lampadaire révélait un bref instant, au-dessus des ombres tournoyantes et furtives, les traits plus expressifs d'un Norm-C ou B. Quand un Standard se frayait un passage parmi eux, tout pimpant dans la livrée de l'Etat ou de son maître particulier, une flamme froide s'allumait dans leurs yeux. Le sentiment se faisait jour en eux qu'il y avait quelque chose de détraqué quand les esclaves étaient plus heureux que les hommes libres. Kenri avait déjà observé semblables regards et il savait ce qu'ils présageaient : la Destruction au visage aveugle. Et il savait qu'autre part se trouvaient les hommes de Mars, de Vénus et des satellites de Jupiter ; les Radieux de Jupiter avaient des ambitions et la Terre était toujours la plus riche des planètes. Non, pensait-il, l'Empire stellaire ne durerait plus très longtemps.

Mais il durerait bien au moins le temps qu'il vivrait, lui, et le temps que vivrait Dorthy. Ils pourraient prendre des dispositions pour leurs enfants. Cela suffirait.

Un coude lui pénétra dans les côtes.

« Ote-toi de là, paria ! »

Il serra les poings, pensant à ce qu'il avait accompli là-haut dans le ciel et à ce dont il serait capable ici, sur la Terre. Sans un mot, il descendit du trottoir. Une femme, penchant son corps difforme et malpropre à une fenêtre d'un étage, lui cria une insulte et lui cracha dessus. Il évita le jet de salive, mais il ne put échapper au rire qui le poursuivit.

« Ils sont pleins de haine, pensa-t-il. Ils n'osent pas encore extérioriser le ressentiment que leur inspirent leurs maîtres et ils se vengent sur nous. Soyons patient. Cela ne durera plus deux siècles. »

Mais l'incident l'avait ébranlé. Il se sentait les nerfs tendus, le ventre tiraillé, la nuque douloureuse à force de courber humblement la tête. Bien que Dorthy l'attendît parmi ses roses, il lui fallait s'arrêter pour boire quelque chose. Sur une enseigne au néon, une bouteille clignotante lançait son invitation. Il entra dans l'établissement.

Quelques hommes à la mine sombre étaient affalés à des tables, sous une peinture murale érotique et criarde qui devait dater de cent ans. La taverne ne possédait qu'une demi-douzaine de serveuses, toutes horriblement fardées, qui avaient dû être achetées à une liquidation de surplus. L'une d'elles adressa à Kenri un sourire machinal, mais quand elle vit son visage, son blouson et son insigne, elle se détourna d'un air dégoûté.

Il s'approcha du comptoir derrière lequel s'affairait un barman qui lui lança un regard glacé.

« Un vodzan, dit Kenri. Un double.

— Ici on ne sert pas les parias », dit l'homme.

Les doigts de Kenri étreignirent le bord du comptoir et ses jointures blanchirent. Il se tourna pour s'en aller, mais une main lui toucha le bras.

« Un instant, astronaute ! » Et au barman : « Un vodzan, un double.

— Je vous ai dit...

— C'est pour moi, Wilm. J'ai le droit de le donner à qui me plaît. Je peux le flanquer par terre si bon me semble. » Le ton était aigu et le barman s'empressa d'aller prendre ses bouteilles.

Kenri considéra le visage blême et imberbe de l'homme et son crâne à la forme étrangement fuyante. Son corps maigre, vêtu de gris, était courbé sur le comptoir et sa main agitait nonchalamment un cornet à dés. Ses doigts étaient de délicats tentacules, sans os, et ses yeux avaient la couleur du rubis.

« Merci, dit Kenri. Permettez que je paie...

— Non, c'est moi qui vous invite. » Il prit le verre que lui tendait le barman et le passa à Kenri. « Tenez.

— A votre santé, monsieur. » Kenri leva son verre et but une gorgée. L'alcool lui causa une sensation de brûlure comme s'il eût absorbé un liquide enflammé.

« Pour moi, ça va, dit l'homme d'un ton indifférent. Ce n'est pas ma santé qui m'inquiète. A la bonne vôtre ! » Il avait vaguement l'apparence d'un tueur à gages. Peut-être était-ce un ancien membre de la Corporation des Assassins, maintenant interdite par la loi. Et son type physique n'était pas tout à fait humain. Ce devait être un Spécial-X, créé dans les laboratoires génétiques en vue d'un travail particulier, ou pour servir à des expériences ou comme simple amusement. Il avait probablement été affranchi quand son maître n'avait plus voulu de lui, et il avait dû trouver alors à se loger dans les taudis.

« Parti longtemps ? s'enquit-il, considérant ses dés.

— Vingt-trois ans environ, dit Kenri. Sirius.

— Les choses ont changé, dit l'X. L'antikithisme recommence à sévir. Attention de ne pas vous faire matraquer ou voler, parce qu'il sera inutile de faire appel aux gardes municipaux.

— Vous êtes bien aimable...

— Ne me remerciez pas. » Les doigts effilés ramassèrent les dés et agitèrent de nouveau le cornet avec bruit. « J'aime me sentir supérieur à quelqu'un.

— Oh ! » Kenri posa son verre. Un instant, la salle enfumée ne fut plus qu'une masse confuse devant ses yeux. « Je comprends. Dans ce cas...

— Non, ne partez pas. » Les yeux rubis rencontrèrent les siens et il fut surpris d'y voir se former des larmes. « Excusez-moi. Ce n'est pas ma faute si je suis amer. J'ai voulu m'engager, moi aussi, jadis, et on ne m'a pas accepté. »

Kenri gardait le silence.

« Evidemment, je donnerais des années de ma vie pour pouvoir faire ne serait-ce qu'un seul voyage, poursuivit l'X d'une voix gonflée de tristesse. Un Terrien a ses rêves, n'est-ce pas ? Pourquoi n'aurions-nous pas les nôtres ? Mais je ne serais pas d'une grande utilité. Il faut avoir été élevé dans l'espace pour posséder le minimum de connaissances permettant de se rendre utile sur telle ou telle planète dont la Terre n'a jamais entendu parler. Et puis il y a mon physique aussi, je suppose. Les chiens des rues ne sont même plus capables de s'entendre entre eux.

— Ils n'ont jamais pu, monsieur, dit Kenri.

— Vous avez sans doute raison. L'espace et le temps vous sont familiers, tandis qu'ils resteront inconnus pour moi. Alors je reste ici, ne me sentant chez moi nulle part, et je parviens à me maintenir en vie, mais je me demande si cela en vaut la peine. Un homme ne vit réellement que lorsqu'il a, bien au-dessus de sa petite personne et de son confort quotidien, un idéal pour lequel il est prêt à mourir avec joie. Oh ! laissons tout cela. » L'X fit rouler les dés. « Neuf. Je perds la main. » Et, relevant la tête : « Je connais un endroit où on ne s'occupe pas de savoir qui vous êtes, du moment que vous avez de l'argent.

— Merci, monsieur, mais j'ai affaire autre part, dit Kenri embarrassé.

— Je m'en doutais. Eh bien, allez-y. Il ne faut pas que je vous en empêche. » L'X détourna son regard.

« Merci pour la consommation, monsieur.

— Pas de quoi. Revenez quand vous voudrez. Je suis presque toujours là. Mais faites-moi grâce de vos histoires de planètes lointaines. Je ne veux pas les entendre.

— Bonsoir », dit Kenri.

Comme il franchissait le seuil de la porte, il entendit les dés résonner de nouveau sur le comptoir.

***

Dorthy avait voulu voyager un peu sur Marduk pour se faire une idée générale de la planète. Elle aurait pu disposer d'une escorte triée sur le volet parmi les membres de la colonie, mais c'est à Kenri qu'elle préféra demander de l'accompagner. On ne répondait pas non à une Citoyenne de l'Empire. Il laissa donc en suspens de prometteuses négociations entamées avec un chef indigène au sujet de fourrures, loua un véhicule de surface et vint prendre sa passagère à l'heure qu'elle lui fixa.

Ils roulèrent un moment en silence, jusqu'à ce que l'établissement colonial eût disparu à l'horizon der-

rière eux. Ils se trouvaient au milieu d'un désert pierreux aux couleurs flamboyantes. Des falaises dénudées, des collines aux reflets métalliques, des arbrisseaux épineux couverts de poussière inscrivaient leurs contours nets dans l'air léger et limpide. Au-dessus d'eux, le ciel était bleu roi ; le disque étroit de Sirius A et l'étincelle brillante de son compagnon versaient une lumière crue sur le paysage silencieux.

« Quel monde splendide ! » dit-elle enfin. Sa voix parvenait voilée à travers l'air ténu. « Je le préfère à Ishtar.

— Les gens ne sont généralement pas de cet avis, Libre Dame, répondit-il. Ils le trouvent triste, froid et sec.

— Ils n'y connaissent rien », dit-elle. Elle avait tourné sa tête blonde et il ne voyait pas son visage. Elle regardait le bloc imposant d'une montagne abrupte toute proche, ses rochers déchiquetés et ses touffes de broussailles éparses, masse fauve striée çà et là de l'éclair rouge ou bleu d'une veine minérale.

« Je vous envie, Kenri Shaun, dit-elle après un nouvel instant de silence. J'ai vu des photos, lu des livres... tout ce que j'ai pu me procurer, mais c'est bien peu. Quand je pense à tout ce que vous avez vu de beau, d'étrange et de passionnant, je vous envie. »

Il hasarda une question :

« Est-ce pour cela que vous êtes venue dans le système de Sirius, Libre Dame ?

— En partie. A la mort de mon père, nous avons voulu que quelqu'un vînt inspecter les domaines que la famille possède sur Ishtar. Tout le monde était d'avis d'envoyer simplement un agent, mais j'ai insisté pour venir moi-même et j'ai retenu une place sur Le Téméraire. *On m'a traitée de folle. Comment ! Je rentrerais pour trouver de nouvelles modes, de nouvelles façons de s'exprimer, des figures inconnues... mes amis auraient vieilli, je serais un anachronisme ambulant... » Elle soupira. « Mais cela valait la peine. »*

Il pensa à sa propre vie. Il se remémora la mono-

tonie écrasante des voyages, les semaines qui s'additionnent en mois et les mois en années tandis qu'on est prisonnier à l'intérieur d'une coque métallique frémissante, les manœuvres d'approche, les surprises, l'hostilité sauvage de certaines planètes : il avait vu des camarades enterrés sous des glissements de terrain, d'autres cracher leurs poumons quand leur casque avait éclaté sur des mondes sans air, d'autres encore se décomposer tout vivants, victimes d'une maladie inconnue ; il leur avait dit un dernier adieu et les avait vus s'enfoncer dans un silence qui ne les rendrait jamais et il s'était demandé comment ils avaient fait pour mourir. Et sur la Terre, il était un fantôme, un étranger, voguant à la dérive sur le grand fleuve du Temps. Sur la Terre, il se sentait en quelque sorte irréel.

« Sans doute, Libre Dame, dit-il.

— Oh ! Je saurai m'adapter », dit-elle en riant.

La voiture poursuivait son chemin, gravissant de hautes dunes et descendant dans de profonds ravins. Elle laissait dans la poussière une trace qu'un vent léger effaçait au fur et à mesure. A la nuit, ils campèrent près des ruines d'une cité oubliée. Le site avait dû être un enchantement pour les yeux. Kenri dressa les deux tentes et mit le repas en train sur le réchaud tandis qu'elle le regardait. « Laissez-moi faire, dit-elle au bout d'un instant.

— Ce n'est pas un travail pour vous, Libre Dame », répondit-il. (Et tu serais trop maladroite de toute façon, tu me ferais un joli gâchis.) Il manipulait avec habileté le poêlon primitif. La lueur vermeille du réchaud luttait contre l'obscurité, burinant leurs figures en rouge sur un fond d'ombres agitées par le vent. Au-dessus d'eux, les étoiles étaient lointaines et froides.

Elle considéra la nourriture grésillante.

« Je croyais qu'on ne mangeait pas de poisson, chez vous, murmura-t-elle.

— Certains en mangent, d'autres pas, Libre Dame », dit-il, l'air absent. Sur ce monde si éloigné de la Terre,

la notion de l'abîme qui les séparait ne provoquait pas chez lui la même amertume. « La coutume nous l'interdisait du temps où la place et l'énergie calorique nécessaires pour faire pousser de quoi se nourrir à bord des navires interstellaires importaient plus que tout. Seul un homme riche aurait pu se permettre d'avoir un aquarium, vous comprenez, et un groupe de nomades étroitement unis se devait de bannir toute consommation de produits sortant de l'ordinaire pour ne pas créer de jalousie. Mais il y a longtemps que cette raison d'ordre économique n'existe plus et à l'heure actuelle seuls les vieux continuent d'observer la coutume. »

Elle sourit et accepta l'assiette qu'il lui tendait.

« C'est drôle, dit-elle. On a peine à croire que vous ayez une histoire. Vous avez toujours été un peuple errant.

— Oh ! Nous en avons une, Libre Dame. Nous avons de nombreuses traditions, plus que le reste de l'humanité, peut-être. »

Un marcat, qui poursuivait une proie, hurla dans la nuit. Elle frissonna.

« Qu'est-ce que c'était ?

— Un carnivore de cette planète, Libre Dame. Ne vous tourmentez pas pour si peu. » Il tapota son pistolet, confusément heureux à la pensée que la chance pourrait se présenter de montrer... quoi ? Un mâle courage ? « On ne craint aucun animal quand on est armé. Le danger est autre : parfois une maladie, plus souvent le froid, ou la chaleur, ou des gaz toxiques, ou le vide, ou toutes les surprises diaboliques que l'univers peut avoir en réserve pour nous. » Il sourit et ses dents blanches étincelèrent dans son visage maigre et basané. « En tout cas, s'il nous mangeait, il ne serait pas long à le regretter ; nous sommes pour lui un poison tout comme il en serait un pour nous.

— Biochimie et écologie différentes, dit-elle avec un hochement de tête. Un milliard d'années ou davantage d'évolution séparée. Il serait étonnant, n'est-ce pas, que sur un nombre important de planètes

la vie fût suffisamment semblable à celle qui s'est développée sur la Terre pour que l'on puisse consommer animaux et végétaux sans risques. J'imagine que c'est pour cela qu'il n'y a jamais eu à proprement parler de colonisation extra-solaire... juste quelques établissements pour l'exploitation minière, le commerce ou l'extraction de produits chimiques organiques.

— C'est une des raisons, Libre Dame, dit-il. Question d'économie politique aussi. Il était beaucoup plus simple — plus avantageux financièrement — de rester où l'on s'était fixé. La proportion de ceux qui auraient pu partir eût été insignifiante de toute façon ; la production des êtres humains en laboratoire eût été très vite en excédent par rapport aux vides causés par l'émigration. »

Elle fixa sur lui un regard pénétrant. Quand elle parla, ce fut avec une extrême douceur :

« Vous autres, Kiths, êtes un peuple intelligent, n'est-ce pas ? »

Il savait que cela était vrai, mais il protesta pour la forme.

« Non, non, reprit-elle. Je connais un peu votre histoire. Je ne crois pas me tromper en disant que depuis l'époque des tout premiers voyages interplanétaires, de rudes qualités ont été exigées de vos pareils. Un astronaute devait absolument être doué d'une intelligence supérieure, avoir des réactions promptes et un caractère ferme. Il devait être d'une nature résistante sans être pour cela taillé en hercule. Et un teint foncé ne pouvait que constituer un avantage en certaines circonstances, sous une forte lumière solaire ou en présence de radiations, par exemple... Oui, telles étaient les conditions, et telles elles sont demeurées. Quand les femmes sont entrées dans le jeu à leur tour, des familles de navigateurs de l'espace se sont formées tout naturellement. Ceux qui ne pouvaient se faire à cette vie cédaient la place et les nouvelles recrues originaires des autres planètes de Sol étaient à peu près semblables, intellectuellement et physiquement, aux hommes à qui ils se joignaient. Et c'est

ainsi que, finalement, nous avons eu les Kiths, une race d'hommes pour ainsi dire à part, qui a son propre mode de vie et possède à présent le monopole du trafic dans l'espace.

— Non, Libre Dame, dit-il. Nous n'avons jamais eu ce monopole. Celui qui veut construire un astronef et former lui-même son équipage est toujours libre de le faire. Mais cela représente une mise de fonds colossale. Et l'enthousiasme une fois tombé, le Solarien moyen n'a plus éprouvé d'intérêt pour une vie dure et solitaire. C'est pourquoi aujourd'hui tous les hommes de l'espace sont des Kiths, mais cela n'était pas prévu ainsi à l'origine.

— C'est ce que je voulais dire », répliqua-t-elle. Et, d'un ton plus grave : « Et comme vous êtes différents des autres, la suspicion et la discrimination devaient fatalement s'ensuivre... Non, ne m'interrompez pas, je veux vous dire tout ce que je pense de vous... Une minorité aux qualités remarquables qui entre en rivalité avec la majorité est appelée à être détestée. Sol ne peut se passer des matières fissibles que vous rapportez des autres systèmes solaires. Nous avons épuisé les nôtres. De plus les produits chimiques inconnus de notre monde sont souvent d'une valeur inestimable et le commerce de luxe comme celui des fourrures et des bijoux est très actif. Par conséquent, vous êtes indispensables à la société, mais vous ne vous y êtes jamais réellement intégrés. Vous êtes trop fiers, à votre façon, pour imiter vos oppresseurs. Par un travers bien humain, vous faites naturellement payer votre travail le plus cher possible, ce qui vous vaut d'être taxés de rapacité. Etant capables de raisonner mieux et plus vite que le Solarien moyen, vous pouvez généralement le rouler quand vous faites un marché avec lui, et il vous en garde de la haine. Et puis il y a la tradition qui se perpétue depuis l'époque des Mécanoclastes, alors que la technologie était considérée comme un fléau et que vous étiez les seuls à la maintenir à un haut degré de développement. Et le commerce des épouses qui remonte à l'époque

puritaine de la conquête martienne... oh ! je sais que ce que vous en faites, c'est simplement pour rompre l'infinie monotonie des voyages, je sais que les liens familiaux sont plus solides chez vous que chez nous. Bref, ce sont là des temps révolus, mais ils ont laissé leur empreinte. Je me demande pourquoi vous manifestez encore de l'intérêt pour la Terre. Pourquoi vous ne vous contentez pas de parcourir l'espace et de nous laisser mijoter dans notre jus. »

— La Terre est notre planète, à nous aussi, Libre Dame, dit-il très posément. Le fait que nous soyons indispensables constitue pour nous une protection. Nous nous débrouillons. Je vous en prie, ne vous tourmentez pas pour nous.

— Vous êtes un peuple fier et obstiné, dit-elle. Vous ne voulez même pas qu'on vous témoigne de la pitié.

— Qui le veut, Libre Dame ? » demanda-t-il.

⁂

A la limite de la zone des taudis, dans un quartier où abondaient les grands entrepôts et les bureaux des marchands richissimes, Kenri prit un ascenseur pour monter à la station du transporteur aérien. Il n'y avait personne en vue à cet endroit ; il prit place sur une banquette de la bande sans fin et se laissa emmener dans un vrombissement vers le centre de la ville.

La voie montait en pente rapide et il n'y eut bientôt plus pour la dominer que les étages supérieurs des plus hautes tours. Le bras posé sur la barre d'appui, Kenri regarda en bas, dans la nuit peuplée de lueurs. Les rues et les murailles brillaient d'un vif éclat ; des chapelets de lampes multicolores tremblotaient sans fin sur un fond d'un noir velouté ; des fontaines lumineuses bouillonnaient, blanches, dorées et écarlates ; un jeu de flammes dansait, semblable à des lambeaux d'arc-en-ciel, au pied d'une statue triomphale. L'architecture de l'Empire stellaire était l'image du mouvement : colonnes, pilastres et tourelles s'élançaient pour défier le ciel aux reflets pourpres ; au sommet de cette jungle aérienne, l'homme de l'espace avait peine à distinguer le flot de véhicules et d'êtres humains qui s'écoulait à ses pieds.

Le centre de la ville n'était plus très éloigné et les voyageurs devenaient plus nombreux : Standards dans leur livrée éclatante et grotesque, Norms en tunique et kilt, parfois un visiteur de Mars, de Vénus ou de Jupiter, en uniforme resplendissant, qui promenait autour de lui des regards lourds et avides... et Kenri vit même monter, non sans surprise, un groupe de Citoyens de l'Empire, leurs vêtements légers flottant avec des reflets irisés sur leurs corps droits et minces, leurs bijoux scintillant de mille feux, la barbe des hommes et la chevelure des femmes frisées avec soin. La mode avait changé au cours des vingt dernières années. Kenri eut conscience de son aspect miséreux et se pressa, tout confus, contre la paroi du transporteur.

Les deux jeunes couples passèrent à côté de lui. Il surprit une voix de femme :

« Oh ! Regardez, un paria !

— Il ne manque pas de toupet, murmura un des hommes. J'ai bien envie de...

— Non, Scanish. » Une autre voix féminine, plus douce que la première. « Il a le droit.

— Il ne devrait pas l'avoir. Je connais ces parias. Donnez-leur le petit doigt et ils s'emparent de votre bras tout entier. » Ils s'installèrent tous les quatre sur la banquette derrière Kenri. « Mon oncle est dans le Commerce Transsolaire. Il te le dira.

— Voyons, Scanish, je t'en prie, il t'entend !

— J'espère bien que oui...

— Laissons cela, mon ami. Qu'allons-nous faire maintenant ? On va chez Halgor ? » Elle tentait de faire preuve d'intérêt.

« Oh ! Nous y sommes déjà allés cent fois. Qu'y ferions-nous ? Si on prenait plutôt ma fusée pour aller faire un tour en Chine ? Je connais un endroit où ils ont des techniques dont tu me diras...

— Non, je n'ai pas le cœur à ça. Je ne sais pas trop ce qui me plairait.

— J'ai les nerfs en piteux état depuis quelque temps. Nous nous sommes payés un nouveau médecin, mais il rabâche la même chose que l'ancien. Ce sont tous des incapables. Je me demande si je ne vais pas épouser cette nouvelle religion beltaniste. Il semble y avoir du neuf là-dedans. En tout cas ce serait au moins amusant.

— Dites, connaissez-vous la dernière de Marla ? Savez-vous qui a été surpris sortant de sa chambre à coucher décadi dernier ? »

Kenri fit un effort pour s'éloigner par la pensée le plus loin possible de cet endroit. Il ne voulait pas écouter. Il ne voulait pas laisser envahir son esprit par la fatigue et le dégoût que portait en soi le vieil Empire finissant.

« Dorthy, pensa-t-il. Dorthy Persis de Canda. Quel joli nom ! Il sonne comme une douce musique. Et les Canda ont toujours été une famille remarquable. Elle n'est pas comme les autres femmes de sa classe. »

« Elle m'aime, pensa-t-il encore, le cœur frémissant d'allégresse. Elle m'aime. Nous avons la vie devant nous. Nous deux : une vie. Et tout le reste de l'Empire peut bien pourrir à sa guise, dès l'instant que nous ne nous quitterons plus. »

Il aperçut le gratte-ciel devant lui, colosse de pierre de cristal et de lumière montant à l'assaut du ciel en un élan impétueux. L'emblème de la famille de Canda, l'antique et fier symbole, scintillait sur la façade. Il portait témoignage de trois cents années de succès.

« Mais c'est moins que la durée de ma propre vie. Non, je n'ai pas à me sentir humilié en leur présence. Je suis un représentant de la race la plus vieille et la plus brave de toute l'humanité. Je ne ferai pas tache dans leur société. »

Il se demanda pourquoi il ne pouvait secouer l'abattement où son âme était plongée. Il allait vivre le plus beau moment de sa vie. Il aurait dû aller vers elle comme un conquérant. Mais...

Il poussa un soupir et se leva comme sa station approchait.

Une douleur cuisante... Il fit un saut, trébucha et tomba sur un genou. Lentement, il tourna la tête : le jeune Citoyen lui riait au nez, une badine dans sa main levée. Kenri frotta l'endroit où il avait été frappé et les deux couples s'esclaffèrent, bientôt imités par tous ceux qui se trouvaient là. Les éclats de rire le suivirent tandis qu'il descendait du transporteur et ils résonnaient encore à ses oreilles quand il parvint au niveau de la rue.

⁂

Il était seul au poste de commandement. Un homme suffisait pour faire le quart, dans l'immensité du vide, entre les soleils. Il régnait dans cet étroit espace une pénombre de caverne et l'on n'y entendait pour tout bruit que le ronronnement régulier et sans fin de la coque de l'engin. Ici et là, une lueur tamisée émanait d'un instrument de contrôle, tandis que l'éclat étrange des étoiles déformées brillait dans le hublot d'observation. Mais à part cela il n'y avait pas de lumière ; Kenri avait tout éteint.

Elle apparut à la porte et s'arrêta, sa robe faisant une tache blanche dans l'obscurité. A sa vue, il sentit sa gorge se nouer, et lorsqu'il s'inclina pour la saluer, la tête lui tourna. Elle s'approcha de lui dans un froissement d'étoffe léger et harmonieux. Elle avait la longue démarche cadencée de quelqu'un qui a toujours connu la liberté et ses cheveux dénoués flottaient dans son dos comme une écharpe soyeuse.

« C'est la première fois que j'entre dans le poste de commandement d'un astronef, dit-elle. Je croyais l'endroit interdit aux passagers.

— Je vous ai invitée, Libre Dame, répondit-il d'une voix troublée.

— C'est gentil de votre part, Kenri Shaun.» Ses doigts caressèrent le bras du jeune homme. «Vous avez toujours été gentil pour moi.

— Comment pourrait-on ne pas l'être ?» demanda-t-il.

La lumière glissait sur ses joues et faisait briller les yeux qu'elle levait vers lui. Un sourire releva les coins de ses lèvres en une expression étrangement timide.

«Merci, murmura-t-elle.

— Euh... Je... Eh bien...» Il fit un geste de la main pour désigner le hublot qui semblait suspendu au-dessus de leur tête. «Il est exactement dans l'axe de rotation de l'appareil, Libre Dame, dit-il. C'est pourquoi la vue est constante. Vous pouvez vous placer en n'importe quel point de cette cabine, vous ne constaterez aucun changement. C'est pour profiter de cet avantage qu'on a disposé en cercle les panneaux de commande et les tableaux de bord, tout au long des parois.» Sa propre voix lui semblait altérée et lointaine. «Et voici l'astrocalculateur. Celui-ci a grand besoin d'une revision pour le moment, c'est pourquoi vous pouvez voir tous ces livres et ces calculs sur ma table...»

Elle toucha délicatement de la main le dossier du siège de Kenri.

«C'est votre place, Kenri Shaun ? Il me semble vous voir assis là, en train de travailler avec cette concentration d'esprit qui vous crispe si curieusement les traits, comme si le problème à résoudre était votre ennemi personnel. Alors, vous soupirez, vous passez votre main dans vos cheveux et vous vous renversez profondément en arrière pour réfléchir un instant. C'est bien cela ?

— Comment avez-vous deviné, Libre Dame ?

— Je le sais. J'ai beaucoup pensé à vous ces jours-ci.» Elle tourna la tête pour regarder par le hublot l'amas compact des étoiles au dur éclat bleuté.

Soudain, elle serra les poings.

« Comme je voudrais ne pas me sentir si inutile et frivole auprès de vous ! dit-elle.

— Vous...

— Ici, au moins, la vie a un sens. » Elle se mit à parler vite, glissant sur les mots dans sa hâte d'exprimer sa pensée. « C'est vous qui faites vivre la Terre avec vos cargaisons. Vous travaillez, vous luttez, vous faites des projets pour quelque chose de... réel. Vous n'êtes pas préoccupé de savoir qui a été vu tel jour en compagnie de telle personne. Vous ne vous demandez pas ce que vous porterez à l'occasion de tel dîner ou ce que vous pourriez bien faire le soir venu parce que vous êtes agité et ne trouvez aucun plaisir à rester tranquillement à la maison. Vous faites vivre la Terre, je le répète, et un rêve aussi. Je vous envie, Kenri Shaun. Je souhaiterais être née chez les Kiths.

— Libre Dame... » L'émotion donnait à sa voix une sonorité rauque.

« Vains regrets. » Elle sourit et poursuivit sans s'attendrir sur elle-même : « Même si l'on me faisait une place dans un équipage, je ne pourrais jamais m'embarquer. Je n'ai ni l'instruction, ni la vigueur naturelle, ni l'endurance, ni... Non ! Chassons cette idée. » Des larmes luisaient dans ses yeux ardents. « Quand je serai de retour chez moi, sachant maintenant ce que sont les Kiths, essaierai-je seulement de vous venir en aide ? Travaillerai-je pour que votre peuple voit traité avec compréhension, avec sympathie ? Non. Je me rendrai compte qu'il ne vaut même pas la peine d'essayer. Je n'aurai pas le courage nécessaire.

— Vous perdriez votre temps, Libre Dame, dit-il. Personne au monde n'a le pouvoir de changer toute une civilisation. Ne vous tourmentez pas pour cela.

— Je sais, répondit-elle. Vous avez raison, bien sûr. Je reconnais que vous avez toujours raison. Mais si c'était vous, je sais que vous essaieriez. »

Ils se regardèrent dans les yeux un long moment.

C'est alors qu'il l'embrassa pour la première fois.

⁂

Sous le porche monumental, deux géants montaient la garde, immobiles commes des statues dans leur uniforme aux chamarrures éblouissantes. Kenri dut se hausser sur la pointe des pieds pour mieux voir le visage de celui auquel il s'adressa.

« Je suis attendu chez la Libre Citoyenne Dorthy Persis.

— Hein ? » De surprise, la mâchoire puissante du cerbère s'ouvrit, comme mue par un déclic.

« Parfaitement. » Kenri fit un large sourire et présenta la carte qu'elle lui avait remise. « Elle m'a dit de passer la voir immédiatement.

— Mais... il y a une réception chez elle en ce moment...

— Peu importe. Annoncez-moi. »

Le visage du garde s'empourpra, sa bouche s'ouvrit puis se referma. Il pivota sur les talons et se dirigea vers une cabine de visiphone. Kenri attendit, regrettant son audace. « *Donnez-leur le petit doigt et ils s'emparent de votre bras tout entier.* » Mais comment un Kith pouvait-il se comporter autrement ? S'il se montrait déférent, on le traitait de vil lèche-bottes ; s'il faisait preuve de fierté, c'était un fils de chienne à l'ambition répugnante ; s'il voulait obtenir une juste rémunération de ses services, c'était un grippe-sou et un vampire ; s'il s'entretenait dans son cher dialecte avec ses compagnons, c'était un espion ; s'il montrait plus d'attachement pour sa tribu de navigateurs de l'espace que pour une nation éphémère, c'était un traître et un lâche ; s'il...

Le garde revint, hochant la tête d'un air ahuri.

« Parfait, dit-il d'un ton revêche. Vous pouvez monter. Premier ascenseur à droite, cinquième étage. Mais surveillez vos manières, paria ! »

« Quand je serai admis chez les seigneurs, pensa Kenri avec rage, je lui ferai rentrer ce mot dans la gorge. » Puis, repris par son inexplicable découragement

ment : « Non. A quoi bon ? Qui y gagnerait quelque chose ? »

Il passa sous l'immense voûte pour pénétrer dans un hall, sorte de grotte aux parois en matière plastique lumineuse. Quelques domestiques, des Standards, le regardèrent avec des yeux ronds mais ne firent aucun geste pour intervenir. Il trouva l'ascenseur et appuya sur le bouton du cinquième étage. La cabine s'éleva dans un silence que seuls troublaient pour lui les battements sourds de son cœur affolé.

Il sortit de l'ascenseur pour se trouver dans une antichambre tendue de velours rouge. Par une large porte en ogive, il aperçut des couleurs mouvantes, un flamboiement humain de rouge, de pourpre et d'or ; l'air était plein de musique et de rires. Le valet de pied qui se tenait à la porte lui barra le passage, ayant peine à en croire ses yeux :

« Vous n'avez pas le droit d'entrer ici !

— C'est ce que nous verrons ! »

Kenri l'écarta d'une poussée et franchit le seuil d'un pas décidé. La splendeur du spectacle l'étourdit comme s'il avait reçu un coup de poing et il resta là, les yeux écarquillés devant cette multitude confuse de danseurs, de domestiques, de spectateurs et d'artistes. Il devait y avoir un millier de personnes dans cette immense salle voûtée.

« Kenri ! Oh ! Kenri ! »

Elle était dans ses bras, elle lui avait pris la tête avec des mains tremblantes et elle le couvrait de baisers. Il la pressa contre lui ; le manteau léger qu'elle portait les enveloppa en tournoyant et les tint isolés au milieu de la foule.

Un moment s'écoula, puis elle le repoussa avec douceur. Son souffle était court et elle riait. Ce n'était pas tout à fait la gaieté qu'il lui avait connue ; il y avait dans son rire une note aigrelette et des ombres se dessinaient sous ses grands yeux. Il comprit qu'elle était très lasse et une grande pitié l'envahit.

« Mon amour, murmura-t-il.

— Kenri, pas ici... Oh ! mon chéri, j'espérais que tu

viendrais plus tôt, mais... Non, viens avec moi maintenant, je veux qu'ils voient tous l'homme que je me suis choisi. » Elle le prit par la main et, non sans quelque peine, le força à avancer. De proche en proche, à mesure qu'ils remarquaient l'étranger, les couples de danseurs s'arrêtaient et, finalement, un millier de visages furent bientôt tournés vers lui avec raideur. Le silence tomba comme un rideau, mais la musique continua à jouer. Elle rendait, dans le calme subit, un son de métal fêlé.

Dorthy eut un frisson. Puis elle rejeta la tête en arrière avec un air de défi qui plongea Kenri dans le ravissement et fit crânement face à la foule. Elle leva le bras pour approcher de ses lèvres son micro de poignet et les amplificateurs placés au plafond firent retentir sa voix aux quatre coins de la salle :

« Mes amis, je veux vous annoncer... Certains d'entre vous le savent déjà... Bref, voici l'homme que je vais épouser... »

C'était la voix d'une fillette intimidée. Il était cruel de la transformer en un grondement qui évoquait plutôt celle d'une déesse courroucée.

Après une pause qui parut interminable, un membre de l'assistance fit la révérence rituelle. Puis un autre l'imita et bientôt tous se mirent à saluer, inclinant profondément le buste comme des poupées articulées. Quelques-uns toutefois, tenant à se signaler, tournèrent le dos en signe de mépris.

« Allez, continuez ! » Son ton se faisait plus aigu. « Continuez de danser, je vous prie. Plus tard, vous... » Le chef d'orchestre devait être homme sensible, car il fit attaquer un air endiablé et, l'un après l'autre, les couples entrèrent dans une danse aux figures compliquées.

Dorthy tourna vers l'homme de l'espace un regard noyé.

« Quelle joie de te revoir, dit-elle.

— Quelle joie pour moi aussi ! répondit-il.

— Viens. » Ils longèrent le mur de la salle. « Nous allons nous asseoir pour bavarder. »

Ils trouvèrent une alcôve, fermée par un treillage garni de roses grimpantes. Une douce pénombre y régnait. Elle tourna vers lui un visage passionné. Il la sentait trembler.

« Cela ne vous a pas été facile, n'est-ce pas ? demanda-t-il d'une voix sans timbre.

— Non, dit-elle.

— Si vous...

— Ne dis rien ! » Il y avait de la crainte dans ces mots. Elle lui scella les lèvres d'un baiser.

« Je t'aime, dit-elle au bout d'un instant. C'est tout ce qui importe, n'est-il pas vrai ? »

Il ne répondit pas.

« N'est-ce pas tout ce qui importe ? » s'écria-t-elle.

Il fit un signe de tête affirmatif.

« Peut-être. Je présume que votre famille et vos amis n'approuvent pas votre choix.

— Quelques-uns non. Qu'est-ce que cela peut faire, mon chéri ? Ils oublieront, une fois que tu seras l'un des nôtres.

— L'un des vôtres... Je ne suis pas fait pour cela, dit-il d'un ton désabusé. On me montrera toujours du doigt. Enfin, tant pis, je tiendrai le coup si vous pouvez le tenir. »

Il s'assit sur le banc rembourré et la serra contre lui tout en coulant des regards songeurs à travers le treillage chargé de fleurs épanouies. La couleur, le mouvement, les rires bruyants et irritants... ce n'était pas son monde. Comment avait-il pu s'imaginer qu'il s'y trouverait à l'aise un jour ?

Ils en avaient discuté pendant que l'astronef fendait la nuit. Elle ne pourrait jamais devenir une Kith. On n'accepterait pas dans un équipage quelqu'un qui ne pourrait supporter le séjour sur des mondes qui n'avaient jamais été faits pour l'homme. C'était lui qui devait aller à elle. Il pouvait s'intégrer à sa société, son intelligence et ses facultés d'adaptation lui permettraient de s'y faire une place.

Quelle sorte de place ? se demanda-t-il, tandis qu'elle était là, blottie contre lui. Pour faire quelle sorte de travail ? Organiser des réceptions toujours plus tapageuses, alimenter en potins les amateurs de scandales, subir avec complaisance les raseurs et les imbéciles, tolérer la perversité et la cruauté ? Mais non, il aurait Dorthy ; les nuits de la Terre seraient à eux tout seuls et rien d'autre ne compterait.

Etait-ce bien sûr ? Un homme ne pouvait passer tout son temps à des jeux amoureux.

Il y avait les grandes entreprises commerciales ; il pourrait faire son chemin dans l'une d'elles. (*Quatre mille barils d'huile de jung en provenance de Kali, reçus selon facture...* et les pluies furieuses et la foudre sur les mers phosphorescentes de la planète. *Un millier de lingots de thorium d'Hathor, raffiné...* et le clair de lune qui fait miroiter la neige crissante, le silence hivernal qui bourdonne aux oreilles. *Une balle de fourrures vertes d'une planète nouvellement reconnue...* et l'astronef avait navigué entre les étoiles, dans un paysage d'une splendeur qu'aucun être humain n'avait jamais admirée.) Ou peut-être la carrière militaire. (*Debout, là-dedans ! Une, deux ! Une, deux ! Une, deux !... Mon lieutenant, les derniers rapports de notre Service de renseignements signalent que, sur Mars... Mon commandant, je sais que les canons ne sont pas conformes aux conditions contractuelles, mais nous ne pouvons rien contre l'adjudicataire, il est protégé par un Libre Citoyen... Le général vous prie d'assister au banquet des officiers d'Etat-Major... Maintenant, colonel Shaun, dites-moi ce que vous pensez réellement de la situation, vous êtes si peu communicatifs, vous autres militaires... Prêts ? En joue ! Feu ! Périssent tous les traîtres à l'Empire !*) Ou même les centres de recherches scientifiques. (*Eh bien, messieurs, si nous appliquons la formule...*)

Le bras de Kenri se serra plus fort autour de la taille de Dorthy.

« Est-ce que vous êtes heureuse d'être rentrée ? demanda-t-il. De trouver du changement, je veux dire.

— Oh ! oui, je suis heureuse. C'est merveilleux ! » Elle lui fit un vague sourire. « J'avais tellement peur de paraître vieux jeu, d'avoir perdu le contact, mais non, je me suis retrouvée tout de suite dans mon élément. Tous ces jeunes gens sont sympathiques, et ce sont presque tous mes neveux et mes nièces. Tu les aimeras aussi, Kenri. Ils me regardent avec admiration parce que j'ai été jusqu'à Sirius. Tu peux t'imaginer quel prestige sera le tien.

— Il sera nul, grogna-t-il. Je ne suis qu'un paria, ne l'oubliez pas.

— Kenri ! » Elle plissa le front avec irritation. « Pourquoi parler ainsi ? C'est justement ce qu'il faut oublier. Tu ne seras un paria que si tu tiens à conserver toujours et partout la manière de penser d'un paria... » Elle se ressaisit et ajouta humblement : « Je te demande pardon, mon chéri. J'ai eu tort de dire cela. Je suis cruelle, n'est-ce pas ? »

Il gardait les yeux fixés droit devant lui.

« J'ai été comme contaminée, reprit-elle. Il y a si longtemps que je ne t'avais vu. Mais tu me guériras. »

Une grande tendresse lui envahit le cœur et il l'embrassa.

« Euh-hum ! Oh ! pardon ! »

Ils se séparèrent d'un mouvement brusque, avec un sentiment confus de culpabilité, et levèrent les yeux sur les deux personnages qui venaient rompre leur tête-à-tête. L'un était un homme d'âge mûr, à la mine austère, grand, raide comme un piquet. Une brochette de décorations scintillait sur sa tunique bleu de nuit. L'autre, encore jeune, au visage de pleine lune, était passablement ivre. Kenri se leva et les salua en s'inclinant les bras collés au corps, d'égal à égal.

« Oh ! Il faut que je vous présente. Je suis sûre que vous sympathiserez. » La voix de Dorthy était aiguë et son débit exagérément rapide. « Voici Kenri Shaun. Je vous ai déjà parlé de lui bien souvent. » Elle eut un petit rire nerveux. « Kenri, voici mon oncle, le colonel de Canda, de l'Etat-Major impérial, et mon neveu, l'Honorable Seigneur Doms. Quelle surprise de trouver au retour un neveu du même âge que soi !

— Monsieur. » La voix du colonel était aussi guindée que son maintien. Doms eut un petit rire gloussant.

« Nous nous excusons de vous déranger, poursuivit Canda, mais je voulais parler à... à Shaun le plus tôt possible. Vous comprendrez, monsieur, que c'est pour le bien de ma nièce et de toute la famille. »

Kenri sentit la paume de ses mains se couvrir d'une transpiration froide.

« Bien sûr, dit-il. Veuillez vous asseoir.

— Merci. » Canda laissa tomber sa grande carcasse sur le banc, à côté du Kith. Doms et Dorthy prirent place chacun à une extrémité, le jeune homme le corps lourdement penché en avant, les coudes sur les genoux, souriant d'un air niais. « Dois-je commander du vin ?

— Pas pour moi, merci, dit Kenri d'une voix que l'émotion enrouait.

— D'abord, dit le colonel, rivant son regard froid dans les yeux de Kenri, je veux que vous compreniez bien que je ne partage pas cet absurde préjugé racial dont votre peuple fait l'objet. Il est facile de démontrer que les Kiths sont biologiquement égaux aux Citoyens de l'Empire et sans doute supérieurs à certains. » Il jeta un coup d'œil furtif et méprisant à Doms. « Une barrière nous sépare pour ce qui est de la culture, c'est bien évident, mais si elle peut être surmontée, je serai, quant à moi, très heureux de recommander votre admission dans notre société.

— Merci, monsieur. » Kenri se sentait pris de vertige. Jamais, au cours de l'histoire, un Kith n'avait atteint un tel sommet. Que cet honneur lui fût réservé, à *lui !*... Il entendit Dorthy pousser un petit soupir joyeux comme elle lui prenait le bras et l'émotion qui lui avait glacé le cœur commença à se dissiper. « Je ferai de mon mieux.

— Mais en avez-vous la volonté ? C'est ce dont je dois m'assurer. » Canda inclina le buste en avant et joignit ses mains maigres l'une contre l'autre entre ses genoux. « Parlons net. Vous savez aussi bien que moi que l'Empire va faire face à de grands périls et que, s'il doit survivre, les quelques hommes d'action qui restent doivent se serrer les coudes et frapper fort. Nous ne pouvons tolérer la présence parmi nous d'hommes sans résolution, et nous ne pouvons certainement pas tolérer davantage celle d'hommes résolus qui ne soient pas acquis corps et âme à notre cause.

— Je serai... loyal, dit Kenri. Que puis-je faire de plus ?

— Beaucoup de choses, dit le colonel. Dont certaines pourront vous être très désagréables. Votre expérience particulière peut nous être précieuse. Par exemple, la nouvelle taxe que nous percevons sur les Kiths n'a pas pour unique but de les humilier. Nous avons besoin de cet argent. Les finances de l'Empire ne sont pas brillantes et cette contribution, si faible soit-elle, nous est indispensable. D'autres sacrifices seront imposés, aux Kiths comme à tout le monde. Vous pouvez nous aider en nous donnant des conseils sur la ligne générale à suivre, car il faut veiller à ne pas pousser les Kiths à abandonner définitivement la Terre.

— Je... » Kenri avala sa salive. Il crut qu'il allait défaillir. « Vous ne pouvez pas attendre de moi...

— Si vous ne voulez pas, alors n'en parlons plus, je ne peux pas vous forcer », dit Canda. Il y avait dans son ton bref une nuance de sympathie qui résonnait étrangement. « Je vous mets simplement au courant de ce qui va se passer. En nous aidant, vous pouvez adoucir dans une large mesure le sort de vos... anciens... compagnons.

— Pourquoi ne pas les traiter humainement ? demanda Kenri. Notre peuple restera toujours uni.

— Trois mille ans d'histoire ne peuvent être annulés par décret, dit Canda. Vous le savez aussi bien que moi. »

Kenri hocha la tête et il lui sembla que les muscles de son cou étaient tendus et douloureux.

« J'admire votre courage, dit l'aristocrate. Vous

avez choisi de gravir un rude chemin. Pourrez-vous le suivre jusqu'au bout ? »

Kenri baissa la tête.

« Bien sûr qu'il le pourra », dit Dorthy d'une voix faible.

Doms ricana.

« Une nouvelle taxe, dit-il. Qu'on leur en applique une, et en vitesse ! J'ai déjà noté soigneusement le nom d'un de ces capitaines navigants. Mauvais voyage, des dettes, peuh ! »

(*Du rouge, du noir et du bleu aux reflets glacés — et le hurlement de vents déchaînés...*)

« Silence, Doms ! dit le colonel. Je ne vous ai pas demandé votre avis. »

Dorthy se laissa aller en arrière et appuya sa tête sur l'épaule de Kenri.

« Merci, mon oncle », dit-elle. Sa voix était douce et chantante. « Si vous voulez être notre ami, tout s'arrangera.

— Je l'espère », dit Canda.

Kenri respirait la suave odeur des cheveux de Dorthy. Il en sentait sur sa joue les ondulations soyeuses, mais il ne releva pas la tête. Il remuait au fond de lui-même des pensées noires comme un ciel d'orage.

Doms se mit à rire.

« Il faut que je vous parle de cet homme de l'espace, dit-il. Il doit de l'argent à la firme, vous comprenez ? Je peux me faire remettre sa fille s'il ne paie pas, j'en ai le droit. Seulement son équipage a levé la souscription. Il faut que j'empêche cela d'une manière ou d'une autre. On dit que ces filles de parias sont bougrement vicieuses. Qu'est-ce que vous en pensez, Kenri ? Vous êtes de notre société maintenant. Comment sont-elles en réalité ? Est-il vrai que... »

Kenri se leva. Les murs tournoyaient devant ses yeux et il se demanda vaguement s'il ne vacillait pas sur ses jambes.

« Doms, hurla Canda. Si vous ne cessez pas... »

Kenri empoigna Doms par le devant de sa tunique et le hissa sur ses pieds. Son autre main se ferma en un poing d'airain qui vint s'écraser sur le visage du calomniateur.

Debout, les bras ballants, Kenri regarda le jeune homme qui gémissait à terre. Dorthy poussa un faible cri. Canda fit un bond en avant, portant la main à une arme pendue à son côté.

Kenri leva les yeux.

« Allez-y, arrêtez-moi, fit-il d'un ton dramatique. Alors qu'attendez-vous ?

— Kenri, K... Kenri !... » Dorthy le toucha avec des mains tremblantes.

Canda fit un sourire grimaçant et poussa Doms du bout de sa botte.

« Vous vous êtes comporté comme un jeune fou, Kenri Shaun, dit-il, mais il y avait longtemps qu'il méritait cette leçon. Je veillerai à ce qu'il ne vous arrive rien.

— Mais cette jeune fille Kith...

— On ne la touchera pas non plus, j'imagine, si son père peut se procurer cet argent. » Le regard acéré ne quittait pas le visage de Kenri. « Mais rappelez-vous, mon ami, que vous ne pouvez pas vivre dans deux mondes à la fois. Vous n'êtes plus un Kith à présent. »

Kenri se redressa. Il connaissait soudain une paix sombre, comme si tous les orages s'étaient calmés d'un coup. Il se sentait la tête un peu vide mais l'esprit parfaitement lucide.

C'était un souvenir surgi du fond de sa mémoire qui lui avait rendu cette claire vision des choses et qui lui indiquait la voie à suivre, la seule. Il y avait une face semi-humaine, un regard sans espoir, une voix qui disait : « Un homme ne vit réellement que lorsqu'il a, bien au-dessus de sa petite personne et de son confort quotidien, un idéal pour lequel il est prêt à mourir avec joie.

— Merci, monsieur, dit-il. Mais je suis un Kith et je le resterai toujours.

— *Kenri...* » La voix de Dorthy se brisa. Elle le prit par le bras et le regarda avec une expression égarée. Il lui caressa les cheveux.

« Je vous demande pardon, mon amour, dit-il tendrement.

— Kenri, tu ne peux pas partir. Non, non, je ne veux pas.

— Il le faut, dit-il. Il était assez dur pour moi d'abandonner tout ce qui avait été ma vie pour une existence que j'estime stupide, morne et dépourvue de sens. Pour vous, j'aurais supporté cela. Mais vous me demandez de devenir un tyran, ou tout au moins l'ami de tyrans. Vous me demandez de favoriser le mal. Cela, je ne peux pas le faire. Je ne voudrai jamais le faire. » Il la prit par les épaules et plongea son regard dans ses yeux apeurés, aveuglés par les larmes. « Parce que, finalement, j'en viendrais à vous haïr pour avoir fait de moi un être méprisable et que je veux continuer de vous aimer. Je vous aimerai toujours. »

Elle s'arracha à lui. Il pensa qu'il existait des traitements psychologiques qui modifieraient ses sentiments et qu'elle cesserait alors de penser à lui. Tôt ou tard, elle y aurait recours. Il aurait voulu l'embrasser pour lui dire adieu, mais il n'osa pas.

Le colonel de Canda lui tendit la main.

« Vous serez mon ennemi, je présume, dit-il. Mais je vous respecte néanmoins. Vous m'êtes sympathique et je vous souhaite... allons, bonne chance, Kenri Shaun.

— Bonne chance à vous aussi, monsieur. Adieu, Dorthy. »

Il traversa la salle de danse, sans se soucier des regards qui s'attachaient à lui et, franchissant la porte, il se dirigea vers l'ascenseur. Il était encore trop étourdi pour ressentir quoi que ce fût. Cela viendrait plus tard.

Dans un coin de son cerveau, une image passa : Theye Barinn...

Il se retrouva dans le Quartier après ce qui lui parut un voyage interminable. Alors il suivit sans hâte les rues désertes, seul avec ses pensées, offrant son visage à l'haleine fraîche et humide du vent nocturne de la Terre.

Titre original : *Ghetto.*

LE BATEAU IVRE

par Cordwainer Smith

Le « mur de la lumière » — 300 000 kilomètres/seconde — représente une vitesse-limite que nul objet matériel ne saurait dépasser : c'est là une conséquence de la théorie de la relativité, et aucun artifice scientifique ne permet actuellement de contourner l'obstacle qu'elle représente. Les romanciers ont imaginé divers moyens permettant à leurs cosmonautes de passer outre à cette limitation : recours à la quatrième dimension, torsions spatio-temporelles, etc. Mais on peut aussi concevoir que l'homme possède en lui, quelque part dans ses pouvoirs mentaux (surtout s'il est aussi poète : voir le nom du héros, dans le récit qui suit), la possibilité de franchir et même d'abolir ce « mur de la lumière »...

PEUT-ÊTRE s'agit-il de l'aventure la plus triste, la plus folle, la plus démentielle de toute l'histoire de l'espace. Il est vrai que personne n'avait jamais rien fait de pareil, avant — voyager à de telles distances, à de telles vitesses et par de tels moyens. Son héros avait l'air d'un homme si ordinaire — quand les gens le regardaient pour la première fois. La seconde fois, ah ! c'était différent.

Et l'héroïne. Petite, oui, elle l'était, et blond cendré, intelligente, espiègle, et vulnérable. Vulnérable. Oui, c'est le mot. Elle semblait toujours avoir besoin d'aide ou de réconfort, même quand elle était en forme parfaite. Les hommes se sentaient plus virils en sa présence. Elle se prénommait Elisabeth.

Qui aurait jamais imaginé que son nom résonnerait haut et clair dans le néant sauvage et nauséeux d'*Espace Trois* ?

J'ai vu des archipels sidéraux ! et des îles
Dont les cieux délirants sont ouverts au vogueur.

Il prit une vieille, très vieille fusée, d'un très ancien modèle. Grâce à elle, il vola plus loin, fila plus loin, sauta plus loin que toutes les machines qui avaient existé avant elle. On aurait presque pu penser qu'il était allé si vite qu'il en avait percuté les grandes voûtes des cieux, et que l'antique poème n'avait été écrit que pour lui seul.

Pour voyager, certes, il voyagea, si vite, si loin que d'abord les gens n'y crurent pas. Ils pensèrent que c'était une plaisanterie, une farce propagée par la rumeur publique, une histoire démentielle destinée à tuer le temps par un après-midi d'été.

Maintenant, nous connaissons son nom.

Et nos enfants et les enfants de nos enfants s'en souviendront à jamais.

Rambo. Artyr Rambo de *Terre Quatre*.

Mais il suivit son Elisabeth là où tout espace cessait d'exister. Il alla où l'homme ne peut aller, n'était jamais allé, n'osait pas aller, ne concevait pas même d'aller.

Et il fit tout cela de sa propre et libre volonté.

Bien entendu, les gens pensèrent d'abord qu'il s'agissait d'une plaisanterie, et se mirent à composer des chansons idiotes sur le voyage allégué.

Creusez-moi un trou pour cette sensation de roulis... ! chantait l'une.

Mettez-moi en ligne pour le numéro ocre... ! chantait une autre.

Où est le vaisseau du plaisantin ocre... ? chantait une troisième.

Puis, partout, les gens découvrirent que c'était vrai. Certains en restèrent pétrifiés, avec la chair de poule. D'autres retournèrent vivement à leur vie de tous les jours. *Espace Trois* avait été découvert et transpercé. Leur monde ne serait plus jamais le même. Le roc solide était devenu porte ouverte.

L'espace lui-même, si propre, si vide, si ordonné, semblait maintenant des millions et des millions d'années-lumière de bouillie — élastique, molle, poisseuse, impropre à la respiration, impropre à la natation.

Comment était-ce arrivé ?

Tout le monde s'en attribua le crédit, chacun à sa façon.

I

« Il est venu pour moi, dit Elisabeth. Je suis morte et il est venu pour moi parce que les machines gâchaient ma vie en essayant de porter remède à ma mort terrible et inutile. »

II

« Je suis allé voir par moi-même, dit Rambo. Ils m'ont manœuvré, et menti et trompé, mais j'ai pris le vaisseau et je suis devenu le vaisseau, et je suis arrivé. Personne ne m'y a poussé. J'étais en colère, mais j'y suis allé. Et je suis bien revenu, non ? »

Lui aussi avait raison, même au moment où il se contorsionnait et gémissait sur l'herbe verte de la Terre, son vaisseau perdu dans un espace si terriblement étrange et lointain qu'il aurait aussi bien pu se trouver juste sous sa main que séparé de lui par une demi-galaxie.

Comment savoir, quand il s'agit d'*Espace Trois* ?

C'est Rambo qui était revenu, cherchant son Elisabeth. Il l'aimait. Ainsi, ce voyage était le sien et le crédit lui appartenait.

III

Mais le seigneur Crudelta dit, bien des années plus tard, un jour qu'il parlait de sa voix tranquille et faisait des confidences à des amis :

« Cette expérience est la mienne. C'est moi qui l'ai conçue. J'ai choisi Rambo. Les sélectionneurs sont devenus fous, à essayer de trouver un homme répondant à ces spécifications. Et c'est moi qui ai fait construire la fusée, d'après des plans anciens, très anciens. Le genre d'appareil dont les hommes se servirent tout au début quand ils commencèrent à faire de petits sauts en l'air, comme les poissons volants qui sautent de vague en vague et croient déjà qu'ils sont des aigles. Si j'avais utilisé un vaisseau planoforme normal, il aurait disparu avec une sorte de gargouillement inversé, laissant un moment dans l'espace une traînée lactescente pendant qu'il aurait disparu dans la saleté et l'oubli. Mais je n'ai pas risqué cela. J'ai placé la fusée sur une plate-forme de lancement. *Et la plate-forme elle-même était un vaisseau interstellaire !* Comme nous utilisions un ancien modèle, il est parti à la verticale, avec les vieilles, vieilles inscriptions, les lettres mystérieuses imprimées partout sur le fuselage. Nous y avions même fait inscrire le nom de notre Organisation, en grandes lettres bien distinctes : « Instrumentalité de l'Humanité », I.D.H.

« Comment pouvais-je savoir, continua le seigneur Crudelta, que nous réussirions au-delà de nos désirs, que Rambo arracherait l'espace à ses amarres et qu'il laisserait le vaisseau derrière lui, juste parce qu'il aimait si terriblement, si farouchement son Elisabeth ? »

Crudelta poussa un soupir.

« Je sais la réponse, et je ne la sais pas. Je suis comme cet homme de l'Antiquité qui contourna la planète Terre dans le mauvais sens, à bord d'un bateau marin, et découvrit un nouveau monde. C'est Colomb qu'il s'appelait. Et cette terre, c'était l'Australie ou l'Amérique, ou quelque chose comme ça. C'est ce que j'ai fait. J'ai fait partir Rambo dans cette antique fusée, et il a trouvé le chemin pour traverser *Espace Trois*. Maintenant, aucun de nous ne pourra jamais savoir qui va franchir la porte ou se matérialiser en l'air sous nos yeux. »

Crudelta ajouta, plus désenchanté : « A quoi sert-il de raconter cette histoire ? Tout le monde la connaît. Le rôle que j'y ai joué n'est pas très glorieux. Mais la fin en est très jolie. Le bungalow près de la cascade, et tous les beaux enfants que les gens leur ont donnés, on pourrait écrire un poème là-dessus. Mais ce qui précéda immédiatement la fin, et comment il est apparu à l'hôpital, fou et désemparé, cherchant la véritable Elisabeth. Ça, c'était triste et étrange, c'était effrayant. Je suis quand même content que tout se soit terminé heureusement par le bungalow près de la cascade, mais il fallut drôlement longtemps avant d'en arriver là. Et il y a des parties que nous ne pourrons jamais bien comprendre, la peau nue contre l'espace nu, les globes oculaires se déplaçant sur quelque chose de bien plus rapide que la lumière ne le fut jamais. Savez-vous ce qu'est un *aoudad* ? C'est un ancien mouton qui vivait autrefois sur la Vieille Terre, et nous voilà maintenant, des milliers d'années plus tard, avec une vieille comptine qui en parle toujours. L'animal a disparu depuis longtemps, mais la chanson demeure. Il en sera de même de Rambo. Tout le monde connaîtra son nom et son bateau ivre, mais on aura oublié les frontières scientifiques qu'il franchit, chassant son Elisabeth dans une ancienne fusée qui se traînait à peine... Oh ! la comptine ? Vous ne la connaissez pas ? C'est complètement idiot. Elle dit :

Pointe ton fusil sur la cachette sombre.
(Maintenant tu parles dinde ou jambon !)
Tire une balle sur un aoudad mourant.
(Ne demande pas à la dame pourquoi ni comment, papa !)

« Ne me demandez pas ce que signifient les mots « dinde » et « jambon ». Probablement des parties d'animaux disparus, comme bifteck ou entrecôte. Mais les enfants continuent à les chanter. Un jour, ils feront de même pour Rambo et son bateau ivre. Peut-être même raconteront-ils l'histoire d'Elisabeth. Mais ils ne raconteront jamais comment il vint à l'hôpital. Ce passage est trop terrible, trop réel, trop triste et merveilleux à la fin. On le trouva sur l'herbe. Vous vous rendez compte, nu sur l'herbe, et personne ne savait d'où il venait ! »

IV

On le trouva nu sur l'herbe et personne ne savait d'où il venait. On n'avait même pas connaissance de la vieille fusée que le seigneur Crudelta avait envoyée au-delà des bornes du néant, avec les lettres I.D.H. inscrites sur le fuselage. On ne savait même pas que c'était Rambo, qui avait traversé *Espace Trois*. Les robots le remarquèrent les premiers et l'emmenèrent à l'intérieur, photographiant tout ce qu'ils faisaient. Ils avaient été programmés ainsi, afin que tout ce qui sortait de l'ordinaire fût dûment enregistré.

Puis les infirmières le trouvèrent dans une chambre.

Elles supposaient qu'il était vivant puisqu'il n'était pas mort, mais elles ne pouvaient pas non plus prouver qu'il était vivant.

Cela renforçait le mystère.

On appela les docteurs à la rescousse. De vrais docteurs, pas des machines. C'étaient des hommes très importants. Le citoyen docteur Timofeyev, le citoyen docteur Grosbeck, et le directeur lui-même, seigneur et docteur Vomact. Ils se chargèrent du cas.

(De l'autre côté de l'hôpital, Elisabeth attendait, et personne n'en savait rien. Elisabeth, pour qui il avait franchi les gouffres de l'espace et défoncé le ciel, mais personne ne le savait encore !)

Le jeune homme ne pouvait pas parler. Quand on présenta ses empreintes digitales et ses empreintes oculaires à la Machine démographique, on découvrit qu'il avait été engendré sur la Terre même, mais expédié sous forme d'embryon surgelé vers *Terre Quatre.* Au prix d'immenses dépenses, ils expédièrent à *Terre Quatre* un « message instantané », pour apprendre que le jeune homme gisant sous leurs yeux à l'hôpital avait été perdu dans un vaisseau expérimental au cours d'un voyage intergalactique.

Perdu.

Pas de vaisseau et pas trace de vaisseau.

Et il était là.

Ils se dressaient au bord de l'espace, et ne savaient pas ce qu'ils regardaient. Ils étaient docteurs, et c'était leur tâche de réparer et de reconstruire les gens, non de les expédier dans l'espace. Comment ces hommes auraient-ils pu connaître *Espace Trois* alors qu'ils ne connaissaient rien d'*Espace Deux,* à part le fait que les gens pouvaient le traverser dans les vaisseaux planoformes ? Ils cherchaient une maladie et leurs yeux ne découvraient que de la technologie. Ils le traitèrent quand il alla bien.

Tout ce qu'il lui fallait, c'était du temps, le temps de surmonter le choc du voyage le plus stupéfiant jamais accompli par l'homme, mais les docteurs ne le savaient pas et essayaient de hâter sa guérison.

Quand ils lui mirent des vêtements, son coma se transforma en une sorte de spasme mécanique, et il déchira les vêtements. De nouveau nu, il s'étendit par terre, refusant de manger et de parler.

Ils le nourrissaient par injections, alors que toute

l'énergie de l'espace — s'ils avaient seulement pu le savoir — s'irradiait de son corps sous des formes nouvelles.

Ils le placèrent tout seul dans une chambre fermée à clef et l'observèrent par un voyant.

C'était un beau jeune homme, bien que son visage fût vide et son corps rigide et inconscient. Il avait les cheveux très blonds et les yeux très bleus, mais son visage avait du caractère : menton carré, bouche élégante, résolue et charnue, vieilles rides donnant l'impression que, quand il était encore conscient, il avait dû vivre des jours et des mois aux extrêmes limites de la rage.

Quand ils l'observèrent le troisième jour qu'il passa à l'hôpital, leur patient n'avait pas changé du tout.

Il avait de nouveau déchiré ses pyjamas et gisait nu sur le sol, face contre terre.

Son corps était immobile et tendu comme le jour précédent.

(Un an plus tard, cette chambre allait devenir un musée, avec une plaque de bronze déclarant : « Ici a vécu Rambo après avoir quitté sa vieille fusée pour Espace Trois », *mais les docteurs n'avaient toujours pas idée de ce qui leur était tombé dans les mains.)*

Son visage était si décidément tourné vers la gauche que les muscles du cou saillaient. Son bras droit était allongé dans le prolongement de sa tête. Le gauche faisait un angle droit avec le corps, l'avant-bras et la main pointant vers le haut à un angle de 90 degrés par rapport au bras. Les jambes semblaient courir, en une parodie immobile et grotesque.

Le docteur Grosbeck dit : « Il me donne l'impression d'être en train de nager. Jetons-le dans un bassin pour voir s'il remuera. »

Parfois, Grosbeck était partisan de solutions radicales.

Timofeyev prit sa place devant le voyant : « Encore en état de spasme, murmura-t-il. J'espère que le pauvre garçon ne sent pas la souffrance quand ses défenses corticales sont amoindries. Comment un homme peut-il combattre la souffrance s'il ne sait même pas ce qu'il est en train de vivre ?

— Et vous, seigneur et docteur, dit Grosbeck à Vomact, que voyez-vous ? »

Vomact n'avait pas besoin de regarder. Il était venu de bonne heure et avait regardé longtemps par le voyant avant l'arrivée des autres. Vomact était un homme sage, plein de clairvoyance et d'intuition. Il devinait en une heure plus qu'une machine ne pouvait diagnostiquer en un an ; il commençait déjà à comprendre qu'il s'agissait là d'une maladie que personne n'avait jamais eue avant. Pourtant, il y avait des remèdes qui attendaient.

Les trois docteurs les essayèrent.

Ils essayèrent l'hypnose, l'électrothérapie, les massages, les infra-sons, l'atropine, le surgital, toute une série de produits digitaliniques, quelques virus quasi narcotiques cultivés en orbite où ils mutaient rapidement. Ils obtinrent un début de réaction quand ils essayèrent l'hypnose gazeuse couplée avec un télépathe amplifié ; cela montra que quelque chose continuait à se passer dans l'esprit du patient. Sinon, le cerveau aurait pu tout aussi bien être une simple masse de tissu gras sans aucun nerf. Les autres tentatives n'avaient eu aucun résultat. Le gaz mit en évidence un léger recul devant la peur et la souffrance. Le télépathe fit état d'aperçus sur des cieux inconnus. (Les docteurs remirent promptement le télépathe à la Police spatiale, pour qu'ils essaient de coder les constellations qu'il avait vues dans l'esprit du patient, mais les constellations ne correspondaient à rien. Le télépathe, quoique intelligent, ne s'en souvenait pas avec assez de précision pour qu'on pût les comparer aux constellations connues.)

Les docteurs s'en retournèrent à leurs remèdes, et essayèrent de vieilles médecines très simples, morphine et caféine, dont les actions devaient se contrebalancer, et un rude massage pour le faire rêver de nouveau, afin que le télépathe puisse capter le rêve.

Il n'y eut aucun autre résultat ce jour-là, ni le lendemain.

Dans l'intervalle, les Autorités terrestres commencèrent à s'agiter. D'après elles, l'hôpital avait démontré de façon convaincante que l'arrivée du patient sur la Terre avait précédé de quelques minutes seulement sa découverte sur l'herbe par les robots, et en cela, elles voyaient assez juste.

Les Autorités spatiales ne firent état d'aucune intrusion dans l'espace aérien, d'aucun véhicule au métal porté à l'incandescence décrivant dans le ciel un arc flamboyant, d'aucun murmure des puissantes forces propulsant un vaisseau planoforme à travers *Espace Deux.*

(Crudelta, à bord de vaisseaux plus rapides que la lumière, revenait vers la Terre à une lenteur d'escargot, naviguant à pleine vitesse pour voir si Rambo serait arrivé avant lui.)

Le cinquième jour, il y eut du nouveau.

V

Elisabeth était passée.

On ne découvrit cela que plus tard, en vérifiant soigneusement les archives de l'hôpital.

Voilà seulement ce que savaient les docteurs :

On avait transporté les malades dans les couloirs, silhouettes recouvertes de draps sur des lits à roulettes.

Soudain, les lits avaient cessé de rouler.

Une infirmière hurla.

Le massif mur d'acier et plastique s'incurvait vers l'intérieur. Quelque force lente et silencieuse poussait le mur dans le corridor.

Le mur se déchira.

Une main humaine en émergea.

Une infirmière intelligente avait hurlé :

« *Poussez* les lits ! *Poussez* les lits hors du chemin ! »

Infirmières et robots avaient obéi.

Les lits tanguèrent comme des bateaux passant sur une vague quand ils arrivèrent à l'endroit où le sol, scellé au mur, s'était recourbé vers le haut pour suivre la cloison qui s'incurvait vers l'intérieur du corridor. Les lumières couleur pêche clignotèrent. Des robots apparurent.

Une seconde main humaine passa à travers le mur. Poussant dans deux directions opposées, les mains déchirèrent le mur comme une feuille de papier mouillé.

Le patient de l'herbe passa la tête à travers.

Il regarda en aveugle vers les deux bouts du corridor, le regard vague, la peau brillant d'une étrange luminescence ocre provoquée par les brûlures de l'espace.

« Non », dit-il. Rien que ce seul mot.

Mais ce « non » fut entendu. Bien qu'il n'eût pas été dit à voix très haute, le son porta dans tout l'hôpital. Le système interne de télécommunications le relaya. Toutes les manettes de l'hôpital se mirent sur négatif. Infirmières et robots, aidés même par les docteurs, se mirent à travailler frénétiquement pour remettre toutes les machines en marche, — pompes, ventilateurs, reins artificiels, enregistreurs céphaliques, et même les simples filtres à air qui maintenaient l'air respirable.

Loin au-dessus d'eux, un appareil aérien tombait en torche. Sa manette « fermé », entourée d'un triple système de sécurité, s'était brusquement mise en position négative. Heureusement, le robot-pilote avait remis les machines en marche avant de s'écraser au sol.

Le patient ne semblait pas savoir que son « non » avait eu cet effet.

(Plus tard, le monde apprit que cela faisait partie

de « l'effet du bateau ivre » L'homme lui-même avait développé la faculté d'utiliser son système neurophysique pour contrôler les machines.)

Dans le corridor, le robot-policier arriva. Il portait des gants de velours, stériles et rembourrés, et avait dans les mains une puissance de soixante tonnes. Il s'approcha du patient. Le robot avait été soigneusement entraîné à reconnaître toutes sortes de dangers provenant d'humains névrosés ou délirants ; il rapporta plus tard que toutes ses bandes sensitives lui avaient transmis un influx « danger, extrême ». On pensait qu'il se saisirait du prisonnier avec une fermeté irrésistible et le remettrait dans son lit, mais avec un tel danger dans l'air, il ne prit aucun risque. Son poignet contenait un pistolet hypodermique marchant à l'argon comprimé.

Il tendit le bras vers l'homme nu et inconnu dressé dans la brèche du mur. Son pistolet siffla, et une injection considérable de condamine, le narcotique le plus puissant de l'univers connu, s'infiltra dans le cou de Rambo. Le patient s'effondra.

Le robot le ramassa doucement et tendrement, le souleva au-dessus du mur disloqué, ouvrit la porte d'un coup de pied qui fit voler la serrure, et remit le patient dans son lit. Le robot entendait les docteurs arriver, aussi se servit-il de ses énormes mains pour redresser tant bien que mal le mur d'acier. Des robots-ouvriers ou des subordonnés pourraient parfaire plus tard la réparation, mais en attendant, il était plus convenable que les murs de cette partie du bâtiment soient replacés à angles droits.

Le docteur Vomact arriva, suivi de près par Grosbeck.

« Qu'est-il arrivé ? » hurla-t-il, abandonnant son calme légendaire. Le robot montra le mur déchiré.

« Il a déchiré le mur. Je l'ai remis en place », dit-il.

Les docteurs se tournèrent pour regarder le patient. Il était ressorti de son lit et gisait de nouveau sur le sol, mais sa respiration était calme et régulière.

« Qu'est-ce que vous lui avez administré ? cria Vomact au robot.

— Condamine, dit le robot, conformément à l'article 47-B. Il ne faut pas mentionner ce produit en dehors de l'hôpital.

— Je le sais, dit Vomact l'air absent et un peu irrité. Vous pouvez partir. Merci.

— Ce n'est pas exceptionnel de remercier les robots, dit le robot, mais vous pouvez inscrire des félicitations dans mon dossier si vous le désirez.

— Sortez d'ici, mille tonnerres ! » hurla Vomact à l'officieux robot.

Le robot clignota. « Il n'y a pas de tonnerres ici, mais j'ai l'impression qu'il s'agit de moi. Je vais donc m'en aller, avec votre permission. » Il contourna les deux docteurs d'un sautillement bizarrement gracieux, tripota machinalement la serrure brisée comme s'il souhaitait la réparer, puis, voyant Vomact le fusiller du regard, se résigna à sortir.

Un moment plus tard, ils perçurent des bruits sourds et étouffés. Les deux docteurs prêtèrent l'oreille un moment puis renoncèrent. Le robot était dans le corridor, aplatissant le sol d'acier à petits coups précautionneux. C'était un robot ordonné, probablement animé par un cerveau de poulet amplifié, et quand il se mettait à faire de l'ordre, cela tournait à l'obstination.

« Deux questions, Grosbeck, dit le seigneur et docteur Vomact.

— A votre service, seigneur !

— Où se tenait le patient quand il a poussé le mur dans le corridor, et d'où tient-il la force de le faire ? »

Les yeux de Grosbeck s'étrécirent de perplexité. « Maintenant que vous en parlez, je ne vois pas comment il a fait. En fait, il n'aurait pas dû pouvoir. Mais il a pu. Et l'autre question ?

— Que pensez-vous de la condamine ?

— Dangereuse, bien entendu, comme d'habitude. L'accoutumance peut...

— Peut-il y avoir accoutumance sans activité corticale ? l'interrompit Vomact.

— Evidemment, dit vivement Grosbeck. Accoutumance des tissus.

— Alors, détectez-la », dit Vomact.

Grosbeck s'agenouilla près du patient et, du bout des doigts, chercha les terminaisons musculaires. Il palpa là où les muscles s'attachaient à la base du crâne, à la pointe des épaules, sur l'aire dénudée du dos.

Quand il se releva, il avait l'air perplexe. « Je n'ai jamais eu pareille sensation tactile en examinant un corps. Je ne suis même pas sûr qu'il s'agisse encore d'un corps humain. »

Vomact ne dit rien. Les deux docteurs se regardèrent. Grosbeck commença à s'agiter nerveusement sous le retard calme de son aîné. Finalement, il balbutia :

« Seigneur et docteur, je sais ce que nous *pourrions* faire.

— Et », dit Vomact d'une voix égale, sans la moindre nuance d'encouragement ou d'avertissement, « c'est quoi ?

— Ce ne serait pas la première fois qu'on le ferait dans un hôpital.

— Quoi ? » dit Vomact, dont les yeux — ces yeux redoutés ! — faisaient dire à Grosbeck ce qu'il ne voulait pas dire.

Grosbeck rougit. Il se pencha vers Vomact comme pour murmurer, bien qu'il n'y eût personne près d'eux. Ses paroles, quand il les prononça enfin, eurent l'indécente précipitation d'un amant qui fait une proposition inconvenante.

« Tuer le patient, seigneur et docteur. Le tuer. Nous avons sur lui tous les renseignements désirables. Nous pouvons prendre un cadavre dans la cave et faire une bonne imitation. Qui sait ce que nous allons lâcher sur l'humanité si nous lui permettons de se rétablir ?

— Qui sait ? dit Vomact, d'une voix absolument

inexpressive. Mais, citoyen et docteur, quel est le douzième devoir d'un médecin ?

— Ne pas appliquer la loi lui-même, laisser les soins aux soigneurs, et laisser la politique à l'Etat ou à l'Instrumentalité. » Grosbeck soupira en rétractant sa proposition. « Seigneur et docteur, je retire ce que j'ai dit. Je ne parlais pas de médecine. C'est au gouvernement et à la politique que je pensais...

— Et maintenant... ? demanda Vomact.

— Il faut le guérir, ou l'abandonner à lui-même jusqu'à ce qu'il guérisse tout seul.

— Et que ferez-vous ?

— J'essaierai de le guérir.

— Comment ? demanda Vomact.

— Seigneur et docteur, cria Grosbeck, ne me poussez pas à ma faiblesse dans ce cas ! Je sais que vous m'aimez bien parce que je suis un homme plein d'assurance et de témérité. Ne me demandez pas d'être moi-même alors que nous ne savons même pas d'où son corps est venu. Si je procédais avec ma témérité coutumière, je lui donnerais de la typhoïde et de la condamine, et je posterais près de lui des télépathes. Mais il s'agit d'un cas nouveau dans l'histoire de l'homme. Nous sommes des hommes, et peut-être a-t-il cessé d'être humain. Il représente peut-être la combinaison de l'homme avec quelque force nouvelle. Comment est-il arrivé ici, venant des lointains du néant ? Combien de millions de fois s'est-il vu agrandi ou réduit ? Nous ne savons pas ce qu'il est ou ce qui lui est arrivé. Comment pouvons-nous soigner un homme alors que nous traitons le froid de l'espace, la chaleur des soleils, la frigidité de la distance ? Nous savons comment traiter la chair, mais cela n'est plus de la chair. Tâtez-le vous-même, seigneur et docteur ! Vous toucherez quelque chose que personne n'a encore touché avant vous.

— Je l'ai déjà touché, déclara Vomact. Vous avez raison. Nous essaierons la typhoïde et la condamine pendant une demi-journée. Dans douze heures, retrouvons-nous ici. Je vais dire aux infirmières et aux robots quoi faire dans l'intervalle. »

Tous deux jetèrent un regard d'adieu à la silhouette ocre écartelée sur le sol. Grosbeck regarda le corps avec quelque chose qui ressemblait à du dégoût mêlé de peur ; Vomact n'avait aucune expression, à part un sourire de pitié ironique.

A la porte, l'infirmière en chef les attendait. Grosbeck fut étonné des ordres de son supérieur.

« Madame et infirmière, y a-t-il dans cet hôpital une chambre forte capable de résister à toutes les armes ?

— Oui, seigneur, dit-elle. Nous y conservions nos dossiers à l'époque où on ne les télémétrait pas directement à l'ordinateur en orbite. Maintenant, elle est vide et sale.

— Nettoyez-la. Et mettez-y un tuyau de ventilation. Qui est votre protecteur militaire ?

— Mon quoi ? cria-t-elle, stupéfaite.

— Tout le monde sur la Terre jouit de la protection militaire. Quels sont les unités, les soldats affectés à la protection de votre hôpital ?

— Seigneur et docteur ! cria-t-elle. Seigneur et docteur ! Je suis une vieille femme, et il y a trois cents ans que j'ai obtenu la permission de travailler ici, mais cette idée ne m'est jamais venue à l'esprit. Pourquoi aurais-je besoin de soldats ?

— Renseignez-vous et dites-leur de se tenir prêts. Ce sont des spécialistes, eux aussi, d'un art différent du nôtre. Qu'ils se tiennent prêts. Ils nous seront peut-être nécessaires avant la fin de la journée. Donnez mon nom en garantie à leur sergent ou à leur lieutenant. Maintenant, voici les médicaments que vous donnerez à ce malade. »

Les yeux de l'infirmière se dilatèrent à mesure qu'il continuait à parler, mais elle était disciplinée et hocha la tête en l'écoutant jusqu'au bout, point par point. A la fin, ses yeux étaient tristes et inquiets, mais elle était elle-même une spécialiste expérimentée et ressentait un immense respect pour le talent et la sagesse du seigneur et docteur Vomact. Elle ressentait aussi une pitié chaude et féminine pour le jeune mâle immobile, nageant pour l'éternité sur le sol massif, nageant entre des archipels dont nul vivant n'avait rêvé avant lui.

VI

La crise survint cette même nuit.

Le patient avait imprimé l'empreinte de ses mains dans les murs d'acier de la chambre forte, mais il ne s'était pas échappé.

Les soldats, bizarrement en alerte avec leurs armes qui luisaient dans les clairs corridors de l'hôpital, s'ennuyaient à mort, en vérité, comme s'ennuient toujours les soldats en service condamnés à l'inaction.

Leur lieutenant était tendu dans l'attente. Le téléfusil qu'il tenait à la main bourdonnait comme un insecte venimeux. Le seigneur et docteur Vomact, qui s'y connaissait mieux en armes que ne le pensaient les soldats, vit que le téléfusil était réglé sur « fort », avec la capacité de paralyser les gens cinq étages plus haut, cinq étages plus bas et dans un rayon d'un kilomètre. Il ne dit rien. Il se contenta de remercier le lieutenant et entra dans la chambre forte, suivi de près par Grosbeck et Timofeyev.

Ici aussi, le patient nageait.

Il avait maintenant adopté un mouvement de crawl pour les bras, détendant ses jambes sur le sol. Dans la chambre, c'était comme s'il avait nagé dans le seul but de flotter et il semblait qu'il eût maintenant découvert une direction dans laquelle se diriger, bien que très lentement. Ses mouvements étaient résolus, tendus, raides, et s'étiraient à tel point dans la durée qu'il semblait remuer à peine. Les pyjamas déchirés gisaient sur le sol à côté de lui.

Vomact regarda autour de lui, se demandant de

quelles forces l'homme s'était servi pour imprimer la trace de ses mains dans le mur d'acier. Il se rappela l'avertissement de Grosbeck, que le patient devrait mourir, plutôt que de soumettre l'Humanité à des risques nouveaux et impensés, mais, bien qu'il partageât ce sentiment, il ne pouvait se résigner à suivre le conseil.

Presque avec irritation, le grand docteur pensa à part lui : « Vers quoi cet homme va-t-il ? »

(Vers Elisabeth, telle était la vérité, vers Elisabeth, qui n'était plus qu'à soixante mètres. C'est seulement bien plus tard que les gens réalisèrent ce que Rambo avait tenté de faire, — traverser soixante misérables mètres pour atteindre son Elisabeth, alors qu'il avait franchi un nombre inexprimé d'années-lumière pour retourner à elle. Sa chère, tendre, bien-aimée Elisabeth qui avait besoin de lui.)

La condamine ne laissa pas sur lui ses marques caractéristiques : lassitude et peau rayonnante ; peut-être la typhoïde contrebalançait-elle ses effets avec succès. Rambo semblait plus vif qu'avant. Son nom leur était parvenu par message régulier, mais il ne signifiait toujours rien pour le seigneur et docteur Vomact. Cela changerait. Cela changerait.

Pendant ce temps, les deux autres docteurs, mis au courant à l'avance, commencèrent à s'affairer autour des appareils que les infirmières et les robots avaient installés.

Vomact murmura aux autres : « Je crois qu'il va mieux. Plus détendu. Je vais essayer de hurler. »

Ils étaient si occupés qu'ils se contentèrent de hocher la tête.

Vomact hurla au patient : « Qui êtes-vous ? Qu'êtes-vous ? D'où venez-vous ? »

Les yeux bleus et tristes de l'homme étendu sur le sol lui jetèrent un regard étonnamment vif, mais il n'y eut aucun autre signe de communication réelle. Les membres continuèrent à nager contre le sol en ciment de la chambre forte. Deux des bandages que lui avaient mis les infirmières s'étaient de nouveau usés. Son genou droit, couvert de bleus et d'écorchures, avait déposé sur le sol une trace sanglante de soixante centimètres de long — sang en partie vieux, noir et coagulé, en partie nouveau, rouge et liquide — dans ses mouvements d'allée et venue.

Vomact se redressa et parla à Grosbeck et Timofeyev. « Maintenant, dit-il, voyons ce qui se passera quand nous lui infligerons la douleur. »

Les deux autres reculèrent sans qu'on le leur dise.

Timofeyev fit un signe à un petit robot émaillé blanc qui se tenait sur le seuil.

Le filet de douleur, fragile cage de fils métalliques, tomba du plafond.

C'était le devoir de Vomact, en tant que l'aîné des docteurs, de prendre les plus grands risques. Le patient était complètement enveloppé dans le filet métallique, mais Vomact se mit à quatre pattes, souleva un coin du filet de la main droite, et passa la tête dessous, l'approchant tout prêt de celle du patient. La robe du docteur Vomact traînait sur le ciment, sur les traces de sang laissées par la « nage » nocturne du patient.

Maintenant, la bouche de Vomact était à quelques centimètres de l'oreille de l'homme.

Vomact dit : « Hé ! »

Le filet se mit à bourdonner.

Le patient arrêta ses lents mouvements, arqua le dos et regarda fixement le médecin.

Les docteurs Grosbeck et Timofeyev voyaient le visage de Vomact devenir livide sous l'impact de la douleur infligée par la machine, mais Vomact contrôla fermement sa voix et dit, très fort mais d'un ton égal : « *Qui êtes-vous ?* »

Le patient répondit carrément : « Elisabeth. »

La réponse était farfelue, mais le ton était rationnel.

Vomact sortit sa tête de sous le filet et recommença à hurler : « *Qui êtes-vous ?* »

L'homme nu répliqua, d'une voix très distincte :

> « Tchaible, tchaible, petit tchaible,
> Je me sens très faible ! »

Vomact fronça les sourcils et murmura aux robots : « Intensifiez la douleur. Mettez le maximum. »

Le corps se débattit sous le filet, cherchant à reprendre sa nage sur le ciment.

Un braiement démentiel sortit de sous le filet. Comme la déformation hurlée du nom d'Elisabeth, arrivant en écho de lointains infinis.

Ça n'avait pas de sens.

Vomact recommença à hurler : « *Qui êtes-vous ?* »

Avec une clarté et une résonance inattendues, la voix parvint aux trois docteurs, sortant du corps torturé sous le filet de douleur : « Je suis l'envoyé, le broyé, le noyé, l'écartelé, l'envolé, le broyé, le dévoyé, le renvoyé, le noyé, aah ! »

Sa voix s'étrangla dans un cri et il se remit à nager sur le sol malgré l'intensité de la douleur dispensée par le filet.

Le docteur leva la main. Le filet de douleur arrêta de bourdonner et s'éleva dans les airs.

Il prit le pouls du patient. Il était rapide. Il lui souleva une paupière. Les réactions étaient beaucoup plus proches de la normale.

« Reculez », dit-il aux deux autres.

« Douleur sur tous les deux », dit-il au robot.

Le filet retomba sur les deux hommes.

« *Qui êtes-vous ?* » hurla Vomact d'une voix stridente dans l'oreille de l'inconnu, le soulevant à moitié, incertain si le corps qui déchirait des murs d'acier n'allait pas les déchirer aussi tous les deux.

L'homme lui balbutia en retour : « Je suis le nageur, le vendeur, le rouleur, le facteur, le brailleur, l'arnaqueur, le fonceur, le farceur, le bretteur, le crève-cœur, non, non, non ! »

Il se débattait dans les bras de Vomact. Grosbeck

et Timofeyev s'avançaient pour porter secours à leur chef quand le patient ajouta distinctement, très calme : « Vous vous y prenez comme il faut, docteur, qui que vous soyez. Davantage de fièvre, s'il vous plaît. Davantage de douleur, s'il vous plaît. Un peu de cette drogue qui combat la souffrance. Vous me tirez à vous. Je sais que je suis sur la Terre. Elisabeth n'est pas loin. Pour l'amour de Dieu, allez me chercher Elisabeth ! Mais ne me bousculez pas. Il me faut des jours et des jours pour guérir. »

C'était si étonnament rationnel que Grosbeck, sans attendre les ordres de Vomact, son chef, commanda qu'on relève le filet.

Le patient se remit à balbutier : « Je suis le trois, le roi, le moi, le toi, le trois... » Sa voix s'estompa et il glissa dans l'inconscience.

Vomact sortit de la chambre forte. Il chancelait un peu.

Ses collègues le prirent par les coudes.

Il leur fit un petit sourire triste : « Dommage que ce soit illégal... J'aurais grand besoin moi-même d'un peu de condamine. Pas étonnant que le filet de douleur réveille les malades et même tire des frissons des cadavres ! Allez me chercher une liqueur. Mon cœur se fait vieux. »

Grosbeck le fit asseoir pendant que Timofeyev partait en courant lui chercher un alcool médicinal.

Vomact murmura : « Comment lui trouver *son* Elisabeth ? Il doit y en avoir des milliards. Et de plus, il vient de *Terre Quatre.*

— Seigneur et docteur, vous avez fait des miracles, dit Grosbeck. Aller sous le filet. Prendre de tels risques. L'amener à parler. Jamais je ne reverrai rien de pareil. C'est assez dans une vie que d'avoir vu ce que j'ai vu aujourd'hui.

— Mais qu'allons-nous faire maintenant ? » demanda Vomact avec lassitude, presque confus.

Cette question n'avait nul besoin de réponse.

VII

Le seigneur Crudelta avait regagné la Terre.

Son pilote posa l'appareil et s'évanouit aux commandes, épuisé.

Parmi les chats escorteurs, qui avaient fait le voyage aux côtés du vaisseau spatial dans des appareils miniatures, trois étaient morts, un était dans un état comateux, et le cinquième était fou furieux. Quand les autorités du cosmoport essayèrent de ralentir le seigneur Crudelta pour s'assurer de ses fonctions, il invoqua l'état d'extrême urgence, prit le commandement des troupes au nom de l'Instrumentalité, arrêta toute personne en vue à l'exception du commandant des troupes, et réquisitionna ce dernier pour l'emmener à l'hôpital. Les ordinateurs du cosmoport lui avaient annoncé qu'un certain Rambo, « sans origine », était mystérieusement arrivé sur l'herbe dudit hôpital.

Arrivé devant l'hôpital, le seigneur Crudelta invoqua de nouveau l'état d'extrême urgence, plaça toutes les troupes sous son commandement, ordonna à une unité d'enregistrement de couvrir toutes ses actions pour le cas où il passerait plus tard en cour martiale, et arrêta toute personne en vue.

Comme Timofeyev se hâtait de revenir vers Vomact avec un verre d'alcool, il perçut le pas lourd des soldats marchant en ordre de bataille. Ils avançaient deux par deux, coude à coude. Tous étaient casqués et leurs téléfusils bourdonnaient.

Les infirmières se précipitèrent pour refouler les intrus, reculèrent sous l'effleurement cruel des rayons anesthésiants. Tout l'hôpital était sens dessus dessous.

Le seigneur Crudelta reconnut plus tard avoir commis une faute grave.

La « Guerre des Deux Minutes » éclata immédiatement.

Il faut connaître le fonctionnement de l'Instrumentalité pour comprendre comment tout arriva. L'Instrumentalité était un corps constitué se perpétuant lui-même, et composé d'hommes dotés d'immenses pouvoirs et soumis à un code très strict. Chacun représentait pleinement à lui seul la basse, la moyenne et la haute justice. Chacun pouvait faire tout ce qu'il jugeait nécessaire ou convenable pour sauver l'Instrumentalité et maintenir la paix entre les mondes. Mais s'il commettait une faute ou causait un tort, — ah ! soudain, tout changeait. Tout seigneur pouvait mettre à mort un autre seigneur dans un état d'urgence, mais il était assuré de la mort et du déshonneur s'il prenait cette responsabilité. La seule différence entre la ratification et la répudiation de leur acte résidait dans le fait que les seigneurs qui tuaient en état d'urgence et qu'on convainquait plus tard de leurs torts, étaient inscrits sur une liste honteuse, tandis que ceux qui tuaient d'autres seigneurs à bon droit (comme une enquête subséquente pouvait le prouver) étaient inscrits sur une liste honorable, mais tués tout de même.

Quand il y avait trois seigneurs, la situation était différente. Trois seigneurs composaient une Cour d'urgence ; s'ils agissaient en accord et de bonne foi, et faisaient un rapport aux ordinateurs de l'Instrumentalité, ils étaient exempts de châtiment, quoique non exempts de blâme, et parfois condamnés à reprendre le statut de simple citoyen. Sept seigneurs, ou tous les seigneurs d'une planète donnée à un moment donné, étaient au-delà de toute critique à part le désaveu de leurs actions si un jugement postérieur prouvait qu'ils avaient eu tort.

Telle était l'Instrumentalité. L'Instrumentalité avait pour slogan : « Surveille mais ne gouverne pas ; arrête la guerre mais ne la déclare pas ; protège mais ne contrôle pas ; et, par-dessus tout, survis ! »

Le seigneur Crudelta avait réquisitionné les troupes — pas ses troupes, mais les unités légères régulières du gouvernement Manhome — parce qu'il craignait que l'homme qu'il avait lui-même envoyé à travers *Espace Trois* ne représentât le plus grand danger de l'histoire de l'Humanité.

Il n'avait jamais pensé que les troupes seraient arrachées à son commandement — puissance insurmontable renforcée par la télépathie robotique et un réseau de communications incomparables, à la fois public et secret, le tout renforcé encore par des milliers d'années de tricheries, de défaites, de secrets, de victoire et d'expérience, puissance que l'Instrumentalité avait perfectionnée depuis qu'elle avait émergé des Anciennes Guerres.

Insurmontable, surmonté !

Tels étaient les commandements dont se servait l'Instrumentalité déjà avant qu'on conservât des archives. Parfois, ils arrêtaient leur antagoniste grâce à un point de droit, parfois par l'usage rapide et mortel des armes, la plupart du temps en se saisissant des contrôles sociaux et mécaniques d'autres peuples pour les abandonner aussi soudainement qu'ils s'en étaient emparés.

Mais pas les troupes hâtivement rassemblées de Crudelta.

VIII

La guerre commença par un changement de rythme.

Deux escadrons circulaient dans la partie de l'hôpital où gisait Elisabeth, attendant le retour sempiternel des bains de gelée qui devaient reconstruire son pauvre corps disloqué.

Les escadrons changèrent de rythme.

Les survivants ne purent pas expliquer ce qui s'était passé.

Tous reconnurent un état de grande confusion mentale, après coup.

Sur le moment, il leur sembla recevoir l'ordre clair et logique de faire demi-tour et de défendre la section des femmes en attaquant leur propre bataillon qui arrivait juste sur leurs arrières.

L'hôpital était très solide, sinon, il aurait fondu ou serait parti en fumée.

Les soldats de tête firent soudain demi-tour, se jetèrent à plat ventre et déchargèrent leurs téléfusils sur les camarades qui les suivaient. Les téléfusils étaient réglés pour détruire les matières organiques, et pratiquement inoffensifs pour les matières inorganiques. L'énergie leur était fournie par les batteries-relais que tous les soldats portaient dans le dos.

Au cours des dix premières secondes qui suivirent le retournement, vingt-sept soldats, deux infirmières, trois malades et un infirmier furent tués. Cent neuf autres personnes furent blessées durant cette première escarmouche.

Le commandant des troupes n'avait jamais vu de bataille, mais il avait reçu une bonne formation. Il déploya immédiatement ses réserves autour des sorties extérieures du bâtiment, et envoya à la cave son escadron préféré, commandé par le sergent Lonsdale en qui il avait confiance, pour qu'il puisse monter à la verticale du sous-sol jusqu'à la section des femmes et découvrir qui était l'ennemi.

A ce moment, il ne savait pas qu'il s'agissait de ses propres troupes de choc qui s'étaient retournées sur leurs camarades.

Plus tard, au procès, il témoigna qu'il n'avait personnellement ressenti dans son esprit aucune interférence de nature mystérieuse. Il savait simplement que ses hommes s'étaient vu inopinément confrontés à une résistance armée de la part d'antagonistes — d'identité inconnue ! — possédant des armes identiques aux leurs. Puisque le seigneur Crudelta les avait amenés au cas où il y aurait combat contre des antagonistes non spécifiés, il se sentit justifié à supposer qu'un seigneur de l'Instrumentalité savait ce qu'il faisait. Il s'agissait bien là de l'ennemi.

En moins d'une minute, les deux côtés s'étaient équilibrés. La ligne de feu s'était établie en plein milieu de ses propres troupes. Les hommes de tête avaient simplement fait demi-tour et s'étaient mis à se défendre contre leurs suivants immédiats. C'était comme si une ligne invisible, s'installant rapidement, avait séparé ses troupes en deux sections.

La fumée noire et huileuse des corps dissous commençait à bloquer les ventilateurs.

Les malades hurlaient, les docteurs juraient, les robots couraient dans tous les sens, les infirmières s'interpellaient.

La guerre se termina quand le commandant des troupes vit le sergent Lansdale, qu'il avait lui-même fait monter, sortir de la section des femmes en chargeant... droit sur son propre commandant !

L'officier ne perdit pas la tête.

Il se jeta à terre et roula de côté comme l'air grésillait autour de lui, les émanations de l'arme de Lansdale tuant toutes les bactéries alentour. Il mit les commandes manuelles de son téléphone de casque sur « volume maximum » et « officiers seulement », et il cria, pris d'inspiration soudaine :

« Bon boulot, Lansdale ! »

La voix de Lansdale lui parvint, aussi faible que si elle venait d'une autre planète : « Nous les empêchons d'envahir cette section, mon capitaine ! »

Le capitaine répondit, très fort mais calmement, sans laisser voir qu'il pensait que son sergent était devenu fou :

« Doucement, maintenant. Tenez bon. Je vous rejoins. »

Il mit son téléphone sur l'autre chaîne et dit à ses hommes : « Cessez le feu. Mettez-vous à couvert et attendez. »

Son téléphone lui transmit un hurlement démentiel.

C'était Lansdale. « Capitaine ! Capitaine. C'est *vous* que je combats. Je viens de comprendre. Ça me reprend. Attention ! »

Les bourdonnements et les ronflements des armes cessèrent brusquement.

Dans l'hôpital, les cris démentiels continuèrent.

Un docteur de haute taille, portant un insigne témoignant de son ancienneté, s'approcha doucement du capitaine et dit :

« Vous pouvez vous relever et emmener vos hommes maintenant, jeune homme. Le combat était une erreur.

— Je ne suis pas sous vos ordres, dit le jeune officier d'une voix cassante. Je suis sous les ordres du seigneur Crudelta. Il a réquisitionné cette unité du gouvernement Manhome. Qui êtes-vous ?

— Vous pouvez me saluer, capitaine, dit le docteur. Je suis le colonel général Vomact des Réserves médicales terriennes. Mais vous feriez mieux de ne pas attendre le seigneur Crudelta.

— *Où* est-il ?

— Dans mon lit, dit Vomact.

— Votre *lit ?* s'exclama le jeune officier médusé.

— Au lit. Drogué jusqu'aux dents. Je me suis occupé de lui. Faites sortir vos hommes. Nous soignerons les blessés sur la pelouse. Dans quelques minutes, vous pourrez voir les morts dans les réfrigérateurs du rez-de-chaussée, à part ceux qui sont partis en fumée à la suite de blessures directes.

— Mais le combat... ?

— Une erreur, jeune homme, ou sinon...

— Ou sinon quoi ? » cria le jeune officier, horrifié du gâchis amené par sa première expérience au feu.

« Ou sinon, une arme que nul homme n'avait jamais vue avant ce jour. Vos ordres ont été interceptés.

— Je m'en suis bien rendu compte, dit le jeune officier d'une voix cassante, dès que j'ai vu Lansdale foncer sur moi.

— Mais savez-vous ce qui s'est emparé de lui ? » dit Vomact doucement, tout en prenant l'officier par le bras et en le dirigeant vers la sortie. Le capitaine le suivit de bonne grâce, sans se rendre compte où il allait, tant il était suspendu aux lèvres de son guide.

« Je crois que je le sais, dit Vomact. Les rêves d'un autre homme. Des rêves qui ont appris à se changer en électricité, en plastique ou en pierre. Ou en autre chose. Des rêves qui nous arrivent d'*Espace Trois.* »

Le jeune officier hocha la tête d'un air hagard. C'en était trop. « *Espace Trois ?* » murmura-t-il. C'était comme si on lui avait dit que les envahisseurs extragalactiques l'attendaient dehors sur la pelouse, eux que les hommes redoutaient depuis quatorze mille ans et n'avaient encore jamais vus. Jusqu'à maintenant, *Espace Trois* avait été une idée mathématique, un rêve de poète, mais pas un fait.

⁂

Le seigneur et docteur Vomact ne demanda même pas son avis au jeune officier. Il lui frôla doucement la nuque et lui injecta un tranquillisant. Ensuite, Vomact le conduisit dehors sur la pelouse. Le jeune capitaine resta seul, et se mit à siffler joyeusement en regardant les étoiles dans le ciel. Derrière lui, ses sergents et caporaux triaient les survivants et allaient chercher des secours pour les blessés.

La « Guerre des Deux Minutes » était finie.

Rambo avait cessé de rêver que son Elisabeth était en danger. Il avait reconnu, même au plus profond de son sommeil de malade, que les piétinements dans le corridor venaient du déplacement d'une troupe en marche. Son esprit avait établi des défenses pour protéger Elisabeth. Il avait pris le commandement des troupes avancées et s'en était servi pour stopper le corps principal. Les pouvoirs qu'*Espace Trois* avait imprimés en lui lui avaient rendu cette tâche facile, bien qu'il n'eût pas conscience de s'en acquitter.

IX

« Combien de morts ? dit Vomact à Grosbeck et Timofeyev.

— Environ deux cents.

— Et combien de morts irrécupérables ?

— Ceux qui sont partis en fumée. Une douzaine, quatorze peut-être. Les autres pourront être réanimés, mais la plupart devront recevoir une autre empreinte de personnalité.

— Savez-vous ce qui s'est passé ? demanda Vomact.

— Non, seigneur et docteur, répondirent-ils en chœur.

— Moi, je le sais. Je crois le savoir. Non, je *sais* que je sais. C'est l'incident le plus démentiel de l'histoire de l'Humanité. C'est notre patient, — Rambo. Il a pris le commandement des troupes et les a fait se battre entre elles. Et ce seigneur de l'Instrumentalité qui est arrivé ici au pas de charge, — Crudelta. Je le connais depuis longtemps, très longtemps. C'est lui qui est derrière toute l'histoire. Il a pensé que des troupes pourraient nous tirer d'affaire, sans savoir qu'elles provoqueraient une attaque contre elles-mêmes. Mais il y a autre chose.

— Oui ? dirent-ils à l'unisson.

— Cette fille de Rambo, — celle qu'il cherche: Elle doit être ici.

— Pourquoi ? dit Timofeyev.

— Parce que *lui*, il est ici.

— Vous supposez donc qu'il est venu ici sciemment, de sa propre volonté, seigneur et docteur ? »

Vomact sourit, du sourire entendu et astucieux de sa famille ; c'était presque une marque de fabrique de la famille Vomact.

« Je suppose tout ce que je ne peux pas prouver. Premièrement, je suppose qu'il est arrivé ici nu, sortant de l'espace même, poussé par une force dont nous ne soupçonnons pas même la nature.

« Deuxièmement, je suppose qu'il est venu *ici* parce qu'il voulait quelque chose. Une femme nommée Elisabeth, qui devait déjà être ici. Dans un moment, nous pourrons faire l'inventaire de toutes nos Elisabeth.

« Troisièmement, je suppose que le seigneur Crudelta savait quelque chose de l'histoire. Il a amené des troupes dans le bâtiment. Il s'est mis à divaguer en me voyant. L'hystérie provoquée par la fatigue, je la connais aussi bien que je vous connais, mes amis, aussi l'ai-je condaminé pour une nuit de sommeil.

« Quatrièmement, laissons notre homme tranquille. Il y aura suffisamment d'enquêtes et de procès quand on essaiera de débrouiller tous ces événements. »

Vomact avait raison.
Comme d'habitude.
Il y eut des procès.

Il était heureux que la Vieille Terre ne permît plus les journaux ni les nouvelles télévisées. La population aurait bouillonné de terreur et se serait soulevée si elle avait jamais découvert ce qui s'était passé à l'Hôpital Général, juste à l'ouest de Meeya Meefla.

X

Vingt et un jours plus tard, Vomact, Timofeyev et Grosbeck furent convoqués au procès du seigneur Crudelta. Une cour complète de sept seigneurs de l'Instrumentalité était assemblée pour entendre tous les faits de la bouche de Crudelta, et, si nécessaire, le condamner à mort. Les docteurs étaient présents en qualité de médecins d'Elisabeth et de Rambo, et en qualité de témoins pour les seigneurs enquêteurs.

Elisabeth, qui venait de sortir de son lit de mort, était belle comme un enfant nouveau-né sous la forme exquisement féminine d'une ravissante adulte. Rambo ne pouvait pas la quitter des yeux, mais une expression de perplexité passait sur son visage chaque fois qu'elle lui adressait un petit sourire lointain et réservé. (On lui avait dit qu'elle était sa fiancée, et elle était prête à le croire, mais elle n'avait aucun souvenir de lui ni de quoi que ce fût remontant à plus de soixante heures, lorsqu'on avait réimprimé dans son esprit la faculté de parler ; et lui, pour sa part, continuait à avoir la parole embarrassée et était sujet à des tensions que les docteurs n'arrivaient pas bien à comprendre.)

Le seigneur interrogateur s'appelait Starmount.

Il demanda à la cour de se lever.

Ils s'exécutèrent.

Il regarda très solennellement le seigneur Crudelta : « Vous êtes obligé, seigneur Crudelta, de témoigner vite et clairement devant cette cour.

— Oui, seigneur, répondit-il.

— Nous statuons en procédure sommaire.

— Vous statuez en procédure sommaire. Je le reconnais.

— Vous direz la vérité, sinon vous mentirez.

— Je dirai la vérité, sinon je mentirai.

— Vous pouvez mentir, si vous le désirez, sur des questions de faits ou d'opinion, mais vous ne devez en aucun cas mentir sur des questions de rapports humains. Si vous mentez quand même, votre nom sera inscrit au Tableau de déshonneur.

— Je comprends la cour et les droits de la cour. Je mentirai si je le désire — bien que je ne croie pas que ce soit nécessaire... » et Crudelta leur adressa à tous un sourire intelligent mais las. « Mais je ne mentirai pas sur des questions de rapports humains. Sinon, mon nom sera inscrit au Tableau de déshonneur.

— Vous avez vous-même reçu la formation d'un seigneur de l'Instrumentalité ?

— J'ai reçu cette formation, et j'aime l'Instrumentalité. En fait, je suis moi-même l'Instrumentalité, comme vous l'êtes vous-même, seigneur, et les honorables seigneurs qui vous assistent. Ma tenue sera irréprochable tant que je vivrai cet après-midi.

— Le croyez-vous, seigneurs ? » demanda Starmount.

Les membres de la cour hochèrent leurs têtes mitrées. Ils s'étaient mis en grande tenue pour la circonstance.

« Avez-vous un lien quelconque avec la nommée Elisabeth ? »

Les membres de la cour retinrent leur souffle en voyant Crudelta pâlir. « Seigneurs ! » s'exclama-t-il, mais il ne répondit pas davantage.

« C'est la coutume, dit fermement Starmount, que vous répondiez promptement ou que vous mouriez. »

Le seigneur Crudelta se ressaisit. « Je vais répondre. Je ne savais pas qui elle était, à part le fait que Rambo l'aimait. De *Terre Quatre* où j'étais alors, je l'avais renvoyée sur la Terre. Puis j'avais dit à Rambo qu'elle avait été assassinée et s'accrochait désespérément aux frontières de la mort, n'ayant besoin que de son aide pour regagner les verts pâturages de la vie. »

Starmount dit : « Etait-ce la vérité ?

— Seigneur et seigneurs, c'était un mensonge.

— Pourquoi l'avez-vous prononcé ?

— Pour provoquer une folle rage chez Rambo, et lui donner une raison irrésistible de vouloir revenir sur la Terre plus vite qu'aucun homme n'y était jamais revenu.

— A-a-ah ! A-a-ah ! » Deux hurlements sauvages s'échappèrent de la poitrine de Rambo, plus semblables à des rugissements animaux qu'à des cris humains.

Vomact regarda son patient, se sentit lui-même en proie à une rage intérieure croissante. Les pouvoirs de Rambo, nés dans les profondeurs d'*Espace Trois*, avaient recommencé à opérer. Vomact fit un signe. Le robot se tenant derrière Rambo avait été programmé pour le calmer en toutes circonstances. Bien qu'on l'ait émaillé blanc pour le faire ressembler aux infirmiers brillants de l'hôpital, c'était en réalité un robot-policier, construit avec un cortex basé sur le moyen cerveau surgelé d'un ancien loup. (Un loup était un animal très rare, quelque chose comme un chien.) Le robot toucha Rambo qui s'effondra, endormi. Le docteur Vomact sentit sa colère s'évanouir. Il leva doucement une main ; le robot comprit le signal et cessa d'appliquer la radiation narcoleptique. Rambo dormait normalement ; Elisabeth regardait avec inquiétude l'homme dont on lui avait dit qu'il était le sien.

Les seigneurs détournèrent leurs regards de Rambo.

Starmount dit d'un ton glacial : « Et pourquoi avez-vous fait cela ?

— Parce que je voulais qu'il voyage à travers *Espace Trois*.

— Pourquoi ?

— Pour montrer que c'était possible.

— Ainsi, seigneur Crudelta, vous affirmez que cet homme a vraiment voyagé à travers *Espace Trois ?*

— Je l'affirme.

— Mentez-vous ?

— J'ai le droit de mentir mais je n'en ai pas le désir. Au nom de l'Instrumentalité elle-même, je vous jure que je dis la vérité. »

La cour resta bouche bée. Maintenant, il n'y avait plus d'issue. Ou bien le seigneur Crudelta leur disait la vérité, *ce qui signifiait que toutes les ères précédentes étaient arrivées à leur terme et qu'un nouvel âge avait commencé pour toutes les races de l'Humanité*, ou bien il mentait malgré le serment le plus solennel qu'ils connussent.

Même Starmount prit un ton différent. Sa voix railleuse, inquiète, intelligente, se fit plus compréhensive.

« Vous affirmez donc que cet homme est revenu d'au-delà de notre galaxie, avec sa peau naturelle pour toute protection ? Sans instruments ? Sans énergie ?

— Je n'ai pas dit cela, dit Crudelta. Ce sont d'autres personnes qui prétendent que j'ai employé ces paroles. Ce que j'affirme, seigneurs, c'est que je suis revenu en planoforme, et que j'ai voyagé pendant douze jours consécutifs, nuit et jour. Certains d'entre vous se souviennent peut-être où se trouve l'avant-poste Baiter Gator. Eh bien, j'avais un co-capitaine très compétent, et il lui a fallu faire quatre sauts dans l'espace intergalactique avant d'y arriver. J'y ai laissé Rambo. Quand j'ai atteint la Terre, il y était depuis douze jours, à peu près. J'en ai donc conclu que son déplacement avait été plus ou moins instantané. J'étais sur le chemin du retour, venant de Baiter Gator, comptant le temps d'après l'heure terrestre, quand le docteur ici présent a trouvé cet homme sur l'herbe devant l'hôpital. »

Vomact leva la main. Le seigneur Starmount lui donna la parole. « Seigneurs, nous n'avons pas trouvé cet homme sur l'herbe. Ce sont les robots qui l'ont trouvé, et ils ont tout enregistré. Mais même les robots n'ont ni vu ni photographié son arrivée.

— Nous savons cela, dit Starmount avec colère. Et nous savons également qu'on nous a dit que rien n'était arrivé sur la Terre, par quelque moyen que ce soit, au cours du quart d'heure en question. Continuez, seigneur Crudelta. Quelles sont vos relations avec Rambo ?

— C'est ma victime.

— Expliquez-vous.

— Je l'ai découvert par ordinateur. J'ai demandé aux machines où j'avais le plus de chances de trouver un homme possédé par une rage inextinguible, et l'on m'informa que sur *Terre Quatre* la rage avait été maintenue à un niveau relativement élevé, car cette planète a un besoin considérable d'explorateurs et d'aventuriers, chez qui la rage est une caractéristique aidant beaucoup à la survie. Quand je suis arrivé sur *Terre Quatre*, j'ai commandé aux autorités de rechercher quels individus avaient dépassé les limites de rage permises. Ils m'ont donné quatre noms. L'un était trop grand. Deux étaient vieux. Cet homme était le seul candidat possible pour mon expérience. Je l'ai choisi.

— Que lui avez-vous dit ?

— Ce que je lui ai dit ? Que sa bien-aimée était morte ou mourante.

— Non, non, dit Starmount. Pas au moment crucial. Que lui avez-vous dit, d'abord, pour qu'il accepte de coopérer avec vous ?

— Je lui ai dit, déclara le seigneur Crudelta d'une

voix égale, que j'étais moi-même seigneur de l'Instrumentalité, et que je le tuerais de ma propre main s'il n'obéissait pas, et vite.

— Et d'après quelle coutume ou quelle loi agissiez-vous ?

— Matériel secret, dit vivement le seigneur Crudelta. Il y a ici des télépathes qui ne font pas partie de l'Instrumentalité. Je vous prie de surseoir à cette question jusqu'à ce que nous soyons dans un endroit protégé. »

Plusieurs membres de la cour hochèrent la tête et Starmount acquiesça également. Il renonça à sa question.

« Ainsi, vous avez forcé cet homme à faire quelque chose qu'il ne voulait pas faire ?

— C'est exact, dit le seigneur Crudelta.

— Pourquoi ne l'avez-vous pas fait vous-même, si c'est tellement dangereux ?

— Seigneurs et honorables juges, il est dans la nature même de l'expérience que l'expérimentateur n'y prenne pas part la première fois. Artyr Rambo a réellement traversé *Espace Trois*. Je marcherai moi-même sur ses traces en son temps. » (Comment le seigneur Crudelta fit cette expérience est une autre histoire, qui sera racontée une autre fois.) « Si j'étais parti moi-même et si j'avais été perdu, cela aurait été la fin des expériences sur *Espace Trois*. Au moins pour notre époque.

— Racontez-nous avec exactitude votre dernière entrevue avec Artyr Rambo précédant votre rencontre après la bataille au vieil hôpital Général.

— Nous l'avons mis à bord d'une fusée du type le plus archaïque. Nous avions aussi mis des inscriptions sur le fuselage, comme le faisaient les Anciens quand ils se sont pour la première fois aventurés dans l'Espace. Quelle magnifique machine et quelle belle pièce d'archéologie ! Nous l'avions copiée dans les moindres détails d'après les anciens modèles utilisés il y a quinze mille ans, quand les Paroskiis et les Murkins étaient engagés dans une course à l'espace. La fusée était blanche, avec une passerelle rouge et blanche. Les lettres I.D.H. étaient inscrites sur le fuselage, non que ça ait de l'importance. La fusée s'est perdue dans le néant, mais son passager est ici. La fusée s'est élevée sur un piédestal de feu. Le piédestal est devenu colonne. Puis le champ d'atterrissage a disparu.

— Et le champ d'atterrissage, demanda tranquillement Starmount, qu'est-ce que c'est ?

— Un vaisseau planoforme modifié. Certains de nos vaisseaux sont devenus lactescents dans l'espace, parce qu'ils se désintégraient molécule par molécule. D'autres ont complètement disparu. Les ingénieurs ont changé tout ça. Nous avons enlevé tous les appareils nécessaires pour la circumnavigation, la survie ou le confort. Le champ d'atterrissage devait durer trois ou quatre secondes, pas plus. À la place, nous avons installé quatorze appareils planoformes, tous opérant en tandem, pour que le vaisseau se comporte comme font les autres vaisseaux quand ils planoforment — c'est-à-dire quand ils abandonnent l'une de nos dimensions familières et en choisissent une autre parmi quelque catégorie spatiale inconnue — mais pour qu'il le fasse avec une force telle qu'il sorte de ce qu'on appelle communément *Espace Deux* et entre dans *Espace Trois.*

— Et qu'est-ce que vous en attendiez, d'*Espace Trois* ?

— Je pensais qu'il était universel et instantané par rapport à notre univers. Que tout point y était équidistant de tout autre point de l'univers. Et que Rambo, désirant revoir sa bien-aimée, pourrait se déplacer en un millième de seconde du vide spatial s'étendant au-delà de l'avant-poste Baiter Gator pour arriver à l'hôpital où elle se trouvait.

— Et, seigneur Crudelta, qu'est-ce qui vous inclinait à penser ainsi ?

— Une intuition, seigneurs, pour laquelle j'accepterai volontiers la mort. »

Starmount se tourna vers la cour. « Je soupçonne,

seigneurs, que vous le condamnerez plutôt à une longue vie, à de grandes responsabilités, à d'immenses récompenses, et à la fatigue de supporter sa personnalité si complexe. »

Les mitres s'agitèrent doucement et les membres de la cour se levèrent.

« Vous, seigneur Crudelta, vous dormirez jusqu'à la fin du procès. »

Un robot l'effleura et il s'endormit.

« Témoin suivant dans cinq minutes », dit le seigneur Starmount.

XI

Vomact essaya d'obtenir qu'on évite à Rambo d'être entendu comme témoin. Il discuta farouchement avec le seigneur Starmount pendant la pause. « Vous autres seigneurs, vous avez porté la guerre dans mon hôpital, enlevé deux de mes patients et vous allez maintenant tourmenter Rambo et Elisabeth. Ne pouvez-vous pas les laisser tranquilles ? Rambo n'est pas en état de faire des réponses cohérentes, et le voir souffrir risque d'abîmer beaucoup Elisabeth. »

Le seigneur Starmount lui dit : « Vous avez vos règles, docteur, et nous avons les nôtres. Ce procès est enregistré, minute par minute et parole par parole. Nous ne ferons rien à Rambo sauf si nous découvrons que ses pouvoirs de tuer mettent la planète en danger. S'il en est ainsi, bien entendu, nous vous demanderons de le ramener à l'hôpital et de lui donner la mort la plus douce possible. Mais je ne crois pas que ce sera le cas. Nous voulons l'entendre afin de juger mon collègue Crudelta. Pensez-vous que l'Instrumentalité survivrait si elle n'avait pas une discipline interne très stricte ? »

Vomact hocha tristement la tête ; il rejoignit Grosbeck et Timofeyev, leur disant tristement : « Rambo va y passer. Nous ne pouvons rien faire pour lui. »

L'audience reprit. Ils remirent leurs mitres judiciaires. Les lumières de la salle s'assombrirent et l'on alluma les étranges lumières bleues de la justice.

Le robot-infirmier aida Rambo à s'asseoir dans le fauteuil du témoin.

« Vous êtes obligé, dit Starmount, de répondre clairement et rapidement à la cour.

— Vous n'êtes pas Elisabeth, dit Rambo.

— Je suis le seigneur Starmount », dit le seigneur interrogateur, décidant rapidement de se dispenser des formalités. « Me connaissez-vous ?

— Non, dit Rambo.

— Savez-vous où vous êtes ?

— Sur la Terre, dit Rambo.

— Désirez-vous mentir ou dire la vérité ?

— Un mensonge, dit Rambo, est la seule vérité que les hommes puissent partager, aussi vous dirai-je des mensonges, comme ils le font toujours.

— Pouvez-vous raconter votre voyage ?

— Non.

— Pourquoi non, citoyen Rambo ?

— Parce que les mots ne peuvent pas le décrire.

— Vous souvenez-vous de votre voyage ?

— Vous souvenez-vous de votre pouls d'il y a deux minutes ? contra Rambo.

— Il ne s'agit pas d'un jeu, dit Starmount. Nous pensons que vous avez traversé *Espace Trois*, et nous voulons que vous témoigniez au sujet du seigneur Crudelta.

— Oh ! dit Rambo. Je ne l'aime pas. Je ne l'ai jamais aimé.

— Voulez-vous néanmoins essayer de nous raconter ce qui vous est arrivé ?

— Est-ce que je dois, Elisabeth ? » demanda Rambo à la jeune fille assise dans l'assistance.

Elle ne bafouilla pas. « Oui, dit-elle d'une voix claire qui résonna dans la grande salle. Dis-le-leur, pour que nous puissions retrouver nos vies.

— Je vais tout vous dire, dit Rambo.

— Quand avez-vous vu le seigneur Crudelta pour la dernière fois ?

— Quand j'étais ficelé dans la fusée, à quatre sauts au-delà de l'avant-poste Baiter Galor. Il était au sol. Il m'a fait adieu de la main.

— Et puis, qu'est-ce qui est arrivé ?

— La fusée s'est élevée. Elle était très bizarre, je n'avais jamais été dans un appareil semblable. Je pesais beaucoup, beaucoup de gravités.

— Et alors ?

— Les moteurs ont continué. J'ai été jeté hors de l'espace même.

— Quel effet cela vous a-t-il fait ?

— Derrière moi, je laissais le vaisseau, les vêtements et les provisions qui m'avaient suivi dans l'espace. J'ai descendu des rivières inexistantes. Je sentais autour de moi des gens, mais je ne pouvais pas les voir, des Peaux-Rouges les avaient pris pour cibles.

— *Où* étiez-vous ? demanda l'un des juges.

— En hiver, là où l'été n'existe pas. Dans un vide comparable à un cerveau d'enfant. Dans des péninsules ayant rompu leurs amarres avec la terre. Et j'*étais* le vaisseau.

— Vous étiez quoi ? demanda le même juge.

— Le nez de la fusée. Le cône. Le vaisseau. J'étais ivre. Le bateau était ivre. Moi, j'étais le bateau ivre, dit Rambo.

— Et où êtes-vous allé ? reprit Starmount.

— Là où des lanternes folles me fixaient avec des yeux idiots. Où les vagues déferlaient sur les morts de toutes les ères. Où les étoiles deviennent une mare, dans laquelle j'ai nagé. Où le bleu se change en liqueur plus forte que l'alcool, plus sauvage que la musique, fermentée avec le *rouge rouge rouges* de l'amour. J'ai vu tout ce que l'homme a cru voir, mais c'était moi qui le voyais vraiment. J'ai entendu des phosphorescences chanter, et des marées comme des troupeaux en folie cherchant leur voie hors de l'océan, martelant de leurs sabots les récifs. Vous ne me croirez pas, mais j'ai trouvé des Florides plus folles que la nôtre, où les fleurs avaient une peau humaine et des yeux comme des panthères.

— De quoi parlez-vous donc ? demanda le seigneur Starmount.

— De ce que j'ai trouvé dans *Espace Trois,* dit Rambo d'une voix tranchante. Croyez-moi ou non. C'est tout ce dont je me souviens. C'est peut-être un rêve, mais je n'ai rien d'autre à vous offrir. Cela a duré des années et des années, et pourtant ce n'était qu'un clin d'œil. J'ai rêvé des nuits vertes. J'ai senti des lieux où tout l'horizon devenait cascade. Le bateau que j'étais a rencontré des enfants, et je leur ai montré l'Eldorado où vivent les hommes d'or. Les morts de l'espace flottaient lentement à reculons avant de disparaître. J'étais un bateau, en un lieu où gisaient, immobiles et silencieux, tous les vaisseaux perdus dans l'espace. Des hippocampes imaginaires couraient près de moi. Le mois d'été arriva et fit tomber le soleil. Je côtoyai des archipels d'étoiles où les cieux délirants s'ouvraient au voyageur. Je pleurai sur moi. Je pleurai sur l'homme. Moi, bateau ivre, je désirai sombrer. Je sombrai. Je tombai. Il me sembla que l'herbe était un lac, où un enfant triste, accroupi, lâchait un bateau, frêle comme un papillon de mai. Je ne peux pas oublier l'orgueil des drapeaux oubliés, l'arrogance de prisons devinées, la nage des hommes d'affaires ! Puis je me suis retrouvé sur l'herbe.

— Cela peut avoir une valeur scientifique, dit le seigneur Starmount, mais ça n'a pas d'importance juridique. Avez-vous quelque chose à déclarer sur ce que vous avez fait pendant la bataille dans l'hôpital ? »

Rambo répondit vivement, et il avait l'air en pleine possession de sa raison : « Ce que j'ai fait, je ne l'ai pas fait. Ce que je n'ai pas fait, je ne peux le raconter. Laissez-moi m'en aller, parce que je suis fatigué de vous et de l'espace, grands hommes et grandes choses. Laissez-moi dormir et laissez-moi guérir. »

Starmount leva la main pour demander le silence.

Les membres de la cour le regardèrent fixement.

Seuls les quelques télépathes présents surent qu'ils avaient tous dit : « *Oui. Laissez-le s'en aller. Laissez la fille s'en aller. Laissez les docteurs s'en aller.* Mais faites revenir le seigneur Crudelta. Bien des ennuis l'attendent, et nous voulons en ajouter d'autres. »

XII

Entre l'Instrumentalité, le gouvernement Manhome et la direction du vieil Hôpital Général, tout le monde souhaitait donner le bonheur à Rambo et à Elisabeth.

A mesure que Rambo se rétablissait, la plupart de ses souvenirs de *Terre Quatre* lui revinrent. Le voyage s'estompa dans son esprit.

Quand il en arriva à connaître Elisabeth, il se mit à la détester.

Ce n'était pas sa bien-aimée — son Elisabeth téméraire et espiègle des marchés et des vallées, des collines neigeuses et des longues promenades en bateau. C'était une jeune fille docile, douce, triste et désespérément amoureuse.

Vomact arrangea ça.

Il envoya Rambo dans Plaisir-Ville des Hespérides, où des femmes effrontées et bavardes le poursuivirent de leurs assiduités parce qu'il était riche et célèbre.

Au bout de quelques semaines — très vite en vérité — il désira retrouver *son* Elisabeth, cette étrange fille timide, concoctée à partir de la morte pendant qu'il franchissait l'espace de son corps nu.

« Dis-moi la vérité, chérie, lui dit-il un jour avec sérieux et gravité. N'est-ce pas le seigneur Crudelta qui a organisé l'accident dans lequel tu es morte ?

— Ils disent qu'il n'était pas là, dit Elisabeth. Ils disent que c'était un véritable accident. Je ne sais pas. Je ne saurai jamais.

— Maintenant, ça n'a plus d'importance, dit Rambo. Crudelta voyage dans les étoiles, cherchant des ennuis et en trouvant tant qu'il en veut. Nous, nous avons notre bungalow, et notre cascade, et nous nous avons l'un l'autre.

— Oui, mon chéri, nous nous avons l'un l'autre. Et pour nous, plus d'incroyables Florides. »

Il battit des paupières à cette référence au passé, mais il ne dit rien. Un homme qui a traversé *Espace Trois* a besoin de très peu de choses dans la vie, à part *ne pas* retourner dans *Espace Trois*. Parfois, il rêvait qu'il était redevenu la fusée, l'antique fusée partant pour un impossible voyage. Que d'autres hommes me succèdent, pensait-il, que d'autres prennent le départ ! Moi, j'ai Elisabeth, et je suis là.

Traduit par SIMONE HILLING
Drunkboat.

DICTIONNAIRE DES AUTEURS

ABERNATHY (Robert). — Né en 1924, Robert Abernathy a étudié les langues slaves à l'Université de Harvard, soutenant une thèse sur ce sujet en 1951. Travailla par la suite pour le gouvernement américain. Son premier récit fut publié en 1942, les plus notables de ses nouvelles paraissant entre 1948 et 1958. Pour Robert Abernathy, la science-fiction semble avoir été une sorte de violon d'Ingres, auquel il n'est plus revenu récemment. Relativement peu nombreuses, ses nouvelles se distinguent cependant en général par une qualité de fini et de rigueur qui a valu à plusieurs d'entre elles l'inclusion dans diverses anthologies.

ANDERSON (Poul). — L'orthographe de son prénom s'explique par ses ascendances scandinaves. Est cependant né aux Etats-Unis, en 1926. Après des études de physique — financées par la vente de ses premiers récits, et achevées par un diplôme obtenu en 1948 —, s'est consacré à une carrière d'écrivain. Entre son premier récit, publié en 1944, et le numéro spécial que *The Magazine of Fantasy and Science Fiction* lui consacra en avril 1971, Poul Anderson a fait paraître 34 romans, 15 recueils de récits plus courts, 3 livres ne relevant pas de la science-fiction et 2 anthologies, en plus de ses récits dans les différents magazines spécialisés. Un sens de l'épopée, sans égal dans le domaine de la science-fiction, anime beaucoup de ses récits ; ceux-ci possèdent une vivacité dans l'action qui marque en particulier les scènes de bataille, dans le mouvement desquelles aucun de ses confrères n'égale Poul Anderson. Cette qualité de mouvement est mise au service de combinaisons thématiques variées. *Guardians of Time* (*La Patrouille du temps,* 1955-1959) met en scène des hommes voyageant dans le passé afin d'en éliminer les occasions de « déraillements historiques ». *High Crusade* (*Les croisés du cosmos,* 1960) exploite adroitement le motif du handicap que peut constituer une technologie trop avancée en face de primitifs résolus, ces derniers étant les habitants d'un village médiéval anglais. Algi Budrys a salué en lui « l'homme qui serait le mieux qualifié pour parler des classiques » (de la science-fiction), ajoutant qu'Anderson n'entreprend cette étude que pour mieux créer ses propres univers.

BRADBURY (Ray). — Aux yeux du non-spécialiste, Ray Bradbury est l'écrivain qui, plus que tout autre, a longtemps personnifié la science-fiction contemporaine. C'est par un chemin curieux qu'il est arrivé à cette situation. Son enfance paraît avoir été marquée par une peur de l'obscurité beaucoup plus prononcée que chez la plupart des écoliers, ainsi que par un intérêt précoce pour les contes de fées et les récits d'aventures. Ceux qui l'ont connu pendant son adolescence le décrivent comme le boute-en-train du fandom de Los Angeles. Né en 1920, il décida vers l'âge de dix-huit ans qu'il deviendrait écrivain, mais les premiers récits qu'il soumit à divers magazines spécialisés furent d'abord refusés ; de tous les grands auteurs de la science-fiction « classique », il est pour ainsi dire le seul qui n'ait pas été révélé par John W. Campbell, jr., le rédacteur en chef d'*Astounding.* Il vit en revanche ses nouvelles publiées dans *Weird Tales* et *Planet Stories,* puis dans des périodiques tels que *The New Yorker, Collier's Esquire* et *The Saturday Evening Post* : il fut un des premiers auteurs de science-fiction publiés hors des magazines spécialisés, et ce précédent devait prendre ultérieurement une importance considérable. Après 1946, ses récits commencèrent à retenir vivement l'attention par leur originalité : plusieurs de ses nouvelles se déroulaient sur un décor commun (la planète Mars, telle que Bradbury la rêvait, et non telle que l'astronomie la révélait) et elles furent réunies en 1950 en un volume qui consacra définitivement la réputation de leur auteur, *The Martian Chronicles* (*Chroniques martiennes*). *The Illustrated Man* (*L'Homme illus-*

tré, 1953), recueil composé de manière semblable, puis *Fahrenheit 451* (1953), son premier roman, connurent un succès presque aussi vif. Il se confina depuis lors pratiquement dans un unique thème fondamental — la dénonciation insistante des méfaits possibles de la science — qu'il développait sur un style volontairement simple mais sur un rythme narratif dont la lenteur et la densité, obtenues en partie par l'emploi adroit de répétitions et de retours, étaient minutieusement élaborées. L'esprit critique, chez Ray Bradbury, ne va jamais très loin ; mais le style et le sens poétique sont ses atouts majeurs d'écrivain. C'est sans doute la raison pour laquelle les critiques non spécialisés l'ont remarqué, lui plutôt qu'un autre, parmi les auteurs de science-fiction contemporains. En mai 1963, *The Magazine of Fantasy and Science Fiction* lui consacra un numéro spécial.

BROWN (Fredric). — Auteur de plusieurs romans policiers, Fredric Brown (1906-1972) a acquis dans ce domaine un goût prononcé, ainsi qu'une maîtrise profonde, de l'effet de chute final : il l'a adroitement exploité dans de nombreuses nouvelles de science-fiction. *What Mad Universe* (*L'Univers en folie,* 1949) est à la fois un aboutissement et une parodie du *space opera,* où Fredric Brown déploie son talent de conteur et sa verve de misanthrope. *The Lights in the Sky Are Stars* (1954) est une étude psychologique du pionnier qui fait réaliser un nouveau projet spatial sans pouvoir y participer lui-même. Au cours de ses dernières années, Fredric Brown a relativement peu écrit de science-fiction, si ce n'est dans un genre qu'il a largement contribué à populariser : la *short-short story,* récit ultra-court tenant en une ou deux pages de magazine et s'achevant sur une chute fracassante.

COPPEL (Alfred). — Né en 1921, Alfred Coppel écrivit, entre 1947 et 1960 principalement, plusieurs récits de qualité. En général, ses préoccupations portent sur la manière dont l'homme réagira sur le plan psychologique aux modifications que la science impose à son optique du monde.

GALOUYE (Daniel F.). — Journaliste de profession, Daniel F. Galouye excelle dans l'exploitation des conséquences détaillées d'une hypothèse de départ, ainsi que dans les implications retournées de thèmes classiques. Né en 1920, il a débuté en 1952. *Dark universe* (*Le monde aveugle,* 1961) est l'évocation réaliste d'une société dont les membres vivent dans une totale obscurité et ont perdu l'habitude d'utiliser leur sens de la vue ; *Lords of the psychon* (*Les seigneurs des sphères,* 1963) renouvelle le motif des envahisseurs dont les mobiles demeurent mystérieux faute d'une possibilité de communication avec les Terriens ; *Simulacron 3* (1968) nous fait partager les problèmes d'un homme envoyé en mission dans un univers fictif et bientôt guetté par la folie. Philip K. Dick n'a pas fait mieux.

HEINLEIN (Robert Anson). — Né en 1907, Robert A. Heinlein fut élève de l'Académie Navale américaine à Annapolis, et servit dans cette arme pendant cinq ans, exerçant ensuite des métiers divers. Lecteur de science-fiction depuis plusieurs années, il écrivit en 1939 sa première nouvelle (*Lifeline*). Mobilisé pendant la guerre, il se consacra ensuite à une carrière littéraire, écrivant des romans pour jeunes lecteurs et des scénarios de télévision aussi bien que des récits destinés aux magazines spécialisés de science-fiction. Beaucoup de critiques ont vu en lui le plus important auteur de l'« âge d'or » de la science-fiction anglo-saxonne, saluant sa régularité dans la qualité, son sens inné des proportions, sa logique et ses dons de narrateur. Il a remporté davantage de *Hugos* (distinctions correspondant, dans le domaine de la science-fiction, aux *Oscars* du cinéma) que n'importe lequel de ses confrères. Ce prix récompensa notamment l'apologie militariste de *Starship Troopers* (1959) et la présentation bienveillante d'une société proche des communautés de hippies dans *Stranger in a Strange Land* (*En terre étrangère,* 1961). Bien que fréquemment comparé à Rudyard Kipling pour la netteté de son écriture ainsi que pour le point de vue conservateur défendu dans ses livres, il apparaît avant tout comme un narrateur qui a totalement su maîtriser l'art de la construction, et qui est capable de suivre avec une implacable rigueur les prémisses à partir desquelles il se propose de développer une action ou un cadre. Parmi ses ouvrages les plus notables figurent les récits groupés dans *The Past through Tomorrow* (*Histoire du futur,* 1939-1967) racontant des événements des trois prochains siècles. Il exerça une importante influence sur les auteurs de sa génération en maîtrisant l'art d'inclure dans le récit lui-même, et sans en ralentir le rythme, les développements scientifiques nécessaires. Au-delà de toutes les opinions politiques dont il s'est fait le champion — parfois par conviction personnelle, parfois pour les besoins de son intrigue —, Robert A. Heinlein apparaît comme un créateur confiant dans l'avenir de l'humanité, et convaincu de la grandeur de la mission qui reviendra à cette humanité sur le plan cosmique. Il a donné à l'Université de Chicago une conférence sur la science-fiction, dont le texte a été inclus dans le volume *The science fiction novel.* Une analyse critique de son œuvre par Alexei Panshin a été publiée en 1968 sous le titre de *Heinlein in dimension.*

MERRILL (Judith). — Née Judith Zissman en 1923, Judith Merrill fut mariée à Frederik Pohl. Ayant fait du travail de documentaliste pour un romancier, puis pour un historien, elle se mit à écrire à son tour. Son premier récit de science-fiction fut publié en 1948. Plusieurs de ses nouvelles se distinguent par un point de vue féminin, voire féministe. En 1956, Judith Merrill fit paraître une anthologie de récits parus en 1955 (*S.F. : The Year's Best*) qui fut suivie de onze autres. Les premières rassemblèrent effectivement plusieurs des meilleurs récits de l'année ; la qualité baissa cependant par la suite, au fur et à mesure que Judith Merrill puisait toujours plus largement ses récits hors des magazines spécialisés, dans son désir de faire ressortir la diffusion toujours plus grande du genre. Judith Merrill fut aussi critique de livres, dans *The Magazine of Fantasy and Science Fiction* notamment, et elle fut dans une large mesure responsable de la vogue aux Etats-Unis de ce qu'on appela la « nouvelle vague » de la science-fiction, illustrée en particulier par James G. Ballard et Harlan Ellison.

MILLER (Walter M., jr.). — Né en 1923, Walter M. Miller, jr. fit des études d'ingénieur électricien. Il passa quatre ans dans l'aviation américaine pendant la seconde guerre mondiale, combattant au-dessus de l'Italie et des Balkans. Il se mit à écrire en 1949, ayant été immobilisé à la suite d'un accident de voiture. Sa foi catholique imprègne plusieurs de ses récits, et en particulier *A Canticle for Leibowitz* (*Un cantique pour Leibowitz,* 1959) qui est un des meilleurs romans confrontant la religion et la science dans le cadre de l'anticipation.

Nourse (Alan Edward). — Né en 1928, docteur en médecine, Alan E. Nourse écrit de la science-fiction depuis 1951 en marge de son activité professionnelle. Son cas résume celui de plusieurs auteurs dont la production n'est pas suffisamment abondante pour leur assurer une célébrité véritable, alors même qu'elle se distingue par un style cohérent et des idées valables.

Oliver (Chad). — Né en 1928, Chad Oliver est le seul auteur notable de science-fiction ayant fait des études d'ethnologie. Cette formation se reflète dans plusieurs de ses récits, où l'on remarque une attention particulière accordée aux groupements humains considérés comme des entités vivantes, ainsi qu'aux liens pouvant se nouer entre deux cultures issues de milieux différents.

Smith (Cordwainer). — Le pseudonyme de Cordwainer Smith a dissimulé — avec une incontestable efficacité — la personnalité de Paul Myron Anthony Linebarger (1913-1966), professeur d'université, expert en science politique. Ses écrits principaux, dans le domaine professionnel, se rapportaient aux problèmes de la politique asiatique. Conseiller du Département d'Etat américain, partisan de la Chine nationaliste, Paul Linebarger était un lecteur insatiable (en sept langues) et ses lectures influencèrent les écrits de Cordwainer Smith. On trouve, à partir de 1955, sous la plume de ce dernier, des transpositions de mythes de l'Antiquité et de classiques littéraires, incorporées à la vision d'un empire galactique futur. Dans chaque récit particulier, Cordwainer Smith décrit rarement plus d'une époque ou d'une région limitée de cet empire ; il évite les visions panoramiques et les survols historiques, mais il place invariablement quelque allusion aux thèmes des autres récits. Cet univers est haut en couleurs, animé et envoûtant ; il est bien dommage que son créateur soit décédé avant d'avoir pu en achever tous les croquis, avant d'avoir intégré en un ensemble suivi les aperçus qu'il nous en offrait, récit après récit.

Wyndham (John). — Auteur anglais dont le nom véritable était John Wyndham Parkes Lucas Beynon Harris (1903-1969), cet écrivain combina de différentes façons quelques-uns de ses noms et prénoms pour s'en faire des pseudonymes. Après une brève tentative dans la carrière publicitaire, il se mit à écrire aux approches de la trentaine, adoptant avec aisance une appréciable diversité de ton — du *space opera* à la vignette psychologique. Son plus grand succès fut *The Day of the Triffids* (*La révolte des Triffides,* 1951) : il y développe minutieusement un thème ample plutôt que complexe (ici, la menace de végétaux mutants contre l'homme), et sa réussite dans l'évocation de cet événement devait orienter sa manière vers ce genre de traitement.

TABLE

Introduction à l'Anthologie 7
Préface, *par Demètre Ioakimidis* 15
Les Vertes Collines de la Terre *(Robert A. Heinlein)* 21
L'Axolotl *(Robert Abernathy)* 39
Survie *(John Wyndham)* 59
Cauchemars en Harmaguédon *(Ray Bradbury)* 95
Les Pêcheurs *(Robert Abernathy)* 115
Le retour à la Terre *(Walter M. Miller, jr.)* 173
Un Homme d'Expédition *(Fredric Brown)* 189
Un rêveur *(Alfred Coppel)* 193
Mon Frère en cauchemar *(Alan E. Nourse)* 199
Le meilleur des équipages *(Daniel F. Galouye)* . 233
La mère *(Alfred Coppel)* 253
Le Vent souffle où il veut *(Chad Oliver)* 259
Les souhaits aux étoiles *(Judith Merrill)* 297
Les Parias *(Poul Anderson)* 319
Le Bateau ivre *(Cordwainer Smith)* 365
Dictionnaire des auteurs 407

IMPRIMÉ EN FRANCE PAR BRODARD ET TAUPIN
6, place d'Alleray - Paris.
Usine de La Flèche, le 19-04-1974.
1727-5 - Dépôt légal n° 3508 - 2e trimestre 1974.
LE LIVRE DE POCHE — 22, avenue Pierre 1er de Serbie - Paris.
30 - 81 - 3765 - 01 ISBN 2 - 253 - 00062 - 0
30/3765/2